国家科技重大专项

大型油气田及煤层气开发成果丛书

（2008—2020）

卷24

海上稠油高效开发新技术

孙福街　张凤久　景凤江　等编著

石油工业出版社

内 容 提 要

本书介绍了"十三五"期间在海上稠油油田开发技术方面取得的一系列创新性成果及矿场应用情况，拓展了海上稠油高效开发模式与理论及海上油田化学驱油技术体系，形成了海上稠油油藏加密后进一步提高水驱采收率及薄互层复杂河流相稠油油藏综合调整技术体系及适应多轮次吞吐与规模化的热采配套技术体系，建立了一套海上常规稠油油田高效开发钻采配套技术体系。

本书可供海洋石油开发技术人员和采油工艺技术人员以及高等院校相关专业师生阅读和参考。

图书在版编目（CIP）数据

海上稠油高效开发新技术 / 孙福街等编著 . —北京：
石油工业出版社，2023.1
（国家科技重大专项·大型油气田及煤层气开发成果丛书：2008—2020）
ISBN 978-7-5183-5412-2

Ⅰ . ① 海… Ⅱ . ① 孙… Ⅲ . ① 海上开采 – 稠油开采 –
研究 Ⅳ . ① TE534.5

中国版本图书馆 CIP 数据核字（2022）第 093233 号

责任编辑：张　贺
责任校对：罗彩霞
装帧设计：李　欣　周　彦

出版发行：石油工业出版社
　　　　　（北京安定门外安华里 2 区 1 号　　100011）
　　　　　网　　址：www.petropub.com
　　　　　编辑部：（010）64523546　图书营销中心：（010）64523633
经　　销：全国新华书店
印　　刷：北京中石油彩色印刷有限责任公司

2023 年 1 月第 1 版　2023 年 1 月第 1 次印刷
787×1092 毫米　开本：1/16　印张：22.75
字数：570 千字

定价：230.00 元

ISBN 978-7-5183-5412-2

《国家科技重大专项·大型油气田及煤层气开发成果丛书（2008—2020）》

◇◇◇◇ 编委会 ◇◇◇◇

《海上稠油高效开发新技术》

◇◇◇◇◇ 编写组 ◇◇◇◇◇

组　长：孙福街

副组长：张凤久　景凤江

成　员：（按姓氏拼音排序）

曹砚锋	程载斌	杜孝友	黄辉	靖波	康晓东
李南	李鹏	李汉兴	李先杰	刘晨	刘凡
刘媛	刘玉洋	罗宪波	潘豪	孙一丹	唐恩高
王泰超	未志杰	文敏	武广瓒	谢昊君	谢仁军
邢希金	薛新生	于继飞	雍唯	张健	张磊
张明	张章	张泽昊	张增华	郑伟	郑晓鹏
周文胜	周颖娴	朱国金			

　　能源安全关系国计民生和国家安全。面对世界百年未有之大变局和全球科技革命的新形势，我国石油工业肩负着坚持初心、为国找油、科技创新、再创辉煌的历史使命。国家科技重大专项是立足国家战略需求，通过核心技术突破和资源集成，在一定时限内完成的重大战略产品、关键共性技术或重大工程，是国家科技发展的重中之重。大型油气田及煤层气开发专项，是贯彻落实习近平总书记关于大力提升油气勘探开发力度、能源的饭碗必须端在自己手里等重要指示批示精神的重大实践，是实施我国"深化东部、发展西部、加快海上、拓展海外"油气战略的重大举措，引领了我国油气勘探开发事业跨入向深层、深水和非常规油气进军的新时代，推动了我国油气科技发展从以"跟随"为主向"并跑、领跑"的重大转变。在"十二五"和"十三五"国家科技创新成就展上，习近平总书记两次视察专项展台，充分肯定了油气科技发展取得的重大成就。

　　大型油气田及煤层气开发专项作为《国家中长期科学和技术发展规划纲要（2006—2020年）》确定的10个民口科技重大专项中唯一由企业牵头组织实施的项目，以国家重大需求为导向，积极探索和实践依托行业骨干企业组织实施的科技创新新型举国体制，集中优势力量，调动中国石油、中国石化、中国海油等百余家油气能源企业和70多所高等院校、20多家科研院所及30多家民营企业协同攻关，参与研究的科技人员和推广试验人员超过3万人。围绕专项实施，形成了国家主导、企业主体、市场调节、产学研用一体化的协同创新机制，聚智协力突破关键核心技术，实现了重大关键技术与装备的快速跨越；弘扬伟大建党精神、传承石油精神和大庆精神铁人精神，以及石油会战等优良传统，充分体现了新型举国体制在科技创新领域的巨大优势。

　　经过十三年的持续攻关，全面完成了油气重大专项既定战略目标，攻克了一批制约油气勘探开发的瓶颈技术，解决了一批"卡脖子"问题。在陆上油气勘探、陆上油气开发、工程技术、海洋油气勘探开发、海外油气勘探开发、非常规油气勘探开发领域，形成了 6 大技术系列、26 项重大技术；自主研发 20 项重大工程技术装备；建成 35 项示范工程、26 个国家级重点实验室和研究中心。我国油气科技自主创新能力大幅提升，油气能源企业被卓越赋能，形成产量、储量增长高峰期发展新态势，为落实习近平总书记"四个革命、一个合作"能源安全新战略奠定了坚实的资源基础和技术保障。

《国家科技重大专项·大型油气田及煤层气开发成果丛书（2008—2020）》（62 卷）是专项攻关以来在科学理论和技术创新方面取得的重大进展和标志性成果的系统总结，凝结了数万科研工作者的智慧和心血。他们以"功成不必在我，功成必定有我"的担当，高质量完成了这些重大科技成果的凝练提升与编写工作，为推动科技创新成果转化为现实生产力贡献了力量，给广大石油干部员工奉献了一场科技成果的饕餮盛宴。这套丛书的正式出版，对于加快推进专项理论技术成果的全面推广，提升石油工业上游整体自主创新能力和科技水平，支撑油气勘探开发快速发展，在更大范围内提升国家能源保障能力将发挥重要作用，同时也一定会在中国石油工业科技出版史上留下一座书香四溢的里程碑。

在世界能源行业加快绿色低碳转型的关键时期，广大石油科技工作者要进一步认清面临形势，保持战略定力、志存高远、志创一流，毫不放松加强油气等传统能源科技攻关，大力提升油气勘探开发力度，增强保障国家能源安全能力，努力建设国家战略科技力量和世界能源创新高地；面对资源短缺、环境保护的双重约束，充分发挥自身优势，以技术创新为突破口，加快布局发展新能源新事业，大力推进油气与新能源协调融合发展，加大节能减排降碳力度，努力增加清洁能源供应，在绿色低碳科技革命和能源科技创新上出更多更好的成果，为把我国建设成为世界能源强国、科技强国，实现中华民族伟大复兴的中国梦续写新的华章。

中国石油董事长、党组书记
中国工程院院士　　戴厚良

石油天然气是当今人类社会发展最重要的能源。2020 年全球一次能源消费量为 $134.0 \times 10^8 t$ 油当量，其中石油和天然气占比分别为 30.6% 和 24.2%。展望未来，油气在相当长时间内仍是一次能源消费的主体，全球油气生产将呈长期稳定趋势，天然气产量将保持较高的增长率。

习近平总书记高度重视能源工作，明确指示"要加大油气勘探开发力度，保障我国能源安全"。石油工业的发展是由资源、技术、市场和社会政治经济环境四方面要素决定的，其中油气资源是基础，技术进步是最活跃、最关键的因素，石油工业发展高度依赖科学技术进步。近年来，全球石油工业上游在资源领域和理论技术研发均发生重大变化，非常规油气、海洋深水油气和深层—超深层油气勘探开发获得重大突破，推动石油地质理论与勘探开发技术装备取得革命性进步，引领石油工业上游业务进入新阶段。

中国共有 500 余个沉积盆地，已发现松辽盆地、渤海湾盆地、准噶尔盆地、塔里木盆地、鄂尔多斯盆地、四川盆地、柴达木盆地和南海盆地等大型含油气大盆地，油气资源十分丰富。中国含油气盆地类型多样、油气地质条件复杂，已发现的油气资源以陆相为主，构成独具特色的大油气分布区。历经半个多世纪的艰苦创业，到 20 世纪末，中国已建立完整独立的石油工业体系，基本满足了国家发展对能源的需求，保障了油气供给安全。2000 年以来，随着国内经济高速发展，油气需求快速增长，油气对外依存度逐年攀升。我国石油工业担负着保障国家油气供应安全，壮大国际竞争力的历史使命，然而我国石油工业面临着油气勘探开发对象日趋复杂、难度日益增大、勘探开发理论技术不相适应及先进装备依赖进口的巨大压力，因此急需发展自主科技创新能力，发展新一代油气勘探开发理论技术与先进装备，以大幅提升油气产量，保障国家油气能源安全。一直以来，国家高度重视油气科技进步，支持石油工业建设专业齐全、先进开放和国际化的上游科技研发体系，在中国石油、中国石化和中国海油建立了比较先进和完备的科技队伍和研发平台，在此基础上于 2008 年启动实施国家科技重大专项技术攻关。

国家科技重大专项"大型油气田及煤层气开发"（简称"国家油气重大专项"）是《国家中长期科学和技术发展规划纲要（2006—2020 年）》确定的 16 个重大专项之一，目标是大幅提升石油工业上游整体科技创新能力和科技水平，支撑油气勘探开发快速发展。国家油气重大专项实施周期为 2008—2020 年，按照"十一五""十二五""十三五" 3 个阶段实施，是民口科技重大专项中唯一由企业牵头组织实施的专项，由中国石油牵头组织实施。专项立足保障国家能源安全重大战略需求，围绕"6212"科技攻关目标，共部署实施 201 个项目和示范工程。在党中央、国务院的坚强领导下，专项攻关团队积极探索和实践依托行业骨干企业组织实施的科技攻关新型举国体制，加快推进专项实施，攻克一批制约油气勘探开发的瓶颈技术，形成了陆上油气勘探、陆上油气开发、工程技术、海洋油气勘探开发、海外油气勘探开发、非常规油气勘探开发 6 大领域技术系列及 26 项重大技术，自主研发 20 项重大工程技术装备，完成 35 项示范工程建设。近 10 年我国石油年产量稳定在 $2 \times 10^8 t$ 左右，天然气产量取得快速增长，2020 年天然气产量达 $1925 \times 10^8 m^3$，专项全面完成既定战略目标。

通过专项科技攻关，中国油气勘探开发技术整体已经达到国际先进水平，其中陆上油气勘探开发水平位居国际前列，海洋石油勘探开发与装备研发取得巨大进步，非常规油气开发获得重大突破，石油工程服务业的技术装备实现自主化，常规技术装备已全面国产化，并具备部分高端技术装备的研发和生产能力。总体来看，我国石油工业上游科技取得以下七个方面的重大进展：

（1）我国天然气勘探开发理论技术取得重大进展，发现和建成一批大气田，支撑天然气工业实现跨越式发展。围绕我国海相与深层天然气勘探开发技术难题，形成了海相碳酸盐岩、前陆冲断带和低渗—致密等领域天然气成藏理论和勘探开发重大技术，保障了我国天然气产量快速增长。自 2007 年至 2020 年，我国天然气年产量从 $677 \times 10^8 m^3$ 增长到 $1925 \times 10^8 m^3$，探明储量从 $6.1 \times 10^{12} m^3$ 增长到 $14.41 \times 10^{12} m^3$，天然气在一次能源消费结构中的比例从 2.75% 提升到 8.18% 以上，实现了三个翻番，我国已成为全球第四大天然气生产国。

（2）创新发展了石油地质理论与先进勘探技术，陆相油气勘探理论与技术继续保持国际领先水平。创新发展形成了包括岩性地层油气成藏理论与勘探配套技术等新一代石油地质理论与勘探技术，发现了鄂尔多斯湖盆中心岩性地层大油区，支撑了国内长期年新增探明 $10 \times 10^8 t$ 以上的石油地质储量。

（3）形成国际领先的高含水油田提高采收率技术，聚合物驱油技术已发展到三元复合驱，并研发先进的低渗透和稠油油田开采技术，支撑我国原油产量长期稳定。

（4）我国石油工业上游工程技术装备（物探、测井、钻井和压裂）基本实现自主化，具备一批高端装备技术研发制造能力。石油企业技术服务保障能力和国际竞争力大幅提升，促进了石油装备产业和工程技术服务产业发展。

（5）我国海洋深水工程技术装备取得重大突破，初步实现自主发展，支持了海洋深水油气勘探开发进展，近海油气勘探与开发能力整体达到国际先进水平，海上稠油开发处于国际领先水平。

（6）形成海外大型油气田勘探开发特色技术，助力"一带一路"国家油气资源开发和利用。形成全球油气资源评价能力，实现了国内成熟勘探开发技术到全球的集成与应用，我国海外权益油气产量大幅度提升。

（7）页岩气、致密气、煤层气与致密油、页岩油勘探开发技术取得重大突破，引领非常规油气开发新兴产业发展。形成页岩气水平井钻完井与储层改造作业技术系列，推动页岩气产业快速发展；页岩油勘探开发理论技术取得重大突破；煤层气开发新兴产业初见成效，形成煤层气与煤炭协调开发技术体系，全国煤炭安全生产形势实现根本性好转。

这些科技成果的取得，是国家实施建设创新型国家战略的成果，是百万石油员工和科技人员发扬艰苦奋斗、为国找油的大庆精神铁人精神的实践结果，是我国科技界以举国之力团结奋斗联合攻关的硕果。国家油气重大专项在实施中立足传统石油工业，探索实践新型举国体制，创建"产学研用"创新团队，创新人才队伍建设，创新科技研发平台基地建设，使我国石油工业科技创新能力得到大幅度提升。

为了系统总结和反映国家油气重大专项在科学理论和技术创新方面取得的重大进展和成果，加快推进专项理论技术成果的推广和提升，专项实施管理办公室与技术总体组规划组织编写了《国家科技重大专项·大型油气田及煤层气开发成果丛书（2008—2020）》。丛书共62卷，第1卷为专项理论技术成果总论，第2~9卷为陆上油气勘探理论技术成果，第10~14卷为陆上油气开发理论技术成果，第15~22卷为工程技术装备成果，第23~26卷为海洋油气理论技术装备成果，第27~30卷为海外油气理论技术成果，第31~43卷为非常规油气理论技术成果，第 44~62 卷为油气开发示范工程技术集成与实施成果（包括常规油气开发 7 卷，煤层气开发 5 卷，页岩气开发 4 卷，致密油、页岩油开发 3 卷）。

各卷均以专项攻关组织实施的项目与示范工程为单元，作者是项目与示范工程的项目长和技术骨干，内容是项目与示范工程在 2008—2020 年期间的重大科学理论研究、先进勘探开发技术和装备研发成果，代表了当今我国石油工业上游的最新成就和最高水平。丛书内容翔实，资料丰富，是科学研究与现场试验的真实记录，也是科研成果的总结和提升，具有重大的科学意义和资料价值，必将成为石油工业上游科技发展的珍贵记录和未来科技研发的基石和参考资料。衷心希望丛书的出版为中国石油工业的发展发挥重要作用。

国家科技重大专项"大型油气田及煤层气开发"是一项巨大的历史性科技工程，前后历时十三年，跨越三个五年规划，共有数万名科技人员参加，是我国石油工业史上一项壮举。专项的顺利实施和圆满完成是参与专项的全体科技人员奋力攻关、辛勤工作的结果，是我国石油工业界和石油科技教育界通力合作的典范。我有幸作为国家油气重大专项技术总师，全程参加了专项的科研和组织，倍感荣幸和自豪。同时，特别感谢国家科技部、财政部和发改委的规划、组织和支持，感谢中国石油、中国石化、中国海油及中联公司长期对石油科技和油气重大专项的直接领导和经费投入。此次专项成果丛书的编辑出版，还得到了石油工业出版社大力支持，在此一并表示感谢！

中国科学院院士　贾承造

《国家科技重大专项·大型油气田及煤层气开发成果丛书（2008—2020）》

分卷目录

序号	分卷名称
卷 29	超重油与油砂有效开发理论与技术
卷 30	伊拉克典型复杂碳酸盐岩油藏储层描述
卷 31	中国主要页岩气富集成藏特点与资源潜力
卷 32	四川盆地及周缘页岩气形成富集条件、选区评价技术与应用
卷 33	南方海相页岩气区带目标评价与勘探技术
卷 34	页岩气气藏工程及采气工艺技术进展
卷 35	超高压大功率成套压裂装备技术与应用
卷 36	非常规油气开发环境检测与保护关键技术
卷 37	煤层气勘探地质理论及关键技术
卷 38	煤层气高效增产及排采关键技术
卷 39	新疆准噶尔盆地南缘煤层气资源与勘查开发技术
卷 40	煤矿区煤层气抽采利用关键技术与装备
卷 41	中国陆相致密油勘探开发理论与技术
卷 42	鄂尔多斯盆缘过渡带复杂类型气藏精细描述与开发
卷 43	中国典型盆地陆相页岩油勘探开发选区与目标评价
卷 44	鄂尔多斯盆地大型低渗透岩性地层油气藏勘探开发技术与实践
卷 45	塔里木盆地克拉苏气田超深超高压气藏开发实践
卷 46	安岳特大型深层碳酸盐岩气田高效开发关键技术
卷 47	缝洞型油藏提高采收率工程技术创新与实践
卷 48	大庆长垣油田特高含水期提高采收率技术与示范应用
卷 49	辽河及新疆稠油超稠油高效开发关键技术研究与实践
卷 50	长庆油田低渗透砂岩油藏 CO_2 驱油技术与实践
卷 51	沁水盆地南部高煤阶煤层气开发关键技术
卷 52	涪陵海相页岩气高效开发关键技术
卷 53	渝东南常压页岩气勘探开发关键技术
卷 54	长宁—威远页岩气高效开发理论与技术
卷 55	昭通山地页岩气勘探开发关键技术与实践
卷 56	沁水盆地煤层气水平井开采技术及实践
卷 57	鄂尔多斯盆地东缘煤系非常规气勘探开发技术与实践
卷 58	煤矿区煤层气地面超前预抽理论与技术
卷 59	两淮矿区煤层气开发新技术
卷 60	鄂尔多斯盆地致密油与页岩油规模开发技术
卷 61	准噶尔盆地砂砾岩致密油藏开发理论技术与实践
卷 62	渤海湾盆地济阳坳陷致密油藏开发技术与实践

石油是工业的"血液"和人类生活必备的"原料",随着我国经济持续高速发展,我国石油对外依存度逐年攀升,2020 年更是达到 73%,国家石油安全受到严峻挑战。21 世纪以来,海洋已成为我国石油新增产量的主力军,2020 年海洋石油新增产量占我国石油新增产量的 80% 以上,同时海上油气产量自 2010 年起连续 12 年稳产 5000×10^4 t 油当量,2020 年上产 6500×10^4 t 油当量。海上油田已成为国家石油供给和能源安全保障的重要支柱。

我国近海原油储量的一半以上是稠油(或重油),然而海上稠油开发难度大、采收率相对较低,油田开发之初采出程度仅 18%～20%,提高采收率潜力巨大。采收率每增加 1 个百分点,就相当于在不新增勘探投资情况下发现了一个亿吨级大油田,开展海上稠油油田高效开发新技术研究意义重大。为此,"十一五""十二五"和"十三五"期间,国家科技重大专项"大型油气田及煤层气开发"设置专门项目,持续开展了海上稠油高效开发新技术攻关,取得了应用基础、关键技术以及矿场应用方面的重大进展。

"十三五"国家科技重大专项"大型油气田及煤层气开发"子项目"海上稠油高效开发新技术(三期)"在"十一五"和"十二五"研究成果的基础上,针对如何进一步提高水驱采收率、如何高效更低成本钻完井、如何进一步拓宽化学驱应用范围与规模以及如何应对稠油热采规模化和多轮次等难题,重点攻关了海上稠油油田开发模式、海上稠油油田高效开发钻采技术、海上油田化学驱油技术以及海上稠油热采技术,取得了一系列创新性成果:完善和提升了海上稠油高效开发模式与理论,形成了海上稠油油藏加密后进一步提高水驱采收率及薄互层复杂河流相稠油油藏综合调整技术体系,建立了一套海上常规稠油油田高效开发钻采配套技术体系,拓展了海上油田化学驱油技术体系,形成了适应多轮次吞吐与规模化的热采配套技术体系。

项目成果有效支撑了我国海上稠油油田的高效开发,经济效益和社会效益显著。截至 2020 年底，海上稠油高效开发新技术在绥中 36-1、蓬莱 19-3、南堡 35-2 等油田应用，"十三五"期间累计增油 976.17×10⁴t（1029.11×10⁴m³），预计提高主要目标区采收率 6.7%～12.1%，平均桶油完全成本下降 26.8%，为我国海洋油气产量由专项实施前的 3400×10⁴t 油当量上升到"十三五"末 6500×10⁴t 油当量提供了有力保障。项目开辟了海洋石油提高采收率技术研究新领域，推动我国海洋稠油开发进入崭新阶段。此外，海上油田化学驱、复杂油藏综合调整等研究成果已在美国等国家应用，显著提升了国际影响力。

本书是《国家科技重大专项·大型油气田及煤层气开发成果丛书（2008—2020）》的一个分册，全面反映了"十三五"国家科技重大专项"海上稠油高效开发新技术（三期）"项目所取得的最新进展。在内容安排上，本书以五年来项目所取得的最新研究成果为基础进行编写，介绍中国海上稠油高效开发理论不断丰富、技术不断发展的最新成果。

本书由孙福街、张凤久、景凤江组织编写，提出全书编写思路和内容框架，审定核心学术观点和技术内涵。全书共六章，第一章由未志杰、刘晨、刘媛、黄辉、谢昊君、刘玉洋等编写，第二章由周文胜、刘晨、刘凡、孙一丹、罗宪波、张章等编写，第三章由张健、康晓东、唐恩高、靖波、未志杰、薛新生、李先杰等编写，第四章由朱国金、郑伟、谢仁军、张明、谢昊君、李南、王泰超、郑晓鹏、文敏等编写，第五章由曹砚锋、李汉兴、黄辉、程载斌、邢希金、张磊、潘豪、于继飞、武广瑗、周颖娴、张泽昊、杜孝友等编写，第六章由未志杰、刘玉洋等编写。全书由未志杰、李鹏、雍唯、刘玉洋、刘媛、张增华、刘晨、黄辉等负责统稿、校对，景凤江最终定稿。

感谢国家重大专项领导小组和办公室、中国海油天津分公司、中国石油大学（北京）、西南石油大学、中国石油大学（华东）、石油工业出版社等单位在本书编写过程中给予的大力支持和帮助。向参与项目研究、默默奉献的同事们以及对本书的编写付出辛勤工作的同仁们表示感谢。在项目研究和本书编写过程中，得到了罗平亚院士、周守为院士、周建良、宋考平等专家教授的指导和帮助，在此表示衷心感谢。

由于编者水平有限，书中不妥之处在所难免，敬请广大读者批评指正。

目 录

第一章 概 述

陆地油田经过几十年开采，已进入特高含水期，而海上资源却有着很大的开发潜力，加速高效开发海洋石油资源已成为未来国家能源战略的重点之一，海上油田高效开发对国民经济发展和国家能源安全的重要性日益突显。

随着海上油田勘探难度的加大，提高采收率技术对海上油田开发所起作用也日趋重要。我国近海油田多为陆相沉积油藏模式，在油田开发中普遍存在平台寿命期有限、稠油采收率偏低的问题，平均采油速度低于2%。在平台寿命期满后，大量剩余在地层中的原油将无法经济有效利用，也就是说，这些花费高昂勘探代价发现的石油资源将无法有效开采。因此，只有通过技术攻关，才能在有限时间内最大限度地获得经济有效的采出程度，最终实现海上稠油的高效开发。

第一节 海上稠油油田开发技术背景

一、海上油田潜力和增储上产重要意义

近年来，海上油田已经成为我国原油增长的主力军之一，其中海上稠油产量增加最为明显，我国海上已发现原油地质储量约$45.1×10^8t$，其中稠油约$32.8×10^8t$，占73%，2010年中国海油海上稠油产量约$2400×10^4m^3$，占中国海上原油产量一半以上，也占全球海上稠油产量的40%以上。而我国海上稠油储量的绝大部分分布于渤海湾，已动用稠油储量约$15×10^8m^3$，储量动用水平较低且目前已投入开发的稠油油田水驱开发方案设计经济采收率仅为18%～22%，相对于陆地类似油田，开发潜力巨大。通过新技术的研究和应用，将海上稠油油田采收率提高5%～10%，相当于发现5～10个亿吨级的大油田，增加的可采储量相当于我国1～2年的石油产量，经济和社会效益显著。

在"十一五"和"十二五"成果基础上，继续攻关试验与应用中的关键技术问题，开展技术集成与矿场试验，拓宽应用范围，形成薄互层复杂河流相稠油油藏水驱综合调整及高效开发钻采技术，深化并丰富海上油田化学驱油技术，形成适应多轮次吞吐与规模化的热采配套技术，提高主要目标区采收率6.0%或以上，完善海上稠油高效开发理论与技术体系，这对提高已发现和在产油田石油资源利用率、持续高效开发海洋石油、缓解国家石油供需矛盾，确保中国海洋石油集团有限公司（简称中国海油）长期可持续发展等方面具有直接的现实意义和深远影响。

二、研究基础

"十一五"和"十二五"期间，中国海油紧密围绕专项科技攻关6大技术系列之一，

即海洋油气勘探开发技术系列中的海洋稠油油田高效开发重大技术，开展关键技术和试验中出现的新问题的持续攻关，形成了海上稠油开发地震、多枝导流适度出砂、丛式井网整体加密综合调整与化学驱油等核心技术体系，并进行了矿场应用，实现油田大幅增储上产；同时，探索出一套海上稠油热采技术，完善了海上稠油高效开发模式，初步形成了海上稠油高效开发的理论与技术体系。

取得的前期研究成果包括：

（1）在开发地震技术方面形成了海上开发地震技术体系，示范油田应用获得成效，其中关键技术主要包括：① 海上三维三分量 VSP 处理技术；② 海上斜井井间地震资料成像处理技术；③ 基于井控的地震资料拓频高保真处理新技术；④ 河流相储层沉积构型模式；⑤ 地质信息约束的河流相储层表征及地震驱动的确定性建模技术；⑥ 海上开发地震技术集成及应用。

（2）海上油田丛式井网整体加密及综合调整技术方面多年来中国海油与国内高水平的研究院（所）和高等院校保持着密切合作关系，充分发挥各自技术专长和集团作战的优势，在海上稠油油田水驱开发方面形成了系列核心技术，为海上稠油油田高速高效开发提供了有力的技术保障。

"十一五"期间，初步形成了一套海上稠油丛式井整体井网加密及综合调整技术体系，并在绥中 36-1、旅大 5-2 和秦皇岛 32-6 等海上稠油油田示范应用过程中得到检验，形成了系列关键技术：① 海上大井距多层合采稠油油藏剩余油分布定量描述技术；② 海上稠油油田丛式井网整体加密开发调整技术；③ 定向井防碰地面监测及预警技术；④ 压力衰竭稠油油田可循环微泡储层保护技术；⑤ 海上大斜度定向井单管、多管分层配注及不动管柱酸化技术；⑥ 海上平台模块钻修设备搬迁和滑移共享技术；⑦ 海上油田开发生产系统优化决策技术。

"十二五"期间，在"十一五"研究成果的基础上，进一步形成了完善的海上油田丛式井网整体加密及综合调整技术体系。该技术体系形成了考虑非线性渗流的微观驱油机理、地层压力下降对储层物性的影响机理、辅助自动历史拟合方法等三项理论和方法，同时，获得了稠油油藏过油管/套管精细测井解释技术、基于高含水期特征的单砂体剩余油描述技术、丛式井网钻井趋近监测及防碰预警技术、大斜度定向井可洗井分层注水工艺技术、开发生产实时优化及运行管理智能决策支持技术等五项技术突破，并研发了多平台钻井趋近监测和大斜度定向井可洗井两类设备。"十二五"期间，研究成果应用于绥中 36-1 油田 Ⅱ 期和秦皇岛 32-6 油田综合调整，累计增油 $452.18 \times 10^4 m^3$，可采储量增加 $3052 \times 10^4 m^3$，水驱采收率分别提高 7.3% 和 10%，取得了良好的经济效益和社会效益，为我国能源安全提供了可靠的技术支持。

（3）多枝导流适度出砂技术方面逐步建立海上稠油油田多枝导流适度出砂的完整技术体系，形成 8 项关键技术：① 多枝导流适度出砂增产机理及产能评价方法；② 工具面动态控制高效导向钻井系统；③ 疏松砂岩适度出砂完井技术；④ 海上稠油油田适度出砂地面监测技术；⑤ 分支井眼井壁稳定化学防砂技术；⑥ 油套管压力完整性系统；⑦ 恒流量注水井注入阀、冲砂解堵工具；⑧ 多枝导流适度出砂技术集成及现场应用。渤海稠油油田共完成 409 口多枝导流适度出砂井，累计产油超过 $1300\times10^4\mathrm{m}^3$，累计增油 $270\times10^4\mathrm{m}^3$。

（4）海上稠油化学驱油技术在"十一五"和"十二五"期间通过持续的技术攻关，形成多项关键技术：① 研究提出了注水即注聚合物的开发策略，形成海上稠油早期注聚合物模式与理论；② 研发并应用耐盐、抗剪切微支化缔合聚合物驱油剂，进一步兼顾聚合物"驱—调"综合作用提高开发效果；③ 针对海上稠油开发条件与特点，研究并应用聚合物—表面活性剂二元复合驱油技术；④ 发明并应用海上平台聚合物强制拉伸水渗速溶装置，实现了海上平台聚合物快速配注；⑤ 发明并应用以双酚 A 酚胺树脂为核的新型破乳剂、非离子型和阴离子型清水剂，保障了海上聚合物驱油田油水处理流程可控与平稳运行。基本形成了海上三角洲稠油油田以化学驱为主的提高采收率技术体系，"十二五"期间，实现累计增油 $408.09\times10^4\mathrm{m}^3$。

（5）海上稠油热采技术方面探索研究了稠油热采关键技术，重点攻关了：① 可满足单井注热的小型化蒸汽发生装置；② 多元热流体发生系统集成及模块化；③ 多功能预应力固井地锚；④ 热应力补偿器等关键技术。开展了多元热流体及蒸汽吞吐先导试验，热采井产量是冷采井的 2～3 倍，热采增油效果较明显，为后续规模化应用奠定了基础。

三、取得的技术成果

（1）完善和提升了海上稠油高效开发模式与理论。在海上稠油高效开发理念指导下，形成了三角洲相油田一次井网早期注聚合物协同增效、复杂河流相二次井网中期注聚合物协同增效、海上典型稠油热采开发等不同类型稠油油田高效开发模式；提出了水驱提高采收率新理论、开发全过程提高采收率理论等相关理论认识。

（2）在海上稠油油田水驱综合调整方面，针对海上大型薄互层复杂河流相油田储量大、薄互层发育、开发效果差等难点，开展了大型薄互层复杂河流相精细油藏描述技术、剩余油描述技术、非线性合理井网井距优化技术、油藏动静态层间干扰层系划分技术及油藏矢量井网跟踪调整技术等研究，开展了海上大型薄互层复杂河流相油田的综合调整，实施效果显著，有效助力了渤海油田稳产增产。

（3）在海上稠油油田高效开发钻采技术方面，针对海上稠油开发中存在的单井产能低、钻完井成本高以及后期含水高等问题，开展了井下动力钻具滑动导向钻井系统仿真及控制系统研发、新型环保钻完井液体系研究、砂泥岩互层开发井防砂优化技术、水平生产井稳油控水技术、海上高效注采系统关键技术研究和关键钻完井工具研发等研究，形成了一套高效、低成本、环保的海上稠油油田开发钻采技术体系，为海上稠油油田高效开发提供了有力的技术支持。

（4）在海上油田化学驱油技术方面，针对化学驱油技术规模化应用中暴露的问题和油田开发形势需要，通过技术攻关，形成了海上油田开发全过程提高采收率模式及理论，建立了不同阶段化学驱油田综合调整策略，形成了化学驱含聚合物采出液处理技术、化学驱关键配套技术、聚合物驱后提高采收率技术等，同时针对海上储层条件下黏度 $150\sim1000\mathrm{mPa\cdot s}$ 及 $1000\mathrm{mPa\cdot s}$ 以上稠油形成了稠油活化水驱油技术和热水化学驱油技术。新技术试验方面，推动残留聚合物再利用技术、化学驱交替注入技术、分级组合深部调剖技术、稠油活化水驱技术、自适应微胶驱技术、水平井化学驱技术等新技术矿场试验，并取得预期效果。

（5）在海上稠油热采技术方面，针对海上热采新出现的钻采和工程等多专业技术难题，开展技术攻关，研制出井筒热应力补偿器、耐高温井口装置和封隔器及耐高温弹性水泥石液体体系等，形成并完善了海上稠油油田热采钻采关键技术；针对热采平台面临的水处理和集输问题，形成了海上稠油热采开发生产水处理及回用技术；针对稠油热采新技术，探索了超临界多元热流体生成技术并研发样机。研发出热采关键配套工艺和工具，解决了海上稠油热采多轮次吞吐和规模化热采等问题，推动了多个规模化热采油田的经济开发，为"十四五"规模上产做好了技术储备。

第二节　海上稠油油田开发模式

陆地油田不受开发时间和空间的限制，通常具有比较明显的阶段性，即一次采油、二次采油、三次采油依次顺序进行，一般提高采收率措施实施时机较晚。与陆地油田相比，海上油田开发面临着更大的挑战，一方面，海上工程建设难度大、投资规模大，要求尽快回收投资，如果按照传统模式开发，采油速度 1%～2%，并保持一定的稳产时间，那么项目资金回收期将会很长，投资回收难度和风险就会加大；另一方面，海上油田开发寿命受海洋工程设备制约，要求在平台的服役期限内获得最大采收率。因此，要实现最大程度采出海洋石油资源的目标，低成本、高速、高效是必由之路。

一、基本思路

在深入研究目前国内外技术发展、科技进步及国家对海洋石油发展的要求，结合我国海洋油气生产特点的基础上，以效益最大化和资源充分利用为前提，以目前油田开发的最新成熟技术和通过攻关就能突破的先进技术为基础，以在尽可能短的时间内达到最大采收率为总体战略目标来探索海上油田高效开发，"十二五"期间，创新建立了海上稠油高效开发模式，即打破三次采油与二次采油界限，合二为一；创新、集成、应用二次采油、三次采油新技术；早期注水、注水即注聚合物、注水注聚合物相结合，使油田开发全过程保持较高的采油速度，实现早拿油、快拿油、多拿油的目标，"十三五"期间，在海上稠油高效开发理念指导下，针对海上稠油油田储层类型的差异和特点，形成三种不同类型稠油油田高效开发模式（图 1-2-1）。

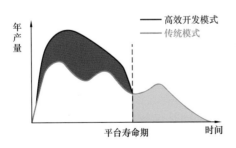

图 1-2-1　海上油田高效开发模式示意图

二、不同类型油田高效开发模式

海上稠油油田按照储层类型可分为陆相三角洲相、陆相河流相油田等，不同储层类型有不同的开发方式。

1. 三角洲相油田"一次井网水驱 + 聚合物驱 + 非连续化学驱"全过程开发模式

三角洲相油田构造简单，储层分布好，通过虚拟开发及经济效益评价，提出了"一次井网水驱 + 聚合物驱 + 非连续化学驱"的全过程高效开发模式，技术采收率最高可达 60.5%，平台寿命期内（30 年）采收率可达 49.7%（图 1-2-2）。

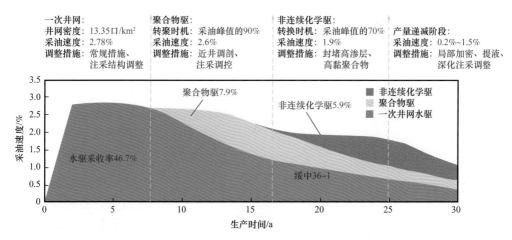

图 1-2-2　三角洲相油田"一次井网水驱 + 聚合物驱 + 非连续化学驱"全过程开发模式

2. 复杂河流相油田"一次井网水驱 + 二次加密 + 非连续化学驱"全过程开发模式

复杂河流相油田断层多，储层横向变化快，一次布井风险大，推荐两期开发，通过虚拟开发及经济效益评价，提出"一次井网水驱 + 二次加密 + 非连续化学驱"全过程高效开发模式，技术采收率最高可达 54.2%，平台寿命期内（30 年）采收率达 45.5%（图 1-2-3）。

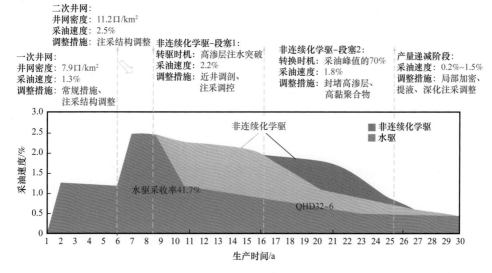

图 1-2-3　复杂河流相油田"一次井网水驱 + 二次加密 + 非连续化学驱"全过程开发模式

3. 海上典型稠油热采开发模式

提出了以经济效益为中心的固定／移动平台注热模式；"前期吞吐＋后期适时转化学辅助蒸汽驱或 SAGD、火驱"的全生命周期开发模式（图 1-2-4 和图 1-2-5），"一短一多三高"海上大井距注采模式。方案设计锦州 23-2 油田大井距热驱采收率可达 33.5%，临界油价 45 美元 /bbl 以下（表 1-2-1）。

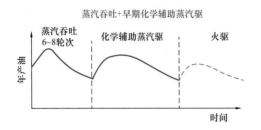

图 1-2-4 单砂体和多砂体边水油藏热采
开发模式示意图

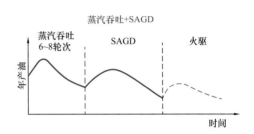

图 1-2-5 厚层底水油藏热采
开发模式示意图

表 1-2-1 海上大井距特色注采模式

特点	关键参数	特色模式
"一短"	短周期长度	9～10 个月 / 轮次
"一多"	多井同注	4～6 井同注
"三高"	高注汽速度	>300m³/d
	高蒸汽干度	井底干度 >0.6
	高注汽强度	定向井：140～200m³/m；水平井：16～20m³/m

第三节 海上稠油高效开发试验及应用历程

历经"十一五"至"十三五"持续攻关，形成了以海上油田丛式井网整体加密及综合调整技术、海上化学驱技术、海上稠油热采为核心的海上稠油高效开发新技术体系，在绥中 36-1、旅大 10-1、锦州 9-3、蓬莱 19-3、南堡 35-2、旅大 27-2、旅大 21-2 等油田应用，累计实现增油 2193×10⁴t，阶段提高采收率幅度 6 个百分点以上。

（1）2005 年以来，海上油田丛式井网整体加密及综合调整技术推广应用于海上 102 个油田，其中绥中 36-1 油田Ⅰ期整体加密后，产量和采油速度实现了翻番，目前海上油田整体加密综合调整技术已广泛应用于海上油田，成为老油田提高采收率的主要技术之一。

（2）自 2003 年在绥中 36-1 油田开展聚合物驱单井试验，海上油田化学驱技术陆续在锦州 9-3、旅大 10-1、渤中 28-2 南四个油田进行矿场试验和应用，取得了显著的增油降（稳）水效果，其中，绥中 36-1、锦州 9-3、旅大 10-1 化学驱实现平均提高采收率 6.9 个百分点，实现吨剂增油 51m^3，实现内部收益率 111%～216%，财务净现值高达 38.18 亿元。

（3）自 2011 年在南堡 35-2 油田、旅大 27-2 油田等油田开展热采技术先导试验，"十三五"期间设计完成了全球首个海上规模化热采平台集成方案，并于 2020 年 8 月顺利投产，单井日产油峰值突破 120m^3。整体来看，首次实现了海上油田二次加密调整、海上稠油规模化热采，并建成世界上最大的海上化学驱矿场试验基地，助推建成世界上最大的海上稠油油田。

矿场试验的成功证明了海上稠油高效开发模式的可行性和经济有效性，2020 年我国海上油田新增产量 240×10^{4}t，占全国新增产量的 83%，为海上油田 2025 年实现 5300×10^{4}t 原油产量提供了技术支撑，也将为我国原油产量重返 2.1×10^{8}t 做出重要贡献。另外，研究成果海上油田化学驱、复杂油藏综合调整等技术已在美国、加拿大、墨西哥、英国、印度尼西亚、乌干达等 6 国应用，显著提升了国际影响力。

第二章　海上稠油高效水驱开发技术

"十一五""十二五"期间，加密调整的油田主要处于中高含水阶段，"十三五"期间，大部分油田含水越来越高，处于高含水或特高含水阶段，剩余油分布更加零散。同时，油田一次加密后，由于井网、井距的变化，剩余油分布将更加复杂，对剩余油分布研究提出了更高的技术要求，二次局部加密难度大，需要进一步进行技术攻关。针对此问题从微观机理研究、储层精细描述、剩余油精准刻画、层系组合与细分、生产精细优化调控、加密调整方法等方面开展了系统研究，形成了海上稠油非线性渗流理论、水驱油藏工程新理论、海上高含水后期稠油油藏精细描述技术、海上高含水后期稠油油藏加密后剩余油定量描述技术、海上高含水期稠油油田井网及注采结构调整技术研究、海上大型薄互层复杂河流相稠油油田综合调整技术等六大技术，建立了海上稠油高效开发理论。"十三五"期间，研究成果已成功应用于蓬莱19-3油田，为中国海油"十三五"产量目标的实现做出了突出贡献。

第一节　海上稠油水驱理论新进展

一、海上稠油非线性渗流理论

1. 考虑非线性渗流的微观驱油机理

考虑启动压力和水膜传导率的动态变化，通过描述活塞式、孔隙体填充和水膜流动过程，建立了基于数字岩心的油水两相动态孔隙网络模拟技术，该技术代替物理方法模拟不同条件下的微观驱油过程，可以大幅提高效率，研究了不同驱替压力梯度下的微观驱油机理。

孔喉尺度上，水驱油过程中主要存在三种驱替机理：活塞式驱替、孔隙体填充和水膜流动。活塞式驱替为孔隙内（体积大）的水克服阻力驱替喉道内（体积小）的油，驱油效率高。孔隙体填充为喉道内（体积小）的水克服阻力驱替孔隙内（体积大）的油，驱油效率中等。水膜流动发生于远离驱替前缘的位置，喉道内水相体积由于水膜流动逐渐积累到一定程度后，该喉道将迅速被水相充满，该机理驱油效率低。

通过模拟可知，随着驱替压力梯度增加，微观驱油机理发生变化，活塞式驱油频率不断增加、水膜流动驱油频数降低（图2-1-1）。由微观驱替机制分析可知水膜流动可能会造成卡断，从而造成微观剩余油，而活塞式和孔隙体的驱替程度比较彻底。因此，井网加密以后会引起驱替压力梯度增加，从微观上提高了活塞式和孔隙体填充等发生概率，从而提高了微观驱油效率，微观剩余油较少（图2-1-2）。

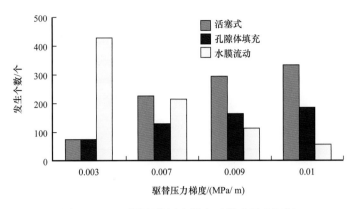

图 2-1-1 不同驱替压力梯度下微观驱油机制

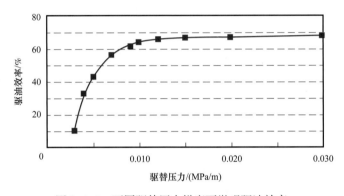

图 2-1-2 不同驱替压力梯度下微观驱油效率

以绥中 36-1 Ⅱ期和秦皇岛 32-6 油田为例,目标油田加密前后驱替压力及采收率变化对比见表 2-1-1。

表 2-1-1   目标油田加密前后驱替压力及采收率变化对比

油田	井距 /m		压力梯度 /(MPa/m)		水驱采收率 /%	
	调整前	调整后	调整前	调整后	调整前	调整后
绥中 36-1 Ⅰ期	375	270	0.0080	0.0111	28.6	40.1
绥中 36-1 Ⅱ期	350	270	0.0086	0.0111	23.5	30.8
秦皇岛 32-6	380	300	0.0078	0.0100	15.4	25.4

按照近井地带（10m 以内）压降损失 80% 计算,油水井间驱替压力梯度平均为 0.010MPa/m 左右。

2. 考虑非线性渗流的启动压力梯度测定

通过模拟绥中 36-1 油田原油黏度,选用与绥中 36-1 油田渗透率级别相同的人造岩心进行启动压力梯度存在界限研究,主要结论如下:

由实验数据及图 2-1-3 可知，通过绥中 36-1 油田稠油启动压力梯度存在界限研究，得到不同渗透率岩心启动压力梯度值存在的黏度界限，认为在选取绥中 36-1 油田所研究的渗透率范围内，启动压力梯度存在的临界黏度在 40～55mPa·s 之间，并随着渗透率的增加，临界黏度增大，且增大的幅度随渗透率的不断增加趋于平缓，将曲线经过乘幂函数拟合时，其 R^2 高于 0.9。从图可知，当黏度与渗透率值处于曲线上方区域时存在启动压力梯度，当处于曲线下方区域及落在曲线上时不存在启动压力梯度。

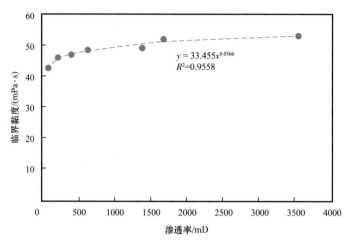

图 2-1-3　启动压力梯度存在临界黏度与渗透率的关系

由不同渗透率相同黏度渗流实验结果（图 2-1-4）可知：（1）岩心气测渗透率越低，曲线越向右下方偏移。这是由于渗透率越低，岩石孔隙越小，在同样的压差下流速越低，使较细孔隙中的流体全部参与流动需要的压力梯度越大，因此曲线右移；（2）岩心气测渗透率越低，启动压力梯度越大，这是由于岩石喉道越细，固体表面对边界层流体作用力越大，流体流动所需克服的阻力越大，从而导致渗透率越大，启动压力梯度越小。

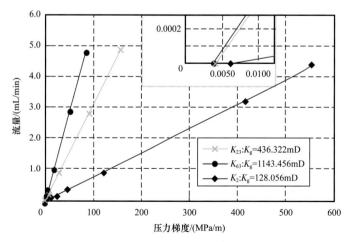

图 2-1-4　黏度相同时的渗流曲线

由相同渗透率不同黏度渗流实验结果（图 2-1-5）可知：（1）原油黏度越大，渗流曲线越向右下方偏移，非线性段越大。因此，在同一压差下流量越小，流动所需的启动压力梯度越大；（2）原油黏度越大，启动压力梯度越大。

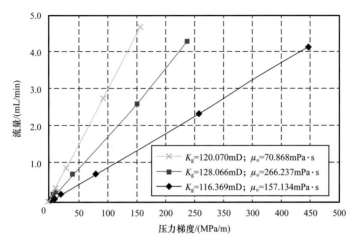

图 2-1-5　渗透率相同时的渗流曲线

二、水驱油藏工程理论新进展

目前较常用的产量预测方法为水驱曲线法及产量递减预测法，很多学者致力于改进上述两种方法以达到更高的预测精度，但对两种方法的内在联系探讨得不多。在实际应用时，部分学者倾向于应用其中一种方法，部分学者倾向于两者均使用，再根据经验判断如何取值。从相对渗透率曲线和物质平衡原理出发，推导出了理论水驱曲线及产量递减曲线（定生产压差及定液量生产条件下），探讨了两者间的关系，并通过油田实际生产资料对理论推导进行了验证（刘晨，2019）。研究成果对深化水驱规律与产量递减规律的认识以及提高产量预测精度具有一定的理论价值和借鉴意义。

目前很多学者致力于水驱曲线的理论研究，但仍存在适用条件受限、预测结果差异较大等问题。从相对渗透率曲线及物质平衡方程出发，推导出理论水驱曲线模型（张金庆，2019），具体推导过程如下（刘晨等，2016）。

$$K_{rw} = K_{rw}\left(S_{or}\right) S_{wd}^{n_w} \qquad (2-1-1)$$

$$K_{ro}\left(S_w\right) = K_{ro}\left(S_{wt}\right)\left(1-S_{wd}\right) S^{n_o} \qquad (2-1-2)$$

$$S_{wd} = \frac{S_{we} - S_{wi}}{1 - S_{wi} - S_{we}} \qquad (2-1-3)$$

式中　　f_w——含水率；

$\qquad$ K_{rw}——水相相对渗透率；

$\qquad$ K_{ro}——油相相对渗透率；

$K_{rw}(S_{or})$——残余油饱和度下的水相相对渗透率；

$K_{ro}(S_{wi})$——束缚水饱和度下的油相相对渗透率；

S_{we}——出口端含水饱和度；

n_w——水相指数；

n_o——油相指数；

S_{wi}——初始含水饱和度；

S_{or}——残余油饱和度；

S_{wd}——归一化含水饱和度。

忽略重力和毛管力的影响，分流量方程为：

$$f_w = \frac{MS_{wd}^{n_w}}{MS_{wd}^{n_w} + (1-S_{wd})^{n_o}} \quad (2-1-4)$$

式中　M——水油流度比。

式（2-1-4）展示了含水率与出口端含水饱和度的相关关系。Welge 方程建立了平均含水饱和度与出口端含水饱和度的相关关系：

$$\overline{S_w} = S_{we} + \frac{1-f_w}{f_w} \quad (2-1-5)$$

式中　$\overline{S_w}$——油水两相区平均含水饱和度。

从理论上解决了平均含水饱和度与出口端含水饱和度的相关关系：

$$\overline{S_w} = \omega S_{we} + (1-\omega)(1-S_{or}) \quad (2-1-6)$$

得到

$$N_p = N_R - \frac{A}{(L_p + C)^n} \quad (2-1-7)$$

式中　A，C，n——理论水驱曲线的三个特征参数；

ω——Welge 系数；

N_R——可动油储量，$10^4 m^3$；

L_p——累计产液量，$10^4 m^3$。

式（2-1-7）为理论水驱曲线简化模型。理论水驱曲线模型揭示了累积开发指标与可采储量、相对渗透率参数、Welge 方程系数等参数的函数关系。由于 Welge 方程系数 ω 与束缚水饱和度、残余油饱和度、油水相指数以及油水黏度比有关，因此理论水驱曲线也与上述参数有关。

从上述理论水驱曲线与见水后产量递减曲线的推导过程可以看出，两种方法的理论基础均是相对渗透率曲线和物质平衡方程，即两者本质上应是统一的。定液量生产条件下在推导出递减率表达式时直接引用了理论水驱曲线方程，其内在规律必然是统一的。

理论水驱曲线变为：

$$N_p = N_R - N_R \cfrac{1 - \cfrac{N_{p0}}{N_R}}{\left[1 + \cfrac{\left(\cfrac{1}{\omega} - \cfrac{N_{p0}}{\omega N_R}\right)^{\frac{\omega}{1-\omega}}}{N_R(1-\omega)}Q_1 t\right]^{\frac{\omega}{1-\omega}}} \tag{2-1-8}$$

式中　N_{p0}——无水采油量，$10^4 m^3$；

　　　Q_1——日产液量，$10^4 m^3/d$；

　　　t——生产时间，d。

事实上，无论是定液量生产条件，还是定生产压差生产条件，递减规律在通常情况下均为双曲递减规律，因此可以得到：

$$\omega = \frac{n_o - 1}{n_n} \tag{2-1-9}$$

递减指数与 Welge 方程系数相关关系为：

$$\omega = \frac{n_o - 1}{n_n} = n \tag{2-1-10}$$

因此递减指数与 Welge 方程系数内涵是一致的。通过上述论证过程可以得出如下认识：

（1）理论水驱曲线与产量递减曲线在本质上是统一的，均体现出的是随着开发的进行，含油饱和度逐渐降低导致油水相对渗流能力变化，进而体现在开发指标变化规律上。

（2）无论是定压差生产条件还是定液量生产条件，递减规律通常为双曲递减模式，在满足一定的数学条件下可表现为指数递减和调和递减。由于理论水驱曲线推导过程中没有限制条件，因此理论水驱曲线应用范围更大。

（3）理论水驱曲线与产量递减曲线方程系数的物理内涵是统一的。在定压差生产条件下，递减指数等于$(n_o-1)/n_o$；在定液量生产条件下，递减指数为ω，ω除与n_o有关外，还与流度比M和n_w有关，但含水率趋于1时，ω趋于递减指数n，即$(n_o-1)/n_o$。

第二节　海上高含水后期稠油油藏精细描述技术

以"十一五""十二五"技术攻关研究成果为基础，在"十三五"期间针对复杂地质条件提高储层地震属性表征及地震预测精度的难题，进一步完善与丰富储层地震属性分析及综合解释评价技术体系，深化地震响应特征、提高地震属性分辨率、地质信息与地震响应耦合关系、储层地震敏感参数与组合优化分析方法、地质信息约束的储层预测技术等方面的研究，形成高可行性、高智能化、高精度的地质信息约束下的地震正演模拟分析、储层地震敏感参数分析、地质信息约束的储层高精度定量表征技术体系。

针对海上油田大斜度、大井距、断陷盆地复杂古地貌、多变三角洲储层、厚层非均质性强、疏松砂岩沉积作用影响大、加密后认识细化等特点，通过加密后油藏精细解剖，形成了基于层序细分对比、微相—能量相平面刻画、储层构型及非均质性分析的海上油田整体加密后油藏精细描述技术，提出了三角洲前积层序模式、4种三角洲前缘沉积模式及垂向演化、砂体空间叠置模式。

以蓬莱19-3油田为代表的海上大型复杂河流相薄互层状油藏，油藏地质条件复杂、沉积类型多样、储层横向变化快、纵向含油层段大、层多且薄层比重大，加大了储层刻画难度、高效开发难度巨大。对于复杂河流相薄互层状油藏精细描述，相比于常规油田和常规方法，需要进一步提高薄互层标定精度，实现薄互储层展布预测，进而实现储层构型研究定量化，通过开展薄互层储层预测、精细地质建模与数模、油藏工程法剩余油定量描述等方面的研究，形成复杂河流相薄互层状油藏剩余油定量描述技术体系，综合多种方法的研究结果完成目标区块的剩余油分布规律研究，以指导综合调整方案研究等工作。

一、地质信息约束的储层表征技术研究及应用

1. 地震属性提取分析技术的优化完善

地震属性指的是那些由叠前或叠后地震数据，经过数学变换而导出的表征地震波几何形态、运动学特征、动力学特征以及统计特征的一些参数。实际上，这些参数过去一般被称为地震参数、地震特征或地震信息。

从前人提出的地震属性中，提炼筛选得到一些能够刻画地震波形结构特征的属性，并把这些属性统称为地震波形结构属性。它们的计算方法多借鉴于微积分、概率统计、差分等数学思想，它们可以有效地把振幅和波形随着时间的变化刻画出来，利用波形结构属性分析波形结构变化，有助于解释人员识别河道砂体叠置区以及其他河流相储层不连续性界线信息。笔者依据属性计算的不同数学原理，将地震波形结构属性分为积分类、统计类、差分类三大类，见表2-2-1。

表2-2-1 井下刻度技术与PLT测井数据对比表

类型	属性名称	功能作用
积分类	波形面积、波形长度	反映波形的强弱变化
统计类	变异系数、波峰峰度、波谷峰度、峰谷峰度和、偏度	反映波形的稳定程度、尖锐程度、对称程度
差分类	复合包络差、半时弯曲度差	反映波形的结构变化

2. 三角洲相叠置砂体模型属性特征分析总结

系统分析目标区油田的地质资料、地震资料、测井资料及三角洲相砂体叠置资料，对研究区内所有井的单井相图进行逐一分析，可以总结出 19 种不同的叠置样式，要想在理论模型中完全体现出这 19 种叠置样式，就要对模型进行简化，以求利用比较简单的模型反映出足够多的模式种类并对属性的敏感性进行测试。

依照单个砂体模型的简化思路，可以建立起地质资料和理论模型的对应表，从而将实际工区当中出现的砂体叠置模式一一体现在抽象的理论模型当中，如图 2-2-1 所示。

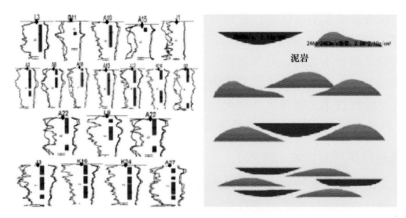

图 2-2-1　地质资料与理论模型对应图

根据实际工区地质资料、地震资料、测井资料以及有关砂体叠置资料，研究区的砂体叠置模式大致可分为以下 6 类：道—道垂向叠置、坝—坝垂向叠置、道—坝垂向叠置、道—坝横向叠置、坝—坝横向叠置、道—道横向叠置，目的区中其余更加复杂的砂体叠置模式依据横向、垂向上的特征都可归纳入这 6 类当中。

经过对 4 类叠置模型的属性敏感性测试，敏感属性响应总结见表 2-2-2。

表 2-2-2　敏感属性响应总结

项目	河道厚度	坝体厚度	河道叠置	道坝叠置	坝坝叠置
波形对称度	√	√	√	√	√
变异系数	√	√	√	√	√
半时弯曲度差	√	√	√	√	√
复合包络比	√		√	√	
峰谷歪度比	√			√	√

3. 地质信息与地震响应耦合分析评价方法及图版

在进行地震储层预测时，通常引入与储层预测有关的各种地震属性。地震属性的引入通常要经过一个从少到多，又从多到少的过程。所谓从少到多，是指在设计预测方案的初期阶段应该尽量多的提取出各种可能与储层预测有关的属性。这样可以充分利用各种有用的信息，吸收各方面专家的经验，改善储层预测的效果。但是，由于不同工区和不同储层对所预测对象敏感的地震属性是不完全相同的。即使在同一工区、同一储层，预测对象不同，对应的敏感地震属性也是有差异的。同时，虽然地震反射是地下地质情况的反映，但地质背景的复杂性反映到地震资料上就有多解性。因此，有必要优选出对所求解问题最敏感（或最有效、最有代表性）的属性个数较少的地震属性组合，以提高地震储层预测精度，改善与地震属性有关的处理和解释方法的效果。

在一定的地质时期内，成因相联系的多期或者单期河道与河坝在空间上往往会形成复合砂体，不同叠置关系的砂体往往在地震数据中体现出不同的特征。但是对于砂体叠置样式的研究，传统上主要通过对地震反射特征的研究分析来判断，具有很大主观性，往往地震反射特征相差不大时，对于复杂的三角洲环境而言，具有多解性，而这种多解性极不利于实践开发。而基于地质信息约束的三角洲砂体叠置关系的研究，不仅结合地震敏感属性优化分析技术、敏感属性决策优选分析技术，处理分析地震属性，还用到地震正演、神经网络及模式识别技术来预测砂体叠置。

4. 概率神经网络预测技术（PNN）

概率神经网络是一种基于概率统计思想的神经网络，利用概率神经网络进行模式识别、反演等，通过它的非线性扩展进行多个属性的优选组合，完成神经网络的训练学习和概率估算，有效地剔除个别数据的不利影响，使反演过程更加稳定，减少反演结果的多解性。能够解决一些常规地震勘探油气检测方法不能解决的问题，并可对储层的含气性进行定量分析，为储层预测、气水识别、油气藏描述提供重要的数据支持。

5. 自适应型模糊自组织神经网络聚类分析技术

人工神经网络是人工智能技术的一个分支。目前常用的人工神经网络按功能可分为前馈神经网络、自组织神经网络、反馈神经网络、自适应共振神经网络、随机神经网络与视觉神经网络；根据其学习过程是否需要先验知识又可分为有监督和无监督两类。

对于划分地震相这样的不确定性问题，模糊逻辑聚类（Fuzzy Logic Clustering，FLC）也是一种很好的方法。模糊自组织神经网络也称为模糊自组织映射（Fuzzy Self-Organizing Mapping，FSOM），是将模糊系统引入自组织神经网络，使神经网络具有处理模糊信息的能力，其本质还是一种自组织神经网络。模糊自组织神经网络是通过自适应、自组织学习、不断调整隶属度和权值，使网络在稳定时所有节点对某种输入具有对应的输出。模糊自组织神经网络实际上是一种非线性映射，它将信号空间中各模式的拓扑关系几乎不变地反映在网络的输出上。

6. 地质信息约束的储层智能化地震相识别方法技术

在地震尺度上可将薄互层砂体的垂向叠置模式视为地震相来进行预测，而地震相预测的关键在于对地震可识别模式的准确拾取及划分。三角洲相薄互层砂体的厚度多小于或接近调谐厚度，地震资料因受分辨率限制，不能直接、准确地计算其真实厚度，但砂体间的垂向叠置关系却体现在了反射波的波形上。因此，在调谐厚度之下可以通过能展现波形变化特征的地震属性来研究地震可识别的薄互层砂体垂向叠置模式，从而提高地震相的预测精度。

利用地震多属性进行模式预测时，需要分析属性的敏感性，进而寻找不同模式的强敏感性属性。在"模式二分"情况下优选出了不同类模式间的敏感属性集合，为模式预测提供了可靠的数据基础。由此可见，敏感属性的优选方式在一定程度上也为分步预测方法的提出奠定了思想基础。

7. 储层地震敏感参数与组合优化分析方法

地质类、地球物理类或开发类专家对某个区块的储层信息特征是比较了解的，可凭经验在剖面和水平切片上，借助计算机可视化技术对地震属性的视觉异常进行选取。例如，尉晓玮等在比较地震属性的形态与古地貌的相似程度后，直接获得了与生物礁、滩储层形态特征匹配度高的地震属性。但对于描述复杂储层的大量地震属性，专家只能相对简单地提出几种较优的特征或特征组合，因此更多的时候需要通过基于数学算法的计算机智能优化。

计算机智能优化的算法，主要从数学或物理原理上解决局部或全局寻优问题，寻优过程与寻优结果还需结合专家知识来控制、分析和评价。按照其是否需要井参数来约束，计算机智能优化算法又可以划分为纯数学优化和物性参数优化。如今常用的纯数学优化算法有主成分分析、独立分量分析和局部线性嵌入法等。物性参数优化算法主要有交会分析、贡献量分析、搜索法、GA-BP优化、有效性—离散度—相关性的三参数优化、粗糙集属性优化、判别分析、模型正演模拟分析、主成分分析等。从优选算法的普适性和复杂度衡量，选择有效性—离散度—相关性、粗糙集、主成分分析三种优化算法探讨地震多属性优化模式。

8. 三角洲相储层相控地震属性高精度定量表征方法

在油气勘探和开发实践中，往往没有足够多的井来提供充分的神经网络样本参数，导致有监督的神经网络训练往往不够充分，最终模式识别得到的储层参数误差较大。为了解决这一问题，可以考虑先用无监督的神经网络对地震多属性进行聚类，再依据地质背景、开发动态和解释经验来分析数据间的关系，即地震相分析。然后依据地震相分析出的信息进行约束，弥补井参数的不足，从而更有效地监督训练神经网络，进行地震多属性的储层定量预测。

地震多属性储层预测的时候，有监督训练的神经网络训练过程，就是将地震属性作为输入，井参数作为输出，通过计算输入与输出间的关系来调整和确定神经网络的层数、神经元个数和层间的权值。如果神经网络训练过程中，想要加入地震相的约束，可以加在输入端，也可以加在输出端，还可以在输入端和输出端同时加入。如果输入端加入，那么就是直接将聚类数据与属性数据一起送入神经网络训练。

对于有监督训练的神经网络，Ronen等提出的多元线性回归与径向基函数神经网络的联合方法，对样本数据的外推性和函数逼近能力都很优秀，所以选用此方法进行储层参数的模式识别。考虑地震相约束的情况：一是地震属性数据中加入聚类数据，二是已有井参数中加入虚拟井参数，虚拟井的数目依据实际情况而定。

二、稠油油藏高含水后期储层非均质定量描述技术

1. 层内非均质性研究

1）韵律

研究发现，绥中36-1油田储层粒度韵律与渗透率韵律具有很好的一致性，将韵律类型分为正韵律、反韵律、均质韵律与复合韵律四种类型，其中复合韵律包含复合正韵律、复合反韵律、复合正反韵律与复合反正韵律四种类型。

（1）Ⅰ上油组韵律类型规律分析：Ⅰ上油组即为中期基准面上升半旋回时期，包括SSC1—SSC3短期基准面旋回时期。利用研究区120口井3个短期基准面旋回时期的测井曲线与渗透率数据进行了Ⅰ上油组粒度韵律和渗透率韵律统计研究区在此时期粒度韵律和渗透率韵律都以反韵律为主，比例分别为44.55%、45.29%，其次为均质韵律和正韵律，比例分别为26.82%、14.55%，复合韵律最少，表明研究区此时期以河口坝沉积为主，水下分流河道次之。通过粒度韵律直方图与渗透率韵律直方图相比较，粒度韵律与渗透率韵律相关性良好。

（2）Ⅰ下油组韵律类型规律分析：Ⅰ下油组即为中期基准面下降半旋回时期，包括SSC4—SSC8短期基准面旋回时期。利用研究区120口井5个短期基准面旋回时期的测井曲线与渗透率数据进行了Ⅰ下油组粒度韵律和渗透率韵律统计，研究区在此时期粒度韵律和渗透率韵律都以反韵律为主，比例分别为56.03%、55.88%，相比于Ⅰ上油组反韵律河口坝沉积增加，其次为均质韵律和正韵律，比例分别为17.86%、10.94%，相比于Ⅰ上油组水下分流河道沉积减少，复合韵律相比于Ⅰ上油组增加，其中复合反韵律增长较多，表明研究区此时期以河口坝沉积为主，水下分流河道次之，复合叠置砂体中以复合反韵律叠置河口坝沉积为主。通过粒度韵律直方图与渗透率韵律直方图相比较，粒度韵律与渗透率韵律相关性良好。

2）孔渗非均质研究

利用研究区两口取心井实测岩心孔隙度、渗透率数据编制了绥中36-1东二段下Ⅰ油组孔隙度、渗透率统计直方图，并利用SY/T 6285—2011《油气储层评价方法》中孔渗分级标准对孔隙度、渗透率进行分级。直方图显示，绥中36-1油田东二段下Ⅰ油组特高孔隙度储层为主，比例达77.81%，高孔隙度储层次之，比例为16.45%，中低孔隙度储层最少为5.74%；绥中36-1油田东二段下Ⅰ油组高—特高渗透储层为主，占81.02%，其中特高渗透储层占比53.26%，高渗透储层占比27.76%，中渗透储层较少，占比17.75%，低渗透及以下储层最少，占比1.13%；通过对绥中36-1东二段下Ⅰ油组孔隙度、渗透率数据的分析，研究认为研究区储层属于特高孔隙度、高—特高渗透储层，储层物性好。

3）层内夹层

根据岩心照片等取心井资料可以准确识别夹层，但如何利用丰富的测井信息，准确

识别夹层，需要认识岩心与测井曲线之间的对应关系，建立隔层与夹层定量识别标准，通过识别标准可以准确地利用测井曲线信息识别隔层与夹层。本次研究利用一口取心井资料，在岩心照片中分别在水下分流河道与河口坝两种不同沉积微相类型识别出单砂体与单砂体之间隔层与单砂体内部夹层，并建立相应的 GR–ZDEN、GR–GR 回返率、GR–DT、GR–RD 交会图，依据交会图建立隔层与夹层定量识别标准（表 2–2–3）。

表 2–2–3　隔层与夹层定量识别标准

夹层类型	微相类型	GR/API	GR 回返率/%	RDEN/g/cm^3	DT/μs/ft	RD/Ω·m	厚度/m	识别
隔层	水下分流河道/河口坝	>100	>80	—	—	—	>0.8	较易
泥质夹层	河口坝	>71	>29	2.12～2.19	<117	<8.6	0.3～0.8	不易
	水下分流河道	>65	>23	2.07～2.14	<120	<10.8	0.3～0.6	不易

利用绥中 36–1 油田 I 期井区 120 口井的 783 个砂层分别绘制超短期基准面旋回内夹层厚度、夹层密度和夹层频率直方图。夹层厚度统计直方图显示，夹层厚度主要介于 0.2～0.5m，占比 43.8%，介于 0.7～1.0m 次之，占比 16.1%；夹层密度统计直方图显示，夹层密度主要介于 0.1～0.2m/m，占比 87.6%，平均值为 0.19m/m；夹层频率统计直方图显示，夹层频率主要介于 0.1～0.3 层 /m，占比 73.3%，平均值为 0.26 层 /m。

利用绥中 36–1 油田 I 期井区 120 口井的 14 个超短期基准面旋回 1240 个夹层数据绘制了超短期基准面旋回级夹层厚度、夹层密度与夹层频率柱状图。三种夹层非均质性表征参数所揭示的规律大体一致却略有差异，因此需综合考虑夹层厚度、夹层密度、夹层频率、夹层钻遇井数、夹层总数等多个参数来评价一个超短期基准面旋回时期内非均质程度。

4）不同微相层内夹层特征

通过统计不同沉积微相及不同能量单元内砂层数、夹层总数、砂岩厚度及夹层特征各参数，绘制了不同沉积微相内夹层情况统计表（表 2–2–4）。

表 2–2–4　不同微相层内夹层情况统计表

能量单元类型	砂层数	夹层总数	砂岩厚度/m	夹层特征			
				夹层个数	夹层厚度/m	夹层频率/层/m	夹层密度/m/m
河口坝主体	123	190	8.82	1.57	0.64	0.38	0.37
正常河口坝	108	157	6.96	1.54	0.92	0.33	0.45
河口坝内缘	59	95	4.46	1.40	0.98	0.33	0.25
河口坝外缘	45	81	4.16	1.44	1.03	0.47	0.42
水下分流河道	85	65	7.97	1.71	0.93	0.37	0.40
其他能量单元	79	116	3.03	1.47	0.89	0.42	0.39

通过对比水下分流河道与河口坝两种不同沉积微相内部夹层特征，单期水下分流河道夹层个数达 1.71，大于河口坝沉积微相及其他能量单元，水下分流河道沉积微相夹层总数小于河口坝沉积微相，表明研究区内河口坝沉积微相对非均质性的影响大于水下分流河道沉积微相。

2. 层间非均质性研究

根据研究区 120 口井砂岩解释数据、渗透率数据，发现各超短期基准面旋回时期储层非均质性存在明显差异，经过各柱状图综合分析，对绥中 36-1 油田东二段下 I 油组储层非均质程度进行分级，将分层系数小、砂岩密度小、渗透率突进系数及变异系数大的储层定义为强非均质性储层，该类储层有 SSSC1、SSSC7、SSSC13、SSSC14；将分层系数中等、砂岩密度中等、渗透率突进系数及变异系数中等的储层定义为一般非均质性储层，该类储层有 SSSC3、SSSC4、SSSC10、SSSC11、SSSC12；将分层系数大、砂岩密度大、渗透率突进系数及变异系数较小的储层定义为相对均质性储层，该类储层有 SSSC2、SSSC5、SSSC6、SSSC8、SSSC9。

3. 平面非均质性研究

通过研究区 120 口井的砂岩解释数据、孔隙度与渗透率数据形成对超单期基准面旋回级储层平面非均质性的认识。

1）分支条带形河口坝沉积模式控制储层平面非均质性研究

分支条带形河口坝沉积模式控制储层平面非均质性的分布，储层平面非均质性受沉积微相控制呈条带形分布，水下分流河道主体与常体、河口坝主体处相对均质，水下分流河道边部、河口坝缘处非均质程度强。

2）朵状河口坝沉积模式控制储层平面非均质性研究

朵状河口坝沉积模式控制储层平面非均质性的分布，储层平面非均质性受沉积模式控制呈朵状分布，水下分流河道主体与河口坝主体处相对均质，水下分流河道边部与河口坝缘处非均质程度强。

3）片状河口坝沉积模式控制储层平面非均质性研究

片状河口坝沉积模式控制储层平面非均质性的分布，储层平面非均质性受沉积模式控制呈片状分布，研究区范围内变化不大，为相对均质型储层。

三、稠油油藏高含水后期精细建模技术

1. 绥中 36-1 油田剩余油精细表征

绥中 36-1 油田位于渤海辽东湾海域，西北距绥中市约 50km。区域上，绥中 36-1 油田位于辽东湾下辽河坳陷、辽西低凸起中段，西侧以辽西 1 号断层为界与辽西凹陷相邻，为受断层控制的半背斜构造，呈北—东走向展布。典型的三角洲前缘沉积，受构造控制在纵、横向上存在多个油气水系统的构造层状油气藏。物性较好，孔隙度在 27.0%～35.8% 之间，平均 32%；渗透率在 100.0～12000.0mD 之间，平均

2815.0mD。属于特高孔隙度、特高渗透率储集物性特征。原油密度大，黏度高，胶质沥青质含量高，属重质稠油；地下原油黏度24～452mPa·s。油田于1993年8月投产，共经历Ⅰ期、Ⅱ期建产、综合调整等6个开发阶段，目前处于"精细注采、减缓递减"的阶段。

首先对绥中36-1油田D区进行历史拟合，全区历史拟合结果如图2-2-2至图2-2-4所示，储层剩余油分布如图2-2-5所示。从图2-2-2至图2-2-4可以看出，NRSNL拟合效果要好于ECLIPSE，拟合率82%，准确度更高。从图2-2-5可以看出，在没有井控制的区域以及D03、D08井区域高含水油气剩余油丰度较高，具有较高的挖潜潜力，是下一步开发需要重点关注的两个区域。

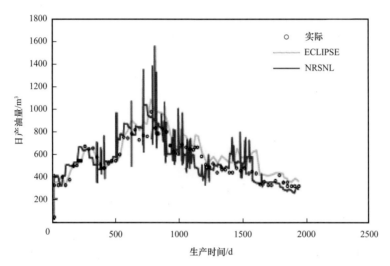

图2-2-2　绥中36-1油田D区日产油历史拟合

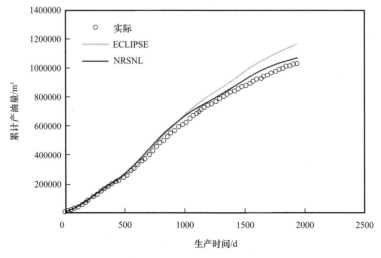

图2-2-3　绥中36-1油田D区累计产油量历史拟合

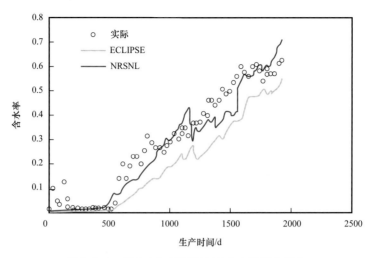

图 2-2-4 绥中 36-1 油田 D 区含水率历史拟合

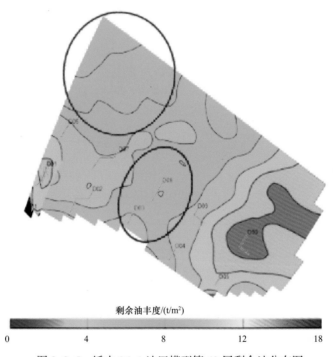

剩余油丰度/(t/m²)

0	4	8	12	18

图 2-2-5 绥中 36-1 油田模型第 42 层剩余油分布图

2. 蓬莱 19-3 油田剩余油精细表征

蓬莱 19-3 油田地理位置上位于渤海海域的中南部，西北距塘沽约 216km，平均水深 27～33m。区域构造上位于渤海湾盆地东部渤南低凸起带中段的东北端，发育在郯庐断裂带上。在渤南低凸起基底隆起背景上发育的、受两组南北向走滑断层控制的断裂背斜，蓬莱 19-3 油田划分为 14 个大的区块；1 区位于油田中部；3、8、9 区位于油田西侧，河流相沉积，具有埋藏浅、含油井段长、油层累计厚度大、小层数量多的特点。主要含油层位明下段和馆陶组，馆陶组为主。纵向划分 13 个油组，47 个小层。渗透率 400～2500mD 之间，具有中高孔隙度和渗透率特征。馆陶组流体性质规律性好于明下段，内部 1 区 /3 区明下段属于普通稠油（79～263mPa·s），馆陶组以常规原油为主（7～30mPa·s），边部 8、9 区明下段、馆陶组均属普通稠油（85～148mPa·s）。

首先对蓬莱 19-3 油田进行历史拟合，全区历史拟合结果如图 2-2-6 和图 2-2-7 所示，馆陶组Ⅰ、Ⅱ、Ⅲ类储层剩余油剩余油分布如图 2-2-8 和图 2-2-9 所示。从图 2-2-23 和图 2-2-24 可以看出，NRSNL 拟合率 85%，模型与实际吻合度高。从图 2-2-25 和图 2-2-26 可以看出，馆陶组Ⅰ类储层，L54 平面波及范围较广，平面上高含水后期剩余油来主要位于东侧溢油区井网不完善区域、断层附近；L62 及 L82 储层动用效果差，平面上剩余油整体较富集，西侧储层发育情况优于东侧，井网较为完善，水驱效果相对好；馆陶组Ⅱ、Ⅲ类储层由于动用效果差，采出程度低，整体剩余油富集。

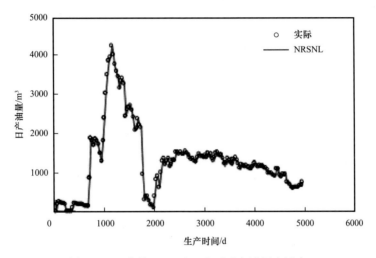

图 2-2-6 蓬莱 19-3 油田全区日产油历史拟合

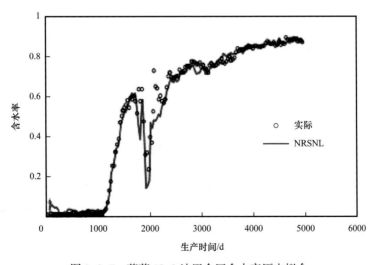

图 2-2-7 蓬莱 19-3 油田全区含水率历史拟合

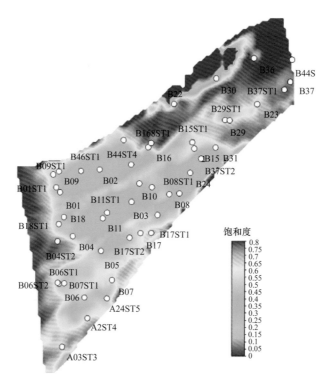

图 2-2-8　馆陶组 Ⅰ 类储层剩余油分布图

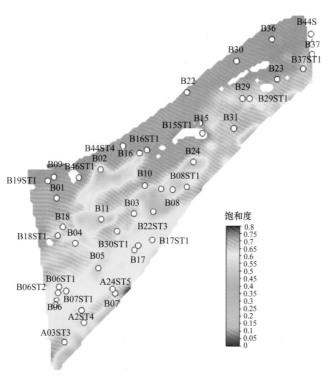

图 2-2-9　馆陶组 Ⅱ、Ⅲ 类储层平面剩余油分布图

四、储层非均质等效表征方法

蓬莱19-3油田属于典型的复杂河流相薄互层状油藏，储层发育与展布、注采连通关系、水驱开发状况等情况均十分复杂，通过开展薄互层储层预测、精细地质建模与数值模拟等方面的研究，为剩余油定量描述奠定基础，形成复杂河流相薄互层状油藏剩余油定量描述技术体系，以指导综合调整方案研究等工作。

1.薄互储层精细预测技术

对于复杂河流相薄互层状油藏精细描述，相比于常规油田和常规方法，需要进一步提高薄互层标定精度，实现薄互储层展布预测，进而实现储层构型研究定量化，以指导薄互层精细地质建模、数值模拟和剩余油定量分析。

蓬莱油田群主力生产区内馆陶组以发育2～8m薄砂层和泥岩间的薄互储层为特征，储层横向变化快，之前受地震资料品质及井震标定匹配性差的制约，储层描述工作不够深化，研究成果与精度无法支撑中高含水期的高效开发。结合薄互层内部的砂体分布特征，很难进一步通过地震资料来预测，如何提高薄互层及内部砂体的精细研究，成为油田开发迫切需要研究的问题。

在层序地层学及标志层约束基础上，地震资料约束和分级控制原则相结合，对薄互层储层分为砂层组和单层砂体两个级次进行精细分析。利用研究区地震、钻井及测井资料，在精细时深标定基础上进行古地形分析及钻井揭示的沉积环境分析，再结合地震最小振幅属性，得到砂层组的展布范围；然后根据沉积过程分析，得到薄互层内部单层砂体级次的沉积模式及演化特征，以此确定薄互层内部单层砂体的分布范围。从而实现了薄互层由砂层组级次到单层砂体级次的精细解剖。

2.薄互层地质建模与数模一体化技术

地质建模与数值模拟是油田生产动态分析、开发指标预测、剩余油定量计算等工作的重要手段。作为典型的复杂河流相薄互层状油藏，蓬莱19-3油田储层发育特征复杂，小层多、薄层多、微相类型多、非均质性强；平面上区块多，各区块地质油藏特征各异，开发难度和开发程度也不尽相同，造成各区块资料特点和资料丰富程度呈现较大的差异，均给油田精细地质建模与数模技术带来了很大的挑战。

以问题为导向，蓬莱19-3油田在地质建模与数值模拟方面做了大量的探索工作，提出了基于Petrel的地质油藏一体化高效研究方法，形成了从基础储层研究到储层精细表征再到数值模拟研究和一体化研究成果应用的一个完整的技术体系。

1）复杂薄互储层油藏渐进描述技术

针对蓬莱油田面积大，构造、储层和资料特征复杂，薄互储层研究难度较大的特征，首次提出了复杂薄互储层油藏渐进描述技术。

该方法的原理是试图将客观世界认识事物的基本规律，即渐进加深原则应用到油田储层研究当中，以逐步提高储层认识精度。其实现方法包括两步：

（1）通过井震耦合、动静结合建立全区单砂体厚度图。

全区单砂体厚度图是一体化地质油藏研究的最核心的工作，其中，全区单砂体厚度图是整个流程的枢纽，前期的工作是利用一切资料完善这套单砂体厚度图，后期的工作重心则转到单砂体厚度图的拓展应用上。不但可以从单砂体厚度图出发得到小层厚度图、物性展布图、叠加厚度图、有效厚度图和沉积微相图等开展地质日常工作中最常用的平面图件，还可以从单砂体厚度图出发得到全区的地质模型，从而开展后续的数值模拟及相关的工作。

单砂体厚度图代表当前地质油藏整体认识，它是井震耦合、动静结合的综合认识成果。由于蓬莱19-3油田平面面积大、纵向含油层段长，不同区块层位的资料特征差异较大，所以得到全区单砂体厚度图的方法也不一样。

（2）通过对局部更精确资料的深入研究得到局部精确地质认识成果。

蓬莱19-3油田有四种可利用的局部研究成果：① 边部及浅层地震资料品质较好，主力砂体可实现地震砂描；② 核心区地震资料品质较差，但井网较密，主力层具备构型解剖条件；③ 近几年水平井实施较多，结合井震、生产动态及钻井地质导向探边资料可对水平段近井储层特征作出合理的地质解释；④ 蓬莱油田薄层占比较大，且存在两种模式，即主力层或次主力层边部薄层和孤立薄层。

研究中发现，蓬莱油田的水平井基本都有随钻探边资料，将探边资料与地震资料和动态资料结合就能够对水平段附近的储层特征作出更定量的解释。研究采用分类透视的方法对不同类型的薄层的展布特征进行了精确描述，同时依据描述结果可以对两类薄层的储量比重进行统计，从而为后期的开发策略提供理论支撑。复杂薄互储层油藏渐进描述技术的优点有三个：① 单砂体厚度图是全区动静态资料的综合反应，包含地质油藏人员对油藏的最新研究成果，基于此可顺利完成后续地质建模和数值模拟工作；② 单砂体厚度图还是一体化研究流程中的基础，通过单砂体厚度图可以得到小层厚度图、物性分布图、有效厚度图、沉积微相图等基础地质图件；③ 全区单砂体厚度图和局部精确研究成果互为补充，逐步提高储层认识程度。

2）多模型融合储层表征技术

针对蓬莱油田资料特征复杂、储层研究成果多样、研究成果向地质模型转化效率较低的问题，首次提出多模型融合储层表征技术。

该技术的核心思想包括两点：（1）应用不同的资料建立不同的相模型；（2）应用模型融合方法将多个相模型组合在一起，形成复合相模型，并以此为基础开展后续建模工作。

多模型融合储层表征技术的优点有两个：（1）可以实现多个基于不同资料的地质模型的自由组合，使地质模型能更准确地反映地质认识的综合成果；（2）是一个开放的系统，随着油田开发的深入，如果有其他更精确的地质认识出现，也可以基于更新更精确的地质认识建立新的地质模型，并将其融合到三维融合模型中，使地质模型更准确地反映地质认识的变化。

多模型融合储层表征技术根据方法流程分为以下几部分：（1）基于全区单砂体厚度

图的基础地质模型；（2）基于地震砂描成果的地震砂描模型；（3）基于构型解剖成果的构型地质模型；（4）水平井精细表征；（5）多模型融合及三维融合模型。

上面的四个三维地质模型是从三种不同基础资料出发的，三个地质模型都有优缺点，基于单砂体厚度图的基础地质模型优点是模型基本反映了当前的综合地质认识，且模型全面完整，可用于后续数值模拟及其他研究工作，缺点是模型的随机性相对较强，对主力砂体的空间形态和内部构型的刻画不明确。而基于地震砂描资料的三维砂描模型和基于构型解剖资料的三维构型模型正好相反，优点是模型的确定性强，对主力砂体的空间形态和内部构型的刻画明确，缺点是模型是局部的，没有砂描资料和构型解剖资料的区域没有对应的地质模型，不能独立完成后续的相关研究工作。基于多资料融合地质建模原则，应用分区过滤替换的方法将三个地质模型融合到一个模型中，形成新的三维地质模型。

在三维融合模型中，有地震砂描或构型解剖成果的区域应用确定性强的地震砂描模型或构型解剖模型，没有这些资料的区域应用基于单砂体的三维基础模型，使三维模型更准确灵活地反映地下地质认识。需要指出的是，在三维融合地质模型中基础地质模型才是必不可少的，地震砂描模型和构型解剖模型才是锦上添花的存在。但是随着研究的深入，基础模型的比重应该是逐步减少的，模型的确定性也随之逐步增强。同时借助 Petrel 一体化平台实现不粗化条件下油藏数值，将地质建模信息真实应用于数值模拟当中。

3）基于成因导索的双模耦合技术

针对蓬莱油田储层特征复杂、大量油井产液规律异常，数值模拟历史拟合难度较大的问题，创新提出基于成因导索的双模耦合技术。

该技术的核心原理是哪个环节产生的误差就到哪个环节去修改，实施过程分为三步：

（1）通过实际产液、产水和产油与模型产液、产水和产油的对比，建立历史拟合误差井位快速排查图版，实现多井拟合误差一图排查。

（2）对拟合误差原因进行分析总结，参照教育系统思维导图理论建立历史拟合误差原因搜索导图，实现拟合误差原因快速分析。

（3）从误差源头对模型参数进行修改，数值模拟参数产生的误差在数值模拟阶段修改，地质参数产生的误差回到地质研究阶段去修改。在误差源头修改过程中复杂产液规律自动历史拟合技术、河道流线更新拟合技术、水淹强度预测拟合技术是最重要的三项技术。

通过拟合误差快速排查技术，找到拟合误差较大的井位，分析误差产生的本质原因，从源头修改模型，总的来说，油藏的问题从油藏方向修改，地质的问题从地质方向修改，分析步骤如下：（1）查看误差井射孔层位是否与实际一致，调整表皮参数至油藏动态认识；（2）查看单井分层是否与周边井一致；（3）查看单井储层解释是否存在误差；（4）查看单井周边储层展布模式是否符合动静态认识；（5）查看单井水线方向是否与生产动态、测压结果、示踪剂结果一致；（6）查看新井纵向水淹分布是否与实钻一致。

基于成因导索的双模耦合技术的优点有四个：（1）可实现误差井位一图排查，极大节省 700 多口井误差井位排查时间；（2）可实现复杂产液规律自动历史拟合，在数值模拟过程中不用频繁修改表皮参数；（3）通过对水淹强度预测模型的拟合，实现单井液量的纵向批分，弥补产液剖面不足的缺点；（4）基于成因导索的双模耦合技术不仅可以提高历史拟合精度，还可以反向促进储层研究质量的提高。

通过源头模型修改，数值模拟模型历史拟合精度提高 10%，同时也反过来促进了储层描述精度的提高，调整井储层厚度预测准确率达到 90%，比原来再提高 2%。

第三节　海上高含水后期稠油油藏剩余油定量描述技术

对目标油田稠油的非牛顿流体流变特性、启动压力梯度、渗流规律进行了大量的实验研究，并对启动压力梯度存在界限进行细化界定。实验发现，该区块流体属于宾汉流体，在渗流过程中主要表现出存在启动压力梯度的特点，并超过启动压力梯度以后渗流符合拟线性渗流的规律，并且启动压力梯度存在界限与渗透率间存在幂函数关系。通过实验完成对稠油非线性渗流规律的精细描述，为后期剩余油精细表征提供理论基础。

通过非线性渗流精细模拟表征技术升级，形成了全隐式的、带并行算法的第二代NRSNL 数值模拟器，使用该模拟器对绥中 36-1 油田 I 期进行模拟，计算速度达到了ECLIPSE 的 6 倍，计算速度达到目前国际超性能解法器（如 INTERSECT）水平。利用升级后的 NRSNL 模拟器与 ECLIPSE 对绥中 36-1 油田 D 区块与蓬莱 19-3 油田馆陶组I 类储层首先进行历史拟合，然后通过对不同软件模拟的绥中 36-1 油田 D 区块与蓬莱19-3 油田馆陶组 I 类储层高含水后期剩余油进行精细表征，对比不同模拟软件模拟的结果。结果表明，升级后 NRSNL 模拟器模拟结果与实际现场数据吻合率大于 80%，优于 ECLIPSE 模拟的结果，形成了具有自主知识产权的海上高含水后期稠油油藏剩余油定量描述技术。

一、基于非线性渗流的海上稠油油藏剩余油精细表征技术

1. 稠油非线性渗流模拟器

1）油藏基本方程

NRSNL 不仅考虑了气溶解于油，也考虑了油挥发于气。NRSNL 采用 MSWELL（多段井）模型来模拟各种井（垂直井、水平井和分支井），使用全隐式方法求解油藏方程和多段井方程。油藏方程未知参数包括两部分，第一部分包括油相压力、水相饱和度、气相饱和度（p_o、S_w、S_g）；第二部分包括溶解气浓度、挥发油浓度。多段井方程未知参数包括两部分，第一部分包括射孔压力、平均流速、持气率和持水率（p_{well}、v_m、α_g、α_w）；第二部分也包括溶解气浓度、挥发油浓度（R_o、R_v）。NRSNL 采用单点逆风方案，实现了TPFA（两点通量近似）和 MPFA（多点通量近似）两种方法来计算流量项。

2）网格部分

NRSNL 可以读取笛卡尔网格数据、角点网格数据或非结构广义棱柱网格数据，然后

生成两点连接关系，也可以直接读入两点连接关系数据。此外，NRSNL 还可以读取多点连接数据以利用 MPFA。

3）模拟器的并行

为发挥多核 CPU 的性能，NRSNL 实现了 OMP 并行，OMP 对代码影响较小。具体地，模拟器的物性计算（包括相平衡计算）、累积项、边界条件、流动项赋值、多段井运算、线性求解器部分都分别进行了并行。多段井运算的并行，要将井按井段数量均匀分配到各线程，同时，不同线程的井不能有共用的网格，否则会导致"写入冲突"。NRSNL 在模拟开始前对井进行了分组，以满足上述要求。物性（包括传导率）、累积项和流动边界的计算任务按网格编号划分；流动项的计算则按连接表拆分，然后分配给多核执行，Jacobi 矩阵赋值时，各个线程写入的是矩阵的不同区域，因此不再存在"写入冲突"。

4）收敛性测试

NRSNL 实现了全隐式解法，采用牛顿迭代。在生成 Jacobi 矩阵时，所有偏导数都用解析表达式求取（而非简单的数值差分方法）；对黑油模型过泡点问题进行了特殊处理，使模型在过泡点时收敛更顺畅。NRSNL 的平均（每时间步）牛顿迭代次数基本在 3 至 5，与 ECLIPSE 和 CMG 一致，已达到了较好的收敛效果。

5）单核计算速度测试

NRSNL 采用新的 CPR-AMG 线性求解器，CPR-AMG 属于多级预处理迭代，适合求解"压力 + 饱和度"系统，比单纯的 ILU 速度快很多。

6）多核并行效率测试

利用多核 CPU 加速，NRSNL 实现 OMP 并行，OMP 是共享内存式并行，无需对代码做过多修改。从 NRSNL 在四核 CPU 调用时，可以达到 2.3～2.5 的加速比，加速显著。

2. 实际油田剩余油精细表征

1）绥中 36-1 油田 D 区块剩余油精细表征

绥中 36-1 油田位于渤海辽东湾海域，西北距绥中市约 50km。区域上，绥中 36-1 油田位于辽东湾下辽河坳陷、辽西低凸起中段，西侧以辽西 1 号断层为界与辽西凹陷相邻，为受断层控制的半背斜构造，呈北—东走向展布。典型的三角洲前缘沉积，受构造控制在纵、横向上存在多个油气水系统的构造层状油气藏。物性较好，孔隙度在 27.0%～35.8% 之间，平均 32%；渗透率在 100.0～12000.0mD 之间，平均 2815.0mD。属于特高孔隙度、特高渗透率储集物性特征。原油密度大，黏度高，胶质沥青质含量高，属重质稠油；地下原油黏度 24～452mPa·s。油田于 1993 年 8 月投产，共经历 I 期、II 期建产、综合调整等 6 个开发阶段，目前处于"精细注采、减缓递减"的阶段。

首先对绥中 36-1 油田 D 区进行历史拟合，单井历史拟合（以 D05 井和 D07 井为例）结果如图 2-3-1 至图 2-3-4 所示，模型中第 40 层渗透率分布、ECLIPSE 剩余油模拟结果和 NRSNL 剩余油模拟结果如图 2-3-5 所示。

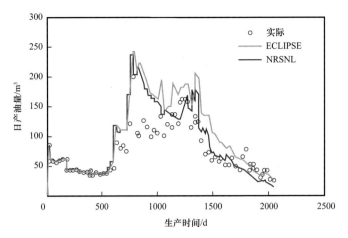

图 2-3-1 绥中 36-1 油田 D05 井日产油历史拟合

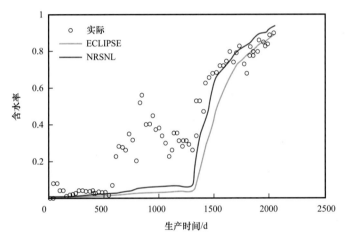

图 2-3-2 绥中 36-1 油田 D05 井含水率历史拟合

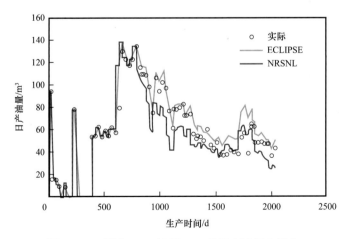

图 2-3-3 绥中 36-1 油田 D07 井日产油历史拟合

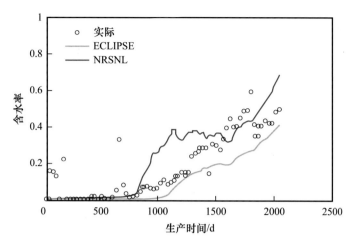

图 2-3-4　绥中 36-1 油田 D07 井含水率历史拟合

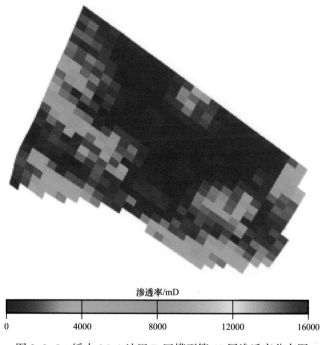

图 2-3-5　绥中 36-1 油田 D 区模型第 40 层渗透率分布图

从图 2-3-1 至图 2-3-4 可以看出，NRSNL 单井拟合率在 80% 以上，模型与实际吻合度较 ECLIPSE 更高。从图 2-3-5 可以看出，绥中 36-1 油田模型中的第 40 层，ECLIPSE 模拟结果显示剩余油较少，但实际情况确是这块渗透率较低，稠油启动压力梯度更大，更难以动用，剩余油应更加富集，可看出 NRSNL 与 ECLIPSE 模拟结果的明显不同，NRSNL 模拟结果更加符合油田实际。

2）蓬莱 19-3 油田剩余油精细表征

对蓬莱 19-3 油田进行历史拟合，单井历史拟合（以 A24ST4 井、B30ST1 和 B03 井为例）结果如图 2-3-6 至图 2-3-11 所示。

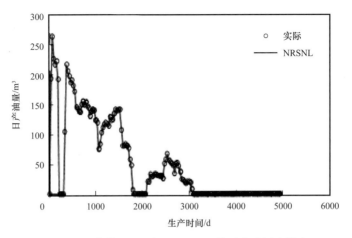

图 2-3-6　蓬莱 19-3 油田 A24ST4 井日产油历史拟合

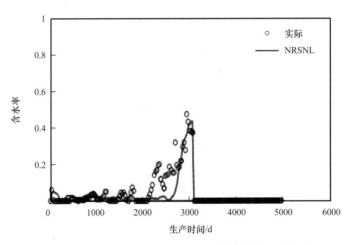

图 2-3-7　蓬莱 19-3 油田 A24ST4 井含水率历史拟合

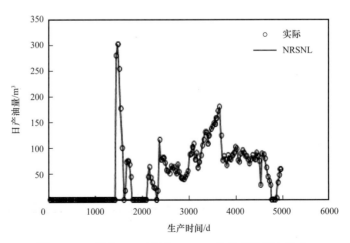

图 2-3-8　蓬莱 19-3 油田 B30ST1 井日产油历史拟合

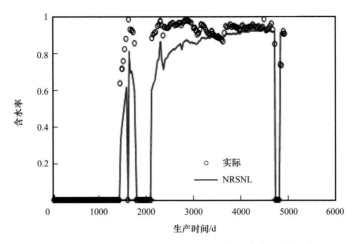

图 2-3-9　蓬莱 19-3 油田 B30ST1 井含水率历史拟合

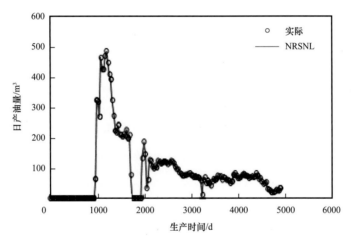

图 2-3-10　蓬莱 19-3 油田 B03 井日产油历史拟合

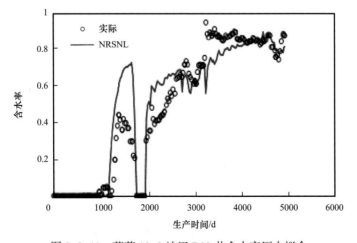

图 2-3-11　蓬莱 19-3 油田 B03 井含水率历史拟合

二、海上油田剩余油分布机理及定量分布研究

利用疏松砂岩人造岩心制备方法，成功制备了20颗三维大尺寸物理模型。通过实验研究了基础井网以及对应加密井网不同注采条件和沉积韵律影响下的流场变化与驱油效率，同时分析了不同层间物性组合影响下的剩余油分布特征，确定了加密前后剩余油的分布模式。根据井网加密后的剩余油分布特征，进行了二次加密可行性研究，并进行了现场应用，取得了较好的效果。

1. 三维大尺寸弱胶结疏松砂岩物理模型制作技术

室内宏观模拟流动实验是模拟实际问题的一种重要手段，对于实际的油田开发具有相当大的借鉴意义，但是面临诸多问题，如天然目标层岩心的不易获得及成本高等，目前的室内模拟流动实验主要依靠人造物理模型进行，人造物理模型分为柱塞岩心模型，平板模型以及三维大尺度物理模型（人造岩心），目前室内的宏观模拟流动实验主要是采用三维大尺度物理模型进行，现有的大尺度物理模型制作技术制作的人造岩心没有考虑沉积韵律和构造形态，以其为实验对象的模拟流动实验不能反映真实储层的流体流动规律，且在其上布置注采井网模拟生产也不能反映真实的油井见水规律，因此，实验团队在原有的小模型制作技术上，发明了一种新型的三维大尺度人造岩心的制作方法，除了具有耐高温高压的一般性能，同时该技术条件下的岩心含有饱和度探针（表2-3-1），配合饱和度采集系统可以优化宏观模拟流动实验，且还具有一定强度。

表2-3-1　含饱和度探针三维大尺寸岩心的制作配方参考表

渗透率 /mD	30～40 目占比 /%	40～60 目占比 /%	60～100 目占比 /%	100～150 目占比 /%
>10000	30	40	30	0
6000～10000	20	50	30	0
4000～6000	15	30	50	5
2000～4000	10	30	50	10
1000～2000	0	30	50	20
500～1000	0	20	50	30
<500	0	10	20	40

基于地质与油藏的特点构建了简单均质模型以及复杂非均质模型，为了更好地体现非均质的特点，采用不同比例目数的石英砂配比胶结剂来实现，针对简单均质模型的制作分为上、中、下三部分，纵向上为每一层渗透率差异不大的均质层叠加，在纵向上主要体现了正韵律的特点；而对于复杂非均质模型则是分为前、后、左、右及中间部分，5个部分在纵向上分别体现了复合正韵律、复合正反韵律、正韵律及反韵律的特点，同时从平面及纵向上体现了非均质的特点。

采用上述方法制作了两种类型含饱和度探针三维大尺寸岩心，其中一类依据储层

Ⅰ油组、Ⅱ油组和Ⅲ油组的物性进行制作，模型分为三层，分别采用不同配比的河沙和胶结剂进行填埋（表2-3-2），但保证每层的物料配比一致，实现岩心每层为均质的要求，并且各层之间分布明显的泥质夹层，三层的平均渗透率从上到下依次为1904mD、1525mD、971mD，具有反韵律储层的特征，实物图如图2-3-12所示，该单层均质模型制作了两颗，采用完全相同的物料配比，一颗用于流场和驱油效率的测试，另一颗用于物性和相对渗透率测试。另一类根据不同井位物性进行制作，模型分为三层，各层之间填有泥质夹层，实物图如图2-3-13所示。

表2-3-2 单层均质模型物料配比

层位	渗透率/mD	30～40目物料含量/kg	40～60目物料含量/kg	60～100目物料含量/kg	100～150目物料含量/kg	胶结剂质量/kg	水量/mL
Ⅰ油组	2290	1.22	3.65	6.09	1.22	0.73	1315.44
Ⅱ油组	1891	0.00	3.47	5.79	2.31	0.69	1249.67
Ⅲ油组	1651	0.00	1.34	3.35	2.01	0.40	723.49

图2-3-12 单层均质模型实物图

图2-3-13 井间物性结构差模型

在岩心代表性方面，除制作对比样钻取小岩心测试基本物性外，还进行了粒度组成、胶结指数、X射线衍射沉积岩全岩定量分析、压汞孔隙结构分析实验、压缩系数实验、力学性质和渗流特征等测试对比工作（图2-3-14），从而保证了实验模型的代表性。

图2-3-14 钻取小岩心实物图

2.高温高压三维物理模拟实验装置改装与实验测试技术

研究中改装了原有的实验装置，三维物理模拟实验装置主要包含注入系统、高温高压三维物理模拟封闭装置、三维压力场及饱和度场测试系统、回压控制调节系统、油水流量自动计量与采集系统。该装置的最高工作温度200℃，最高工作压力30MPa，模型尺寸300mm×300mm×200mm。该装置能够在油藏条件下进行三维物理模拟，研究不同类型油藏的开采方式、渗流机理等，可以进行稠油吞吐实验、不同井网模式下的压力场变化实验、水驱油效率实验、注采井组的剩余油分布实验等，为油藏开发理论中的数学描述、模型完善、数值模拟结果验证等提供实验基础，为提高原油采收率提供研究手段。

注入系统用于提供注入井不间断注入流体的动力，是模拟注入井注入的动力源，主要由高压恒速恒压泵、增压泵、空气压缩机、高温高压中间容器等组成。其中，主要是两台恒速恒压泵，具有恒压、恒流模式，压力范围为0～80MPa，设计流量为0.01～35mL/min，泵量为250mL，可实现大流量长时连续驱替（图2-3-15）。在进行封闭装置设计时考虑了温度、压力的要求，设计温度达到200℃，设计压力达到30MPa，设备的测试范围广，可以满足多数疏松砂岩油藏的测试需求，见表2-3-3。

图2-3-15　长时间恒速恒压驱替泵

表2-3-3　典型疏松砂岩油藏的温度压力参数表

油田名称	埋深/m	温度/℃	压力/MPa
绥中34-1油田	1300～1500	64	15
秦皇岛32-6油田	950～1400	57.2	13
孤岛油田	1200～1320	70	12.49
克拉玛依油田	100～4000	20～80	2.8～17
克恩河油田	122～427	38	0.69
威明顿油田	700～1460	51～108	8.5～14
阿萨巴斯卡油田	0～660	0～15	2
冷湖油田	330～500	22	4.14

封闭装置是实验的核心模块，总装爆炸图如图 2-3-16 所示，该装置包含内模型和外模型两部分。其中，内模型包含两侧测压嵌件引出接头、胶套加工、顶面压力测点接头及饱和度探针接头。模型内部采用整体结构，所有的测压点均在模型外安装，完成后和岩心一起装入模型内，便于模型岩心的拆装以及测压点的更换。实验外模型包含釜体、顶盖封闭装置，封闭装置包含饱和度监测引线和内模型饱和度探测引线密封结构。外模型为圆柱体，上下为法兰密封，便于拆卸，模型打开后可直接将胶套和岩心取出。

图 2-3-16　封闭装置总装爆炸图

三维压力场测试系统用于实现实验过程中压力的实时监测与采集，研究生产过程中储层压力场的变化。研究中采用高精度压力传感器对模型不同井位以及层位的压力进行监测，可同时实现 32 个压力点的监测，如图 2-3-17 所示。

图 2-3-17　压力采集系统

饱和度场测试与采集系统采用与室内岩石电阻率测试相同的原理，通过标定不同饱和度下标准样的电阻率，获得对应的含油饱和度。其中，饱和度探针采用漆包线进行制作，同时采用电极卡套将电极固定在一起，保持电极之间的距离恒定不变，保证测试数据的准确性。饱和度探针能承受地层温度（60℃）、地层压力（15MPa）、耐油以及地层水腐蚀。电阻率采集采用进口的安捷伦电阻采集装置。饱和度探针均匀地分布在整个模型中，共 39 组。

针对实验过程中压力、饱和度数据量大的问题，专门编制了流场监测和采集软件。

　　回压控制调节系统主要用于实验过程中地层压力的施加以及流量的控制。回压阀安装在每口井的出口端，流量采集装置之前，可根据实验需求设置各井的回压，实现地层压力和流量的控制。每口生产井配置一个高精度回压阀，将回压阀安装到六通阀上，回压阀进口端连接井口，出口端连接流量采集装置。将中间容器作为缓冲容器连接到六通阀上，采用回压阀、回压泵和计算机控制系统组合的方式，通过计算机精确控制调节回压（图2-3-18、图2-3-19）。

图 2-3-18　回压阀及缓冲容器

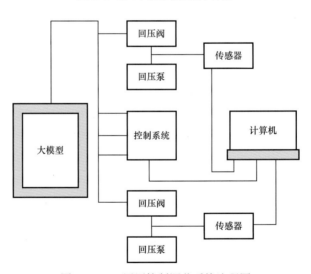

图 2-3-19　回压控制调节系统流程图

　　模型中设有13口井，油水实时计量困难、工作量大，传统的油水计量方式不能满足多井同时自动计量采集的要求。因此，研制了一套多井油水流量自动计量及采集系统。研究中设计了具有刻度的油水采集玻璃容器，通过高清摄像机实时采集玻璃容器中的油水图像，采用图像智能分析及处理技术将图像进行数字化处理，然后通过二值化处理进行二次数据优化，通过数据矩阵点位扫描得出对应的油在玻璃容器中的参数比及相对位置，进而得到容器内液体的总容积及水的参数比和相对位置。根据图像数字化后的参数与实际容积的关系得出量化值，进而得到油水实际的容积。油气水流量自动计量及采集系统包含硬件和软件两部分，硬件系统主要包括置物托架、玻璃容器、USB 高清摄像机、高性能计算机以及其他配件等，如图 2-3-20 和图 2-3-21 所示。

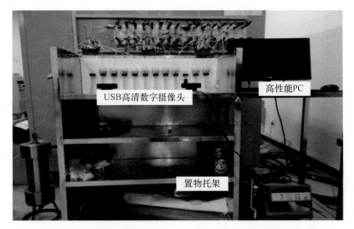

图 2-3-20 油水流量自动计量与采集硬件系统

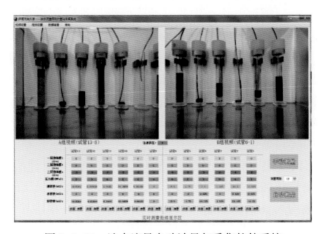

图 2-3-21 油水流量自动计量与采集软件系统

3. 井网加密前后流场变化与剩余油分布实验研究

实验中的实验参数采用推导相似准则的方法进行确定，共获得 23 个相似准则参数。这些相似准数对材料相似、运动相似和几何相似来讲，有的可同时归为不同的类型，如毛管准数，它不仅体现在储集空间特性这种材料相似上，也可体现在运动相似项中，从微观结构上来讲也体现了几何相似问题。所有实验参数均按相似准则处理，例如实际油田井网日产液量为 1000～3000m³，则可以通过相似准数 π_2、π_5 计算出模型井网采油和采水速度为 0.4～1.8mL/min，则模型累计采液速度为 1.2～3.6mL/min；实际生产压差为 5～11MPa，则可以通过相似准数 π_9 得到单相流生产压差的缩放系数同样为 9.31×10^{-4}，但考虑两相渗流（考虑油水黏度的影响）模型和原型参数转换时，缩放比例要乘以 $\pi_7\pi_{11}/(\pi_{10}\pi_8)$ 得到其缩放系数为 0.168，因此可以得到模型生产压差为 0.84～1.85MPa。具体的原型参数与模型参数转换见表 2-3-4。

表 2-3-4　原型参数与模型参数转换表

参数名称	原型	模型
井间距 /m	300	0.13
有效厚度 /m	100	0.20
油层温度 /℃	64	64
地层压力 /MPa	12～15	12～15
孔隙度 /%	28～33	28～33
渗透率 /mD	100～2000	100～2000
注采压差 /MPa	5～11	0.84～1.85
采液速度	1000～3000m³/d	1.2～3.6mL/min

　　在剩余油研究过程中，主要根据绥中 36-1 油藏Ⅰ、Ⅱ油组的纵向储层厚度和物性情况，首先从相对均质厚层模型制作和实验开始。井组三维空间特征，采用实际井组在空间上的三维物性特征和连通关系进行制作。实验测试了均质厚层、相对均质多层、层内非均质、层间非均质、层间层内非均质、正韵律、反韵律、复合韵律和各注采井间及层间非均质基础井网到加密井网条件下的剩余油分布特征和模式，并用不同的模型测试了不同注采压差和注采比调整过程中基础井网到加密井网流场演变特点及水驱动用特征。反九点井网到排状井网加密调整，基本是按照实际注采井网含水率 60%～65% 开始进行的。

　　注采压差调整的实验是逐步增大注采压差进行的，进而检查和观察平面非均质储层和层间非均质以及层内和层间非均质模型中相对低渗透和不同韵律层段的水驱动用情况，在反九点基础井网和排状加密井网均进行了相应的测试。而注采比的调整是采用稳定一段注采比以后，逐渐增大注采比，然后又逐渐减小注采比并稳定注采比在 1.0 进行测试的。和注采压差调整一样，反九点基础井网和排状加密井网均进行了相应的测试工作。

　　在注采压差和注采比调整过程中，虽然层间和层内的水驱控制程度增加，但是层间干扰系数会增强，无论是基础井网还是加密井网合理注采压差均在 3MPa 左右，层间压力差最大可达 0.5MPa 左右（现场约 3MPa）。高低渗透区平面压力差为 0.2MPa（现场 1.19MPa），提高注采压差可改善低渗区的水驱，但高渗透与低渗透区生产井井间压差更加显著，平面高低渗透区压力差达到 0.5MPa（2.98MPa），提高注采比后层内和层间压力结构差增大，低渗透区剩余油依然难以有效动用，通过调整生产井产量调整液流方向，提高低渗透区动用，但大范围低渗透区依然还是剩余油富集区。

　　在正韵律、反韵律和复合韵律层的注采实验中，即使在实验室内这样小的模型均可以观察到注入水的重力驱油作用，即注入水的重力作用是明显的。在实际注采井组中，注采井间的驱油作用中注采压差驱动和重力驱油作用与层间物性结构结合可能产生不同的结论。实验由于重力的作用，反九点基础井网正韵律剩余油主要集中在储层上段，反韵律剩余油主要集中在储层下段，复合韵律储层水驱复杂，在注采井间物性差的条带和纵向上物性差的层富集。无论是在井间和层段上，上反下正的复合韵律中间韵律转换带是富集层段，上正下反的复合韵律顶底段仅是相对富集段。

而在平面驱油过程中，层内非均质会导致注入水绕过注采井间连线的情况，反九点基础井网阶段可见到这种现象，在排状加密以后的排状注水时同样也可以见到，甚至出现注入水直接绕过正对的生产井而向斜对的生产井窜流的情况，这说明平面注采井间关系即使是正对排状注水，由于非均质性的影响注水井排和生产井排间相对低渗透条带区同样是剩余油富集区带。极端的情况是注入水绕流进生产井排，而相对低压区由于毛管压力作用产生相对高压的局部富集带。

4. 剩余油分布模式实验测试与挖潜方向

在剩余油分布模式实验测试主要采用了三维空间上的非均质模型，井组各井在纵向上基本按照实际物性特性进行填制，从而制作成在三维空间上存在不同井层纵向上存在韵律变化、井间物性也是变化的三维模型。在三维剩余油空间切片的基础上统计研究了剩余油分布模式，对绥中36-1这种高渗透普通稠油油藏剩余油分布岩心模型，从均质到层内非均质、再到层内层间非均质模型研究中，认为沉积韵律、物性、隔夹层模式以及注采压差、注采比等造成的物性结构差和压力结构差异大的地方较为富集，九点转排状井网使采收率提高11%以后，均质厚层虽然剩余油占比31%最高（含水高），但局部加密调整主要应该考虑韵律、隔夹层和物性突变区，可再次提高采收率4%。

在研究中，对比了现场实际井组和模型井组的剩余油分布模式（图2-3-22、图2-3-23），统计了不同影响因素控制的剩余油，两者基本相符。现场实际井组剩余油统计（表2-3-5）表明，均质厚层重力主控剩余油占29%，韵律主控占23%，夹层主控19%，高渗透层突变（低渗透区富集）主控占24%，其他占5%；而对应井组实验模型研究结果统计表明，对应因素主控剩余油分别为31%、25%、19%、25%，无其他因素统计值。排状加密以后，都是均质厚层占比最大，但如果对其进行二次加密可能均高含水，加密效果可能不好。

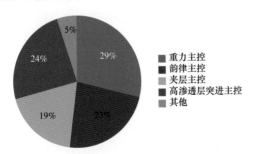

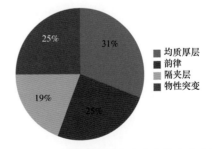

图2-3-22 现场井组原型剩余油分布统计图　　图2-3-23 实验模型剩余油分布模式占比图

根据实验与结合现场动态剩余油模式统计，绥中36-1二次排状加密后，主要有4个挖潜方向：（1）上正下反韵律层上部局部加密挖潜；（2）大段整体反正韵律层中韵律转换带挖潜；（3）复合韵律与物性和压力结构差组合挖潜；（4）大段复合韵律中上反下正韵律层段结合井组平面物性差的方向挖潜。

表 2-3-5　岩心模型实际井组剩余油分布模式统计表

注水井	生产井	现场实际井组剩余油分布模式统计
J3	A7	部分夹层阻挡，中低部水淹，重力作用适中，剩余油主要在上部
A13	A8	无夹层阻挡，为均质厚层，重力作用为主，剩余油主要在中上部
K27	A9	韵律差异明显，分层水淹，重力作用对底部油驱替好，剩余油分层分布
A13	A14	高渗透层突进明显，物性差区域剩余油多
A15	K10	高渗透层突进，部分层段严重水淹型，剩余油纵向复杂分布
A21	A20	无夹层阻挡，底部水淹，为均质厚层，底部水淹，剩余油在上部
A21	A22	无夹层阻挡，底部水淹，为均质厚层，底部水淹，剩余油在上部
A13	K7	高渗透层突进，部分层段严重水淹
A19	K11	底部水淹明显，重力作用为主，剩余油在中上部
A15	K12	有夹层阻挡，每个夹层分段底部水淹
A15	K26	无夹层阻挡，为均质厚层，重力作用为主，剩余油主要在中上部
C53	C30	高渗透层突进，部分层段水淹
A16	A17	底部水淹，韵律影响为主，分段水淹严重
A10	A11	中部水淹，纵向隔夹层阻挡，分段底部水淹
A13	A12	有夹层阻挡，韵律差异分段水淹严重

第四节　海上稠油油藏层系细分及井网与注采结构优化调整技术

本章以蓬莱 19-3 和绥中 36-1 油田为目标油藏，通过研究，找出启动压力梯度与流度对应关系及稠油非线性渗流关系，以及不同驱替压力梯度对油水两相相对渗透率曲线的影响规律，并进一步针对海上稠油油田多层合采层系在开发过程中的层间干扰进行研究，得到海上油田多层合采层间干扰规律性认识，以便为下一步层系组合调整提供参考依据。

在"十二五"形成含油饱和度监测系统研究剩余油分布规律的基础上，主要从室内机理方面入手，通过多种物理模型的室内物理模拟驱替实验，对目标油田启动压力梯度与流度关系、驱替压力对油水相对渗透率曲线影响规律和多层合采层间干扰影响规律进行研究。

针对目标油藏，创新试制了一套行业领先的稠油启动压力梯度实验装置，建立了稠油启动压力测试方法，并形成了稠油油藏启动压力梯度与流度关系图版。研究建立了"饱和度电极法 + 核磁共振法 + 数字化模型"结合的多层三维数字化模型实验研究技术，得到多层合采层间干扰规律的认识，为下一步细分层系等调整提供参考依据。

一、海上多层合采稠油油藏层间干扰机理研究

1. 海上多层合采稠油油藏层间干扰实验研究

1）油藏特征分析与实验参数抽提

（1）目标井组筛选。

① 实验研究目标区域选取。

结合油田具体情况与特点，选择具有一定代表性及资料较全的目标区域或井组进行实验研究，要求选择的区域或井组能够运用物理模拟实验研究的手段进行模拟，指导后期的剩余油挖潜。

绥中 36-1 油田根据宏观地质特点可划分为几个小区，宏观平面上主要受微结构和封闭断层、所处部位、渗透性的平面非均质性、井网井距因素的影响。分析认为，C、H-2 区处于构造相对低的油藏边缘部位，属于因井网控制不住或不完善而造成剩余油相对富集的平面分布模式；部分 AGEH-1 区因处于断层附近，剩余油分布模式属于断层遮挡剩余油区，封闭断层遮挡油水向上继续流动，滞留于局部相对高部位形成剩余油。该类型剩余油分布面积较小，但剩余油饱和度及剩余油储量丰度高。

主体部位，即 ABJDF-3 区相对更适合作为物理模拟实验研究的目标区域。其中，ABJ 区储层物性相对较好，剩余油挖潜潜力相对较大，因而确定研究目标为开发较早、资料较齐全的 ABJ 区。

② 目标井组的选取。

为使实验研究具有针对性，在目标区域（ABJ 区）中选择一个相对具有代表性的井组进行研究。经论证分析，选择 B7 井组为物理模拟研究的目标井组。

该井组具有以下特点：

B7 井组射开主力层段，具有一定代表性；

B7 井组反九点井网调整后排式布局，开展了分采的试验工作。

井组数据与目标区域 ABJ 的物性相近，具有一定代表性。

（2）物理模拟参数抽提与转化。

根据层间干扰规律研究的项目目标，着重从渗透性能的纵向非均质性、井网加密、多层合采、分注及层系组合的角度进行研究，主要对绥中 36-1 油田目标井组的以下参数进行提取：井网井距、分层情况及各小层渗透率、沉积韵律、有效厚度、孔隙度、含油饱和度、原油黏度、注入强度及其他油藏参数。

油层温度：地层平均温度 65℃。

孔隙度：孔隙度在 28%～35% 之间，平均 31%。

含油饱和度：原始含油饱和度在 60.8%～71.0% 之间，平均 70%。

地下原油黏度：在 38.2～153.8mPa·s 之间，平均为 70mPa·s。

地层水矿化度 6071.33mg/L；注入水矿化度 9374.13mg/L。

渗透率情况：统计 B7 井组小层提取的井点渗透率数据发现，其渗透率主要分布在

250～8500mD 范围，层内及层间非均质性较强。同时，通过 B7 井组渗透率抽提统计，层间干扰实验用非均质平板模型，选取三层非均质取渗透率模型分别为 5000mD、2000mD、1000mD，级差 5.0，平均 2670mD；并根据 K4 井取心情况，选取岩心作为启动压力及相渗曲线研究。

生产压差：测试生产压差 0.31～6.49MPa，平均 2.81MPa。

注入速度：根据测试数据分析，距离井筒 0.2～175m 范围内渗流速度对应的标准岩心（$d=2.5$cm）实验流量最大值为 3.37mL/min。同时，进行 B6、B7 井组平均渗流速度，并计算绥中 36-1 油藏储层不同半径（0.2～175m）处渗流速度对应的标准岩心（$d=2.5$cm）实验流量，选取启动压力梯度/相对渗透率曲线研究实验流量控制在 0.002～1.28mL/min；研究单层平板模型（1/4 井组）实验流量控制在 0.02～1.72mL/min。

（3）实验方案设计。

① 多层合采层间干扰影响规律研究实验方案设计。

关于多层合采层间干扰影响规律物理模拟实验的方案设计，由于目标油田绥中 36-1 油田是一个非均质性相对较强的油田，为了更好地表征层间干扰的影响，通过大量文献的调研发现，目前国内在层间干扰影响规律方面研究的普遍方法为考虑影响层系划分的主要因素，根据层系划分与组合的一般原则和油田的具体情况进行层系组合，考虑井网特征，由此设计了三层非均质平板模型实验进行研究；并通过数值模型对进一步细分层系界限及海上稠油油田井网调整规律开展研究。

表 2-4-1　多层合采层间干扰影响规律物理模拟实验方案汇总表

实验研究内容		实验目的
大类	细分	
分注对驱油效果影响研究	分层注水（三层单独注水开发）	分层注水与笼统注水影响规律研究
	笼统注水（三层笼统注水开发）	
层系组合对驱油效果影响研究	笼统注水（三层笼统注水开发）	层系组合开发影响规律研究
	层系组合（ I_u、I_d 油组笼统注水开发，II 油组单独开发）	
井网加密对驱油效果影响研究	井网调整（笼统注水开发至含水 65%，转排状井网开发至含水 75%，转五点法加密分层注水开发）	井网调整影响规律研究
提液增速对驱油效果影响研究	提液增速（笼统注水开发至含水 65%，提液增速至 2 倍注水速度）	提液增速影响规律研究

② 启动压力梯度与流度关系实验方案设计。

结合油藏特征分析及特征参数抽提，选取实验条件同层间干扰机理实验条件。并结合绥中 36-1 油田 K4 井取心，选取目标油田天然岩心，在目标油藏渗流速度范围内通过改变驱替速度，进行启动压力梯度与流度关系研究实验。

通过结合绥中 36-1 储层特征及开发现状，对以上岩心进行筛选，选取符合试验条件的具有代表性的三块岩心 1-008A、6-010A、16-008A，进行启动压力梯度测试试验。为保障岩心参数的一致性和试验数据的可比性，试验结束后对上述选取岩心重新进行洗油分析。此次实验研究的具体方案设计见表2-4-2。

表2-4-2　多目标油田启动压力梯度与流度关系实验方案汇总表

实验研究内容		实验目的
大类	细分	
原油黏度对启动压力梯度影响研究	岩心1-008A，12组	不同原油黏度条件下的启动压力梯度
	岩心6-010A，12组	
	岩心16-008A，12组	
渗透率对启动压力梯度影响研究	岩心6-010A，12组	不同渗透率条件下的启动压力梯度
	岩心16-008A，12组	

③驱替压力对油水相渗曲线影响规律实验方案设计。

结合油藏特征分析及特征参数抽提，选取实验条件同层间干扰机理实验条件。并结合绥中36-1油田K4井取心，选取目标油田天然岩心，在目标油藏渗流速度范围内通过改变驱替速度，进行不同渗流速度条件下油水相对渗透率曲线影响规律研究验证实验。

表2-4-3　驱替压力对油水相渗曲线影响规律研究实验方案汇总表

实验研究内容		实验目的
大类	细分	
目标油藏渗流速度条件下油水相渗曲线研究	2000，3组	人造岩心/目标油藏渗流速度条件下油水相对渗透率规律实验
不同驱替压力条件下油水相渗曲线研究	1000，3组	人造岩心/不同驱替压力条件下油水相对渗透率规律实验（重点考察驱替压力变化）
	2000，3组	
	5000，3组	
天然岩心/不同驱替压力条件下油水相对渗透率规律研究	天然岩心，3组	天然岩心/不同驱替压力条件下油水相对渗透率规律实验

2）启动压力梯度与流度关系研究

（1）启动压力梯度与流度关系研究实验方法。

测试流体从静止到开始流动，测得岩心两端的压差，得到稠油在岩心中流动所需的启动压力（梯度）值。也就是说，启动压力梯度测试是改变驱动的流量（依次增大），测定流体流动时岩心两端的压力差，得到的岩心启动压力梯度值。

（2）相同渗透率、不同原油黏度下的启动压力梯度研究。

不同原油黏度条件下，岩心渗透率与启动压力梯度试验结果如图2-4-1所示。

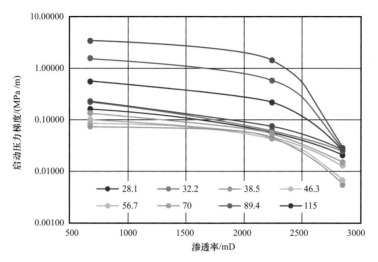

图 2-4-1 不同原油黏度条件下的岩心渗透率与启动压力梯度关系曲线

由不同原油黏度渗流试验结果可知：随着原油黏度的升高，启动压力梯度的变化幅度越大，其数值越大；当渗透率≤2236.7mD 时，启动压力梯度随着原油黏度的增加而快速上升；当渗透率>2236.7mD 时，启动压力梯度随着原油黏度的增加而上升幅度变小；随着原油黏度的升高，启动压力梯度上升，且随着渗透率的增加上升幅度明显变小。

（3）相同原油黏度、不同渗透率岩心的启动压力梯度研究。

岩心渗透率为 670.5mD，在不同流度条件下的启动压力梯度试验结果如图 2-4-2 所示。可以看出，岩心渗透率为 670.5mD 的情况下，启动压力梯度与流度符合乘幂关系，随流度的增加启动压力梯度减小。当流度小于 4.49mD/（mPa·s）时，随流度的增加启动压力梯度下降较快；当流度大于 4.49mD/（mPa·s）时，随着流度的不断增加，启动压力梯度下降幅度减缓。

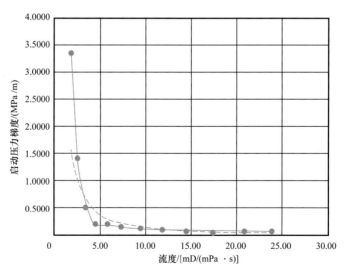

图 2-4-2 压力梯度与流度的关系曲线（岩心渗透率 670.5mD）

岩心渗透率为 2236.76mD，在不同流度条件下的启动压力梯度试验结果如图 2-4-3 所示。可以看出，岩心渗透率为 2236.7mD 的情况下，启动压力梯度与流度符合乘幂关系，随流度的增加启动压力梯度减小。当流度小于 14.99mD/（mPa·s）时，随流度的增加启动压力梯度下降较快；当流度大于 14.99mD/（mPa·s）时，随着流度的不断增加，启动压力梯度下降幅度减缓。

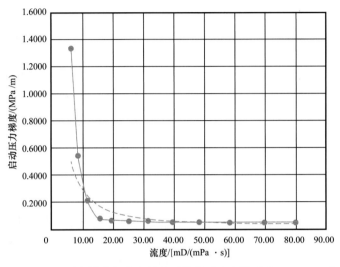

图 2-4-3　压力梯度与流度的关系曲线（岩心渗透率 2236.7mD）

岩心渗透率为 2845.5mD，在不同流度条件下的启动压力梯度试验结果如图 2-4-4 所示。由试验结果可以看出：在高渗透条件下，随着流度的增加，启动压力梯度呈现逐渐下降的趋势。当流度介于 24.74mD/（mPa·s）和 61.46mD/（mPa·s）之间时，随着流度的增加启动压力梯度下降较快；当流度小于 24.74mD/（mPa·s）或高于 61.46mD/（mPa·s）时，随着流度的增加启动压力梯度降低变得缓慢。

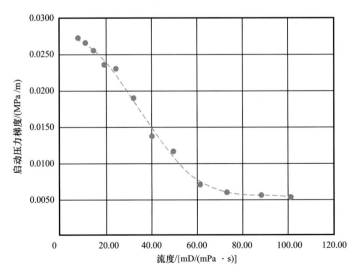

图 2-4-4　压力梯度与流度的关系曲线（岩心渗透率 2845.5mD）

3）驱替压力对油水相渗曲线影响规律研究

选取与目标油田三个主力层位渗透率相似的模拟人造岩心渗透率为1000mD、2000mD、5000mD，通过成倍改变驱替速度来改变驱替压力，分别进行不同驱替压力条件下油水相对渗透率曲线影响规律研究。由实验结果可以看出：

（1）对于1000mD的岩心，随着水驱速度从0.4mL/min增加到1.2mL/min，起始驱替压力从0.54MPa增加到1.2MPa，残余油条件下的最终驱替压力从0.034MPa增加到0.045MPa；

（2）对于2000mD的岩心，水驱速度从0.4mL/min增加到1.2mL/min，起始驱替压力从0.064MPa增加到0.263MPa，残余油条件下的最终驱替压力从0.003MPa增加到0.015MPa；

（3）对于5000mD的岩心，水驱速度从0.4mL/min增加到1.2mL/min，起始驱替压力从0.1MPa增加到0.2MPa，残余油条件下的最终驱替压力从0.008MPa增加到0.015MPa。束缚水饱和度变化不大，残余油饱和度降低3.05%～4.05%，油水两相渗流区域变宽。在目标油藏渗流速度范围内，相同注水量时，驱替速度越快压力越高，水驱驱油效率越高。随着驱替压力的升高，原油更快地被驱出，油相相对渗透率下降较快；更多原油的驱出降低了水相的流动阻力，但较高的驱替压力会增加流动阻力，所以以水相相对渗透率上升慢，残余油条件下水相相对渗透率变化不大，说明残余油条件下的油水两相流动能力变化不大。等渗点的变化不大，说明驱替压力的变化对岩心润湿性的影响不大。

对于目标油藏三个主力层位渗透率岩心，不同驱替压力下的油水相对渗透率具有一致的规律。横向对比三个层位规律，渗透率越低，驱替压力随渗流速度改变的变化越明显，油水两相相对渗透率曲线差异性越大，相渗变化规律越明显。

4）多层合采层间干扰影响规律研究

（1）分层注水对驱油效果影响研究。

采用分层注水方式开发模型总采收率为25.87%，其中，低渗透层吸液量占三层非均质模型总孔隙体积的0.42PV，采收率贡献为7.11%；中渗透层吸液量占三层非均质模型总孔隙体积的0.44PV，采收率贡献为7.82%；高渗透层吸液量占三层非均质模型总孔隙体积的0.53PV，采收率贡献为10.94%。低渗透层、中渗透层、高渗透层吸水量比值接近1∶1∶1.2，各渗透层得到了有效开发，这说明分层注水开发条件下，层间干扰现象得到了控制，中、低渗透层进行了有效的开发，各渗透层的差异主要体现在储层物性的差异。

分层注水开发后，低、中、高渗透层水驱波及区域剩余油饱和度分别为63.73%、61.23%、49.48%，动用贡献率分别为20.54%、27.19%、52.27%，动用贡献率比值接近1∶1∶2，可见中、低渗透层得到了一定程度的动用。

（2）笼统注水对驱油效果影响研究。

采用笼统注水方式开发模型总采收率为32.88%，其中：低渗透层吸液量占三层非均质模型总孔隙体积的0.02PV，采收率贡献为1.83%；中渗透层吸液量占三层非均质模型总孔隙体积的0.28PV，采收率贡献为6.82%；高渗透层吸液量占三层非均质模型总孔隙体积的0.80PV，采收率贡献为11.16%。

由于笼统注水开发条件下，三个储层渗透率的差异带来的层间干扰影响相对严重，尤其是油井见水后，高渗透率储层吸水量逐渐增大，对中、低渗透率储层吸水量的影响也逐渐增大，最终低渗透层、中渗透层、高渗透层吸水量分别为 0.02PV、0.28PV、0.80PV，低渗透层吸水量相对高渗透层吸水量的比值高达 1∶40，采出程度为 1.83%，可见低渗透层几乎未得到有效动用，中渗透层吸水量相对高渗透层吸水量比值接近 1∶3，采出程度为 6.82%，高渗透层采出程度为 11.16%。笼统注水开发条件下，由于层间干扰现象相对严重，高渗透层吸水量相对较大，整个高渗透层进行了"强水洗"，所以采出程度略高于分层注水开发方式下高渗层的采出程度，也正是由于笼统注水开发条件下这样严重的层间干扰现象，导致整体开发采收率低于分层注水开发最终采收率。

（3）层系组合对驱油效果影响研究。

采用层系组合注水方式开发模型总采收率为 24.31%，其中，低渗透层吸液量占三层非均质模型总孔隙体积的 0.40PV，采收率贡献为 7.09%；中渗透层吸液量占三层非均质模型总孔隙体积的 0.24PV，采收率贡献为 6.20%；高渗透层吸液量占三层非均质模型总孔隙体积的 0.56PV，采收率贡献为 11.02%。

总体来说，层系组合注水开发，由于低渗透层单独注水开发，解决了低渗透层吸液能力差的问题。中、高渗透层统一注水开发，高渗透率储层吸水量逐渐增大，对中渗透率储层吸水量的影响也逐渐增大。最终低渗透层、中渗透层、高渗透层吸水量分别为 0.40PV、0.24PV、0.56PV，低渗透层、中渗透层、高渗透层吸水量比值为 1.7∶1∶2.3，各渗透层的吸液量均较充分，整体开发效果相较于笼统注水开发有很大改善。

（4）井网调整对驱油效果影响研究

采用井网调增的注水方式开发模型总采收率为 30.95%，其中，低渗透层吸液量占三层非均质模型总孔隙体积的 0.23PV，采收率贡献为 6.14%；中渗透层吸液量占三层非均质模型总孔隙体积的 0.32PV，采收率贡献为 9.75%；高渗透层吸液量占三层非均质模型总孔隙体积的 0.42PV，采收率贡献为 15.06%。

含水率至 65% 后进行井网调整，各渗透层间的吸液差异得到改善，最终低渗透层、中渗透层、高渗透层吸水量分别为 0.23PV、0.32PV、0.87PV，各渗透层相对吸水量比值为 1∶1.39∶1.83，中、低渗透层吸液不足得到了很好的改善。并且由于井网调整，波及区域内的洗油效果也得到了明显提升。

（5）多层不同开发方式提高采收率对比分析。

将非均质模型 6 种不同开发方式下（笼统注水、提液增速、层系组合、分层注水、分层提液、井网调整）开发效果进行对比分析，结果如图 2-4-5 所示。

对一个区块分别进行分层注水、笼统注水及层系组合开发，分层注水开发整体采收率较层系组合注水开发高 1.56 个百分点，比笼统注水开发高 6.06 个百分点，主要是因为中、低渗透层采出程度相对较高，而高渗透层采出程度基本相当。对非均质模型低渗透层进行单独注水开发，中、高渗透层进行统一注水开发，低渗透层开发效果得到改善，但中渗透层采收率仅有 18.87%，具有一定的增油潜力。模型进行提液增速注水开发，可以一定程度提高注入压力，与笼统注水相比可以有效地提高洗油效率，但同时提液增速加剧了储层非均质性，并没有改善中、低渗透层波及程度较差的问题。模型笼统开发至模型 65% 以后进行井网调整，排状井网可以提高各渗透层的波及程度，含水率达到 75% 以后进行分层开发，波及程度得到改善，驱油效果最佳，模型最终的采收率可达 42.97%。

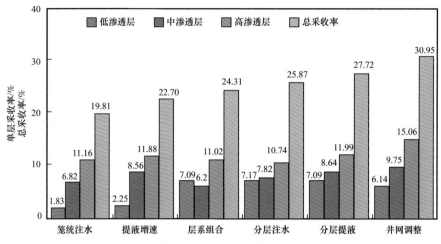

图 2-4-5　不同开发方式下各渗透层占总采收率占比

2. 层间干扰定量评价方法

考虑层数、厚度、渗透率、孔隙度、黏度、地层压力、井底流压、供给半径和相渗关系等因素，基于渗流力学理论，研发了多层合采油井层间干扰定量预测技术。数学模型涵盖层间非均质性、启动压力、井筒连通以及液量转移等四个方面机理，通过试凑迭代流压求解，充分反映多层合采时油层启动和动用本质，可以快速、准确地定量计算合采井或不同层系组合的层间干扰系数。

1）数学模型

建立 n 层地质模型（图 2-4-6）。地层为水平圆盘状，纵向上有 n 个小层，其中：K_i 为油层渗透率；h_i 为油层厚度；ϕ_i 为油层孔隙度，p_{ei} 为边界压力，R_{ei} 为供给半径，下标 1，2，$\cdots$，n 为层数。地层中心存在一口生产井，井半径为 r_w，井底流压为 p_{wf}，以定产量 Q 生产。

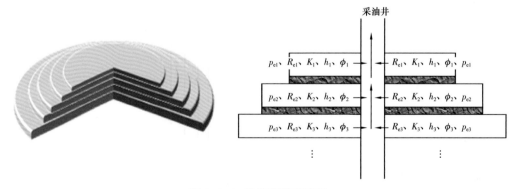

图 2-4-6　物理模型示意图

压力降波及固定边界之前，油藏的主要驱动力为岩石及流体本身的弹性力，油藏驱动方式为弹性驱动，油藏中的流体流动为单相油流。压力降波及固定边界之后，油藏的主要驱动力为人工注水的压力，油藏驱动方式为水压驱动，油藏中的流体流动为多相流。

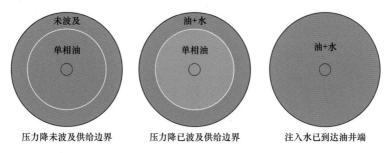

图 2-4-7　油藏驱动方式和流体形态

（1）计算产液量。

① 压力场未波及固定边界。

$r_{ei} < R_e$，地层中只有单相油流。

计算小层的产液量：

$$q_{Li}(t) = \frac{\left[p_{ei} - p_{wf}(t) \right] \cdot 4\pi K_i h_i}{\mu_o \cdot \ln\left(194400\eta_i t / r_w^2 \right)} \qquad (2-4-1)$$

式中　$q_{Li}(t)$——t 时刻第 i 层产液量，m³/d；

　　　p_{ei}——第 i 层的边界压力，MPa；

　　　h_i——第 i 层的有效厚度，m；

　　　r_w——井筒半径，m；

　　　K_i——第 i 层地层岩石的绝对渗透率，m²；

　　　$p_{wf}(t)$——t 时刻的井底流压，MPa；

　　　μ_o——原油黏度，mPa·s；

　　　η_i——第 i 层的导压系数，m²·Pa/（Pa·s）；

　　　t——生产时间，d。

计算小层的启动压力梯度：

$$G_i = 0.6989 \left(\frac{K_i}{\mu_{oi}} \right)^{-1.1147} \qquad (2-4-2)$$

式中　G_i——第 i 层启动压力梯度，MPa/m；

　　　μ_{oi}——第 i 小层原油黏度，mPa·s。

② 压力场已波及固定边界。

$r_{ei}(t) > R_{ei}$，此时油井分为未见水和已见水两种情况，油井未见水时期，地层中包括油水两相流和单相油流；油井见水以后，地层中为油水两相流。

计算各层水驱前缘位置：

$$r_{fi}^2(t) = R_{ei}^2 - \frac{\varphi_i(S_{wf})}{\pi h_i \phi_i} W_i(t) \qquad (2-4-3)$$

式中　$r_{fi}(t)$——t 时刻第 i 层的水驱前缘位置，m；

　　　R_{ei}——第 i 层的供给半径，m；

　　　$\varphi_i(S_{wf})$——第 i 层前缘含水饱和度对应含水率的一阶导数；

　　　ϕ_i——第 i 层孔隙度；

　　　$W_i(t)$——t 时刻第 i 层的累计注入量，m³。

计算各层渗流阻力：

未见水时期地层中总的渗流阻力：

$$R_i(t) = R_{i1}(t) + R_{i2}(t) = \frac{1}{86400} \frac{1}{2\pi K_i h_i} \left[\int_{R_{ei}}^{r_{fi}} \frac{1}{K_{roi}/\mu_{oi} + K_{rwi}/\mu_{wi}} \frac{1}{r} dr + \frac{\mu_{oi}}{K_{roi}(S_{wc})} \ln(R_{ei}/r_{fi}) \right]$$

$$(2-4-4)$$

式中　K_{rwi}——水相相对渗透率；

　　　μ_{wi}——水的黏度，mPa·s；

　　　K_{roi}——油相相对渗透率；

　　　μ_{oi}——油的黏度，mPa·s；

　　　$R_i(t)$——t 时刻第 i 层的渗流阻力，10^{-6}MPa·d/m³；

　　　$R_{i1}(t)$——t 时刻第 i 层两相渗流区的渗流阻力，10^{-6}MPa·d/m³；

　　　$R_{i2}(t)$——t 时刻第 i 层单相区的渗流阻力，10^{-6}MPa·d/m³；

　　　$r_{fi}(t)$——t 时刻第 i 层的水驱前缘位置，m；

　　　r——距井筒的径向距离，m；

　　　R_{ei}——第 i 层的供给半径，m；

　　　S_{wc}——束缚水饱和度。

当水驱前缘位置位于生产井半径处，地层中仅为油水两相渗流区。见水后地层中总的渗流阻力为：

$$R_i(t) = \int_{R_e}^{r_w} \frac{1}{2\pi h_i K_i} \frac{1}{K_{roi}/\mu_{oi} + K_{rwi}/\mu_{wi}} \frac{1}{r} dr \qquad (2-4-5)$$

计算小层产液量：

$$q_{Li}(t) = \Delta p_i(r, t) / R_i(t) \qquad (2-4-6)$$

式中　$q_{Li}(t)$——t 时刻第 i 层产液量的计算值；

　　　$\Delta p_i(r, t)$——t 时刻第 i 层距离井筒 r 处的生产压差，MPa。

计算全井产液量：

$$Q_{sum}(t) = \sum_{i=1}^{n} \left[q_{Li}(t) \cdot BJ(i) \right] \qquad (2-4-7)$$

式中　$Q_{sum}(t)$——t 时刻全井总产液量的计算值，m^3；

　　　　n——小层总数；

　　　　$BJ(i)$——t 时刻第 i 层的产液标记。

（2）计算含水率和产油量。

① 计算分层含水率。

若该时刻该层压力场还没有波及固定边界，即 $r_{ei}(t)<R_{ei}$，生产井仅产出油，含水率为 0，则 $f_{wi}(t)=0$。

若该时刻压力场已经波及固定边界，即 $r_{ei}(t)\geq R_{ei}$，则可分成以下几种情况：

a. 若 $r_{fi}>r_w$，未见水，生产井仅产出油，含水率为 0，即 $f_w=0$。

b. 若 $r_{fi}=r_w$，初见水，水驱前缘位置刚刚达到生产井半径，此时的出口端含水饱和度 S_{we} 与前缘含水饱和度 S_{wf} 相等，则 $f_{wi}(t)=f_{wi}(S_{wfi})$。

c. 若 $r_{fi}<r_w$，在见水期，出口端的含水率可利用第 i 层的累计注水倍数 $W_{Di}(t)$ 与 f_w—S_w 曲线求得。

② 计算分层产油量。

$$q_{oi}(t)=q_{Li}(t)\left[1-f_{wi}(t)\right] \tag{2-4-8}$$

式中　$q_{Li}(t)$——t 时刻第 i 层的产油量，m^3/d；

　　　　$f_{wi}(t)$——t 时刻第 i 层含水率。

（3）计算采油指数和采液指数。

计算总的采油指数、采液指数：

$$\begin{cases} J_{合o}(t)=\sum_{i=1}^{n}J_{oi}(t) \\ J_{合L}(t)=\sum_{i=1}^{n}J_{Li}(t) \end{cases} \tag{2-4-9}$$

式中　$J_{oi}(t)$——t 时刻第 i 层的采油指数，$m^3/(MPa\cdot d)$；

　　　　$J_{Li}(t)$——t 时刻第 i 层的采液指数，$m^3/(MPa\cdot d)$。

（4）计算层间干扰系数。

根据 t 时刻合采与分采总的采油指数和采液指数计算层间干扰系数：

$$\begin{cases} \eta(t)=\dfrac{J_{分o}(t)-J_{合o}(t)}{J_{分o}(t)} \\ \eta(t)=\dfrac{J_{分L}(t)-J_{合L}(t)}{J_{分L}(t)} \end{cases} \tag{2-4-10}$$

式中　$\eta(t)$——开采 t 时间的层间干扰系数。

2）求解方法

求解流程为：（1）给定全井产液量；（2）给定井底流压初值；（3）计算各个小层液量，加和得到全井产液量；（4）如果计算达到的全井产液量值与给定的全井产液量值吻合，则认为该井底流压即为正确的井底流压值，转到（6）；（5）如果计算达到的全井产液量值与给定的全井产液量值不一致，则井底流压增加一个计算步长，转到（3）；（6）计算含水率、产油量、采油指数；（7）对合采和分采均实施以上运算，求取层间干扰系数。

3）典型井计算与机理分析

基于建立的层间干扰定量预测技术对绥中36-1油田16口生产井进行预测，计算精度达到86%（表2-4-4）。

表2-4-4 典型井层间干扰系数计算结果表

井号	参数	理论值	实际值	精度 /%
A7	合采总采油指数 / [m³/ (d·MPa)]	83.83	71.5	85.30
	分采总采油指数 / [m³/ (d·MPa)]	426.27	531.48	80.20
	层间干扰系数 /%	80.33	87	93.33
A14	合采总采油指数 / [m³/ (d·MPa)]	100.99	83.34	82.52
	分采总采油指数 / [m³/ (d·MPa)]	154.97	123.75	79.85
	层间干扰系数 /%	34.83	37	94.14
B06	合采总采油指数 / [m³/ (d·MPa)]	210.36	217.92	96.53
	分采总采油指数 / [m³/ (d·MPa)]	667.76	627.22	93.93
	层间干扰系数 /%	68.50	65	94.89
B07	合采总采油指数 / [m³/ (d·MPa)]	18.27	15.47	84.67
	分采总采油指数 / [m³/ (d·MPa)]	31.72	30.46	96.03
	层间干扰系数 /%	42.4	49	86.53
L04	合采总采油指数 / [m³/ (d·MPa)]	12.81	15.45	82.91
	分采总采油指数 / [m³/ (d·MPa)]	37.99	35.67	93.89
	层间干扰系数 /%	66.28	57	86.00

（1）压力降未波及边界时，驱动压差逐渐增大，但随着波及半径不断扩大，驱动压力梯度逐渐减小，出液油层数目逐渐减少。

（2）压力降波及某一位置时，油层可能停止动用，但弹性驱动阶段驱动压差逐渐增大，所以下一时刻该油层可能重新出液，出液油层数目增多。

（3）当某个油层压力降波及边界时，注入水开始进入该层，渗流阻力逐渐降低，驱动压差减小，此时不出液层将不会再动用，已动用层仍可能停止动用，出液油层数目趋于稳定。

渗透率决定油层动用顺序。油井开井生产后，油层按照渗透率由高到低的顺序依次完成动用。产液量越大，则"动用起来"的油层数越多。日产液量越大，井底流压越小，驱动压差越大，油层越容易动用。未能"动用起来"的多为物性差油层。好油层渗流阻力小，下降快，吸水多，含水上升快；差油层启动压力梯度大，启动难度大，难以有效驱动。存在"高渗透层已强水淹，而低渗透层尚未见水"的情况。

低含水期（0～50%），层间干扰系数增速很小；中含水期（50%～80%），层间干扰系数增速较低；高含水期（80%以后），层间干扰系数快速上升。

储层和流体物性、启动压力梯度、含水饱和度、工作制度等因素通过影响渗流阻力而控制出液油层体积和高含水层出液比例，造成层间干扰。

（1）层间干扰机理：储层和流体物性、启动压力梯度、含水饱和度、工作制度等因素通过影响渗流阻力而控制出液油层体积和高含水层出液比例，造成层间干扰。

（2）层间干扰规律：渗透率决定油层动用顺序；产液量越大，则"动用起来"的油层数越多；低含水期层间干扰系数增速很小，高含水期层间干扰系数快速上升；压力降未波及边界时，出液油层数目动态变化，当某个油层压力降波及边界时，注入水开始进入该层，渗流阻力逐渐降低，驱动压差减小，此时不出液层将不会再动用，已动用层仍可能停止动用，出液油层数目趋于稳定。

（3）建议：开发初期，可适当提高日产液量，增加动用厚度，减小层间干扰；当全井含水率达到50%～80%时，对于渗透率级差较大的多层油藏，应当及时进行层系调整，减小层间干扰的影响；当合采全井含水率达到80%时，高渗透层位形成优势通道并大量产水，严重影响其他层位的动用情况，建议采取措施关闭高渗透层，从而改善整体产油情况。

二、海上油田高含水期油藏加密后层系细分与组合界限及策略

基于油藏工程、数值模拟和物理模拟等方法，计算确定了单井有效厚度界限、渗透率级差界限和生产井段跨度界限，应用采油速度法、井网密度法和经济极限井距法确定井距界限，指导了绥中36-1油田层系细分实践。

1. 单井有效厚度界限

1）单井控制可采储量下限

$$N_{R_{min}} \geqslant \frac{\dfrac{na(1+a)^n}{(1+a)^{n-1}-1+a}\left(S_z+S_j\right)}{J(1-Y)-C_d-C_s} \quad （2-4-11）$$

式中 $N_{R_{min}}$——单井控制可采储量下限，t；

　　　S_z——单井钻井完井费用，元；

　　　J——原油价格，元/t；

　　　S_j——基建费用，元；

　　　C_s——吨油税金，元/t；

　　　C_d——原油成本，元/t；

　　　n——经济开采年限，a；

a——贴现率，%；

Y——内部收益率，%。

所用的经济参数值见表 2-4-5。

表 2-4-5　经济参数

参数	基建费用 / 万元	吨油税金 / (元 /t)	原油成本 / (元 /t)	经济开采年限 /a	贴现率 /%
数值	2000	220	800	10	4

根据公式，计算内部收益率为 12%，单井钻井完井费用分别为 5000 万元、7500 万元和 10000 万元情况下的可采储量界限值，计算结果如图 2-4-8 所示。

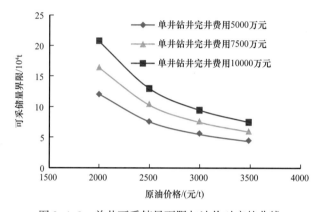

图 2-4-8　单井可采储量下限与油价对应的曲线

由图 2-4-8 可知，原油价格一定时，单井钻完井费用依次为 5000 万元、7500 万元和 10000 万元的情况下，随着原油价格的增加，单井可采储量随之降低。当单井钻完井费用为 5000 万元时，原油单价为 3000 元 /t 的情况下，可采储量下限为 55220.84t。

2）单井有效厚度界限的确定

$$h = \frac{N_{R_{min}}}{\pi r^2 \phi S_o (E_R - R)} \tag{2-4-12}$$

式中　h——单井有效厚度界限，m；

$N_{R_{min}}$——单井可采储量下限；

r——单井控制半径，其值为井距的一半，m；

ϕ——全区平均孔隙度；

S_o——全区平均含油饱和度；

R——采出程度；

E_R——采收率。

根据绥中 36-1 油田的实际油藏参数，分别计算井距为 125m、150m、175m、200m、225m、250m、275m、300m、325m、350m 及 375m 时，原油价格 2000 元 /t、2500 元 /t、3000 元 /t、3500 元 /t 情况下的单井有效厚度下限（图 2-4-9）。

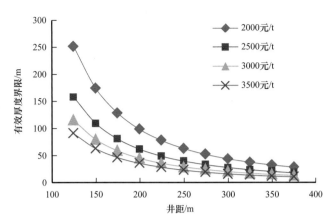

图 2-4-9 层系组合厚度界限与井距、油价关系曲线

由图 2-4-9 可以看出，在不同井距下单井有效厚度下限值不同。在相同的原油价格下，单井有效厚度界限与井距呈负相关，但在相同的井距下，有效厚度界限随着原油价格的增加而增加。当原油价格为 3000 元 /t，井距为 175m 时，单井的有效厚度界限为58.49m。

2. 渗透率级差界限

为了研究不同渗透率层位渗透率级差对储层采收率的影响，设计了以下几组不同渗透率岩心进行并联并进行驱替实验，实验装置如图 2-4-10 所示。

图 2-4-10 实验装置图

采用人造岩心，岩心尺寸为 4.5cm×4.5cm×30cm，外部用环氧树脂浇铸，渗透率分别为 100mD、250mD、350mD、500mD、700mD、1000mD、1500mD、2000mD、2500mD。

考虑到在不同渗透率下，渗透率级差对驱油效率和含水率的影响，分别将渗透率为350mD、1000mD、2500mD 等三种渗透率不同的岩心分别与渗透率为 100mD、250mD、350mD、700mD、1000mD、1500mD、2000mD、2500mD 的岩心并联，组成了 24 组岩心并联实验。

并联岩心水驱实验流程：

（1）抽真空将各岩心饱和水，根据岩心饱和水量测定每个岩心孔隙体积和孔隙度；

（2）分别对每个岩心进行油驱水直至没有水流出为止（注油2～2.5PV），分别计算两个岩心的含油饱和度和含水饱和度；

（3）以2mL/min的流量向两个并联岩心注水，进行水驱油，直至驱到综合含水率98%以上为止。驱油过程中，分别计量两个岩心采出油和水体积及驱替时间、压力。

根据实验结果，得到渗透率为350mD、1000mD、2500mD的岩心与其他岩心并联后采出程度和含水率随注入量的变化曲线。通过整理分析总采收率随渗透率级差的变化得到并联岩心总采收率随渗透率级差变化曲线，如图2-4-11所示。由图2-4-11可以看出，随着渗透率级差增大，并联岩心总采收率减小，采收率降低率先减小后增大，渗透率级差在3之前时采收率变化较小，大于3时采收率下降较快，所以物理模拟实验渗透率级差界限建议控制在3以下。

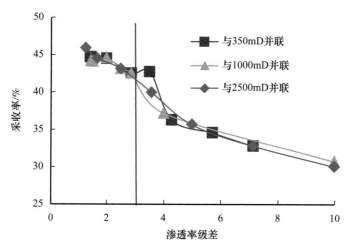

图2-4-11 并联岩心总采收率随渗透率级差变化曲线

3. 生产井段跨度界限

为了便于研究层间跨度干扰，利用ECLIPSE软件建立一个三层的概念模型。模型中第1层和第3层为均质油层，原油性质和地质条件相同，厚度均为10m，层间无窜流。第2层为隔层。通过改变第2层的厚度来模拟不同生产井段跨度下油层的开发效果，具体取值见表2-4-6。

表2-4-6 不同生产井跨度方案情况表

方案	1	2	3	4	5	6	7
跨度/m	10	50	100	150	200	250	300

根据油田的实际情况，设定第1层和第3层的平均渗透率为2000mD，中间层位变化的油井工作制度为定液量生产。其中模型中$B_o=95.5mPa·s$，$B_w=0.5mPa·s$，$S_w=0.37$，$p=13.74MPa$，井距=175m。注采模式为一注一采，设计注水井的注入量为100m³/d，生产井的产液量为100m³/d。

利用概念模型进行计算，分别预测了在不同生产井段跨度下模型生产 20 年的开发效果，如图 2-4-12 所示。

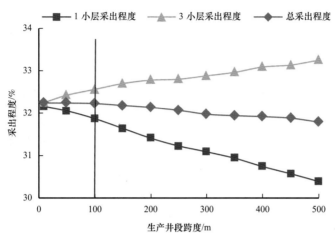

图 2-4-12　不同生产井跨度下采出程度对比曲线

通过不同生产井跨度下每个小层的采出程度和单井的采出程度的曲线可知，随着生产井层段跨度的增大，单井的采出程度呈减小的趋势，并且在井段跨度小于 100m 时采出程度下降较慢，而井段跨度在 100～500m 之间时采出程度下降得比较明显；因此建议井段跨度控制在 100m 以内。

4. 井距调整界限

1）采油速度法

$$S = \frac{(1+B)V_{\mathrm{o}}N}{q_{\mathrm{o}}T_{\mathrm{y}}A}$$

（2-4-13）

式中　S——井网密度，口 /km^2；

B——注采井数比；

V_{o}——采油速度，% ；

N——地质储量，t ；

q_{o}——平均单井产量，t/d ；

T_{y}——年有效生产时间，d ；

A——含油面积，km^2。

根据绥中 36-1 油田的实际情况，计算不同采油速度下的合理井网密度，相关参数见表 2-4-7。

表 2-4-7　绥中 36-1 油田采油速度计算参数

参数	地质储量 /10⁴t	可采储量 /10⁴t	年生产时间 /d	含油面积 /km²
取值	18901	8135.2	300	27

从图 2-4-13 可以看出,当单井日产液量为 80m³, 在中等采油速度(1.5%)的情况下,合理井网密度为 3.77 口 /km², 合理井距为 270.79m。

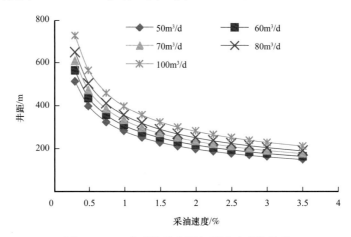

图 2-4-13 合理注采井距与采油速度的关系

2）井网密度法

$$E_R = E_D e^{-a/S} \tag{2-4-14}$$

式中　E_R——原油采收率;

　　　E_D——驱油效率;

　　　a——井网指数,$a = 18.14 K_a / \mu_o - 0.4218$;

　　　S——井网密度,口 /km²;

　　　K_a——平均绝对渗透率,mD;

　　　μ_o——地层原油黏度,mPa·s。

根据室内实验,当绥中 36-1 油田的驱油效率分别为 70%、75%、80%、85% 时,根据当前井网条件下的原油采收率以及井网指数,应用谢尔卡乔夫公式来计算井网密度下区块的采收率,如图 2-4-14 所示。

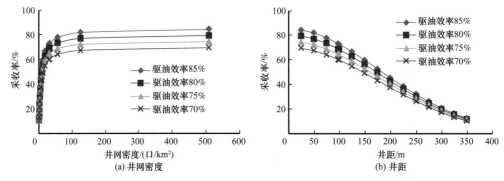

图 2-4-14 驱油效率、采收率与井网密度和井距关系图

从图 2-4-14 可以看出,随着井距的增加和井网密度的变小,采收率随之下降。当井距在 100~300m 之间时,采收率随井距的变化较明显。因此,适当地缩小井距,增大井

网密度，对提高采收率较显著。从曲线可以看出，在一定的经济条件下，当驱油效率为85%时，若要得到41.83%以上的采收率，井距不得大于207.84m。

3）经济极限井距

经济极限井距关系式如下：

$$L = \sqrt{\frac{1}{S_m}}\qquad(2\text{-}4\text{-}15)$$

$$S_m = \frac{d_o(P_o - O)}{(I_D + I_B)(1+R)^{T/2}} \cdot \frac{NE_R W_i}{A_o}\qquad(2\text{-}4\text{-}16)$$

式中 L——经济极限井距，m；

N——原油地质储量，t；

A_o——含油面积，km²；

W_i——开发评价年限内可采原油储量采出程度；

I_D——平均一口井的钻井投资（包括射孔、压裂等），万元／井；

I_B——平均一口井的地面建设（包括系统工程和矿建等）投资，万元／井；

R——投资贷款利率；

T——开发评价年限，a；

d_o——原油商品率；

P_o——原油销售价格，元／t；

O——原油成本，元／t。

根据表2-4-8中的基础参数，设定开发评价年限为30年，从而计算出不同原油价格和不同原油操作成本下的极限井距关系曲线（图2-4-15）。

表2-4-8 绥中36-1油田基础数据

参数	地质储量／10⁴t	可采地质储量／10⁴t	含油面积／m²	原油商品率／%	单井钻井投资／万元	单井基建投资／万元	原油折算比率／t/bbl	投资贷款利率／%	采收率／%	采出程度／%
取值	18901	8135.2	27	98.37	5000	86	7.35	6.03	41.83	23.11

从图2-4-15可以看出，在不同的原油操作成本下，随着原油价格的增大，极限井距在进一步减小，因此，可以通过进一步加密缩小井距加大当前的井网密度提高经济效益。当原油的操作成本为800元／t，原油价格为50美元／bbl时，绥中36-1油田的极限井距为141.97m，证明在该原油价格下，井距不得大于141.97m才可以取得良好的经济效益。

5. 层系细分组合策略

结合绥中36-1油田潜力区存在着井段长、层间矛盾突出、开发效果差的问题，基于层系组合界限制定层系细分组合策略，设计3种层系组合方案。

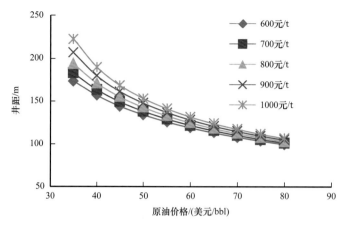

图 2-4-15　极限井距—原油价格—原油操作成本关系曲线

原方案用来与不同的调整方案做对比。开采Ⅰ上、Ⅰ下和Ⅱ油组所有油层。调整方案1将所有油层分成Ⅰ上和Ⅰ下、Ⅱ两套层系开采。调整方案2将所有油层分成Ⅰ上、Ⅰ下和Ⅱ两套层系开采。

通过对绥中36-1油田的层系细分界限进行计算得到，当原油价格为3000元/t，井距为175m时，单井的有效厚度界限为58.49m。通过不同渗透率岩心的并联实验得到，渗透率级差界限控制在3以内。井段跨度小于100m的时采出程度下降较慢，而井段跨度在100~500m之间时采出程度下降比较明显；因此建议井段跨度控制在100m以内。通过采油速度法得到了绥中36-1油田的井距界限，当平均单井日产液量为80m³时，若要达到中等采油速度（1.5%），井距不得大于290.79m；通过井网密度法可以得到绥中36-1油田的井距上限当驱油效率为85%时，若要得到41.83%以上的采收率，绥中36-1油田对应的极限井距为207.84m；最后利用经济评价法得到了井距界限的下限值，当原油操作成本为800元/t，原油价格为50美元/bbl时，绥中36-1油田对应的经济极限井距为141.97m。综合以上的界限值，得到绥中36-1油田的注采井距应控制在175m以上。

三、基于数值模拟的海上油田高含水期注采结构优化调整技术

油藏注采结构调整系统研究是通过调整油藏区块内油水井的产出和注入状态以实现生产效益的最大化，这是一个典型的最优化问题。对于油藏实时优化来说，在最初开发时可以为油水井优化制订一组最优的生产方案，但在开发一段时间以后随着对油藏状况的逐步深入了解（渗透率场、孔隙度场等未知因素明了化），发现需要对现有的开发方案进行调整，于是基于该时刻的油水分布重新对开发区块进行优化计算，实时地得到新的最优开发方案。

水驱注采优化的主要目的是使油田开发获得最大的利润，考虑油田原油的销售收入和生产井产出水的处理费用及注水井的注水费用，建立目标函数净现值的表达式为：

$$L^n = \frac{\Delta t^n}{\left(1+d\right)^{2^n}} \left[\sum_{i=1}^{N_{\mathrm{p}}} \left(aQ_{\mathrm{o},i}^n - bQ_{\mathrm{w},i}^n \right) - \sum_{j=1}^{N_{\mathrm{I}}} cQ_{\mathrm{wi},j}^n \right] \tag{2-4-17}$$

式中　$Q_{o,i}$——第 i 口生产井的年产油量，m^3/a；

$\quad\quad Q_{w,i}$——第 i 口生产井的年产水量，m^3/a；

$\quad\quad Q_{wi,j}$——第 j 口注水井的年注水量，m^3/a；

$\quad\quad a$——原油的价格，元 $/m^3$；

$\quad\quad b$——产出水处理成本，元 $/m^3$；

$\quad\quad c$——注水成本，元 $/m^3$；

$\quad\quad \Delta t$——时间段，a；

$\quad\quad d$——折现率；

$\quad\quad N_p$——生产井总数，口；

$\quad\quad N_I$——注水井总数，口；

$\quad\quad n$——调控次数，次。

该目标函数的优点是，当参数 a、b、c、d 取不同的值时，目标函数可以表示不同的物理量。

因此，水驱注采调控优化数学模型为：

$$\max\left[J=\sum_{n=0}^{N-1}L^n\left(x^{n+1},u^n\right)\right]\quad\forall n\in\left(0,1,\cdots,N-1\right)\quad（2-4-18）$$

约束条件为：

$$U_{\min}\leqslant u^n\leqslant U_{\max}\quad\forall n\in\left(0,1,\cdots,N-1\right)\quad（2-4-19）$$

$$Q_{l,\min}<\sum_{j=1}^{N_o}\sum_{n=0}^{N-1}Q_{l,j}^n\Delta t^n<Q_{l,\max}\quad（2-4-20）$$

式中　J——整个生产期内的目标函数；

$\quad\quad x^{n+1}$——$n+1$ 调控步油藏的状态变量（压力、饱和度）；

$\quad\quad u^n$——n 调控步的调控变量（注采井的注采量）；

$\quad\quad L$——净现值，元；

$\quad\quad U_{\min}$——约束条件下限；

$\quad\quad U_{\max}$——约束条件上限；

$\quad\quad Q_{l,\max}$——第 l 井组产液量下限，m^3；

$\quad\quad Q_{l,\min}$——第 l 井组产液量上限，m^3；

$\quad\quad l$——井组编号；

$\quad\quad j$——生产井编号。

很多实例表明，利用二次函数逼近原函数的处理方法，能够快速找到最优解，并且能够有效地避免由于搜索半径选取不当引起的无效搜索等问题。但是，插值型算法在油藏生产优化中很少使用，原因之一为每迭代一次便需要重新构造插值二次型。但是，目标函数关于控制变量的导数不能够通过解析方法得到，通常需要利用有限差分方法求取。

每次构造近似二次型的计算代价太大，以至不能够应用到油藏生产优化中。

尽管 Powell 提出了改进的二次型算法（NEWOUA 算法），大大增加了算法的实用性如前面章节所介绍的，这样构造二次型仍至少需要 $N+1$ 次数值模拟；但是，由于在油藏生产优化中，并的数目比较多，生产时间比较长，涉及的变量比较多，所需要的计算代价仍然比较大。鉴于此，仍需要对该方法进行改进。

由于某些近似梯度算法，可以扰动一次即得到目标函数对控制变量的梯度。鉴于此，可以重新构造插值二次型：

$$Q(\boldsymbol{U}) = J(\boldsymbol{U}_{\text{opt}}^k) + \hat{g}(\boldsymbol{U}_{\text{opt}}^k)^{\text{T}}(\boldsymbol{U} - \boldsymbol{U}^l) + \frac{1}{2}(\boldsymbol{U} - \boldsymbol{U}_{\text{opt}}^k)^{\text{T}}\boldsymbol{H}(\boldsymbol{U} - \boldsymbol{U}_{\text{opt}}^k) \quad （2-4-21）$$

其中，$\boldsymbol{U}^k$ 为第 k 个迭代步的控制变量；$\hat{g}(\boldsymbol{U}^k)$ 为用近似梯度算法求取的近似梯度；$\boldsymbol{H}$ 为 Hession 矩阵，采用最小 F– 范数的方法进行求取。

对于 SPSA 算法来说，通过扰动一次便可以求得 $\hat{g}(\boldsymbol{U}^k)$，所以构造插值二次型最少需要 2 次油藏数值模拟，大大减少了模拟的次数。该插值二次型的构造，简称为 QIM–AG 算法。

根据 Powell 的思路，构造插值二次型可以等效为以下最小值问题：

$$\text{Min} \quad \frac{1}{4}\|\boldsymbol{H}^{k+1}\|_F^2 = \frac{1}{4}\sum_{i=1}^{N}\sum_{j=1}^{N}(\boldsymbol{H}_{i,j}^{k+1})^2$$
$$\text{s.t.} \quad Q(\boldsymbol{U}_l^{k+1}) = J(\boldsymbol{U}_l^{k+1}) \qquad l = 1, 2, \cdots, M \quad （2-4-22）$$

对上述问题，构造拉格朗日函数如上式所示：

$$L(\boldsymbol{H}^{k+1}, \lambda^{k+1}) = \frac{1}{4}\sum_{i=1}^{N}\sum_{i=1}^{N}(\boldsymbol{H}_{i,j}^{k+1})^2 - \sum_{l=1}^{M}\lambda_l^{k+1}\left[Q(\boldsymbol{U}_l^{k+1}) - J(\boldsymbol{U}_l^{k+1})\right]^2$$
$$= \frac{1}{4}\sum_{i=1}^{N}\sum_{i=1}^{N}(\boldsymbol{H}_{i,j}^k)^2 -$$
$$\sum_{l=1}^{M}\lambda_l^k\left[J(\boldsymbol{U}_{\text{opt}}^k) + \hat{g}(\boldsymbol{U}_{\text{opt}}^k)^{\text{T}}(\boldsymbol{U} - \boldsymbol{U}^l) + \frac{1}{2}(\boldsymbol{U} - \boldsymbol{U}_{\text{opt}}^k)^{\text{T}}\boldsymbol{H}(\boldsymbol{U} - \boldsymbol{U}_{\text{opt}}^k) - J(\boldsymbol{U}_l^k)\right]^2$$

$$（2-4-23）$$

对拉格朗日函数求取偏导数得：

$$\nabla_{\boldsymbol{H}_{i,j}^k}L = \frac{1}{2}\boldsymbol{H}_{i,j}^{k+1} - \frac{1}{2}\sum_{l=1}^{M}\lambda_l^{k+1}\left[(\boldsymbol{u}_{l,i}^{k+1} - \boldsymbol{u}_{\text{opt},i}^k)(\boldsymbol{u}_{l,j}^{k+1} - \boldsymbol{u}_{\text{opt},j}^k)\right] \quad 1 < i, j < M \quad （2-4-24）$$

得到：

$$\boldsymbol{H}_{i,j}^{k+1} = \sum_{l=1}^{M}\lambda_l^{k+1}\left[(\boldsymbol{u}_{l,i}^{k+1} - \boldsymbol{u}_{\text{opt},i}^k)(\boldsymbol{u}_{l,j}^{k+1} - \boldsymbol{u}_{\text{opt},j}^k)\right] \quad 1 < i, j < M \quad （2-4-25）$$

处理成矩阵的形式，则有：

$$H^{k+1} = \sum_{l=1}^{M} \lambda_l^{k+1} \left[\left(U_l^{k+1} - U_{\text{opt}}^k \right) \left(U_l^{k+1} - U_{\text{opt}}^k \right) \right] \qquad (2\text{-}4\text{-}26)$$

可以看出，矩阵 H^{k+1} 为一对称矩阵，且当所有的拉格朗日算子 λ_1^{k+1} 为正数时，矩阵 H^{k+1} 为正定矩阵。将式（2-4-26）代入式（2-4-24）得到新的插值二次型：

$$Q(\boldsymbol{u}) = J\left(U_{\text{opt}}^k\right) + \hat{g}\left(U_{\text{opt}}^k\right)^{\mathrm{T}} \left(U - U^k\right) + \frac{1}{2} \sum_{l=1}^{M} \lambda_g^{k+1} \left[\left(U - U_{\text{opt}}^k\right)^{\mathrm{T}} \left(U^{k+1} - U_{\text{opt}}^k\right) \right]^2 \qquad (2\text{-}4\text{-}27)$$

公式中，仅有拉格朗日算子 λ_1^{k+1} 是未知的，将其代入公式所示的 M 个插值节点中，可以得到 M 个线性方程组，方程组数和拉格朗日乘子的数目相同，因此可以得到唯一的解。该线性方程组以矩阵形式表示为：

$$A\lambda^{k+1} = R^{k+1} \qquad (2\text{-}4\text{-}28)$$

其中，$\lambda^{k+1} = \left[\lambda_1^{k+1}, \lambda_2^{k+1}, \cdots, \lambda_M^{k+1} \right]$，$A \in R^{M \times N}$，各个元素可以表示为：

$$A_{i,j}^{k+1} = \frac{1}{2} \left[\left(U_i^{k+1} - U_{\text{opt}}^k \right) \left(U_j^{k+1} - U_{\text{opt}}^k \right) \right] \quad 1 < i, j < N \qquad (2\text{-}4\text{-}29)$$

求解线性方程组可以获得相应的拉格朗日乘子，将其代入公式中最终得到原目标函数的插值二次型。在计算过程中，插值节点的个数可以视情况增加或者减少，这样大大提高了已知节点的利用效率，使得构造的插值二次型在全局上更加接近原目标函数。

采用近似梯度算法与插值算法结合的注采优化方法实现注采优化结构方案的优化，通过注采量调控，达到增油控水的目标。

近似梯度算法与插值算法结合的注采优化测试实例概况：

分析优化前后配产配注调控图，主要的调控目标井为 I4、P5 和 I2，通过减少 I4 的注水量，增加 I2 的注水量，增加 P5 的产液量，从而达到更好的驱油效果（图 2-4-16、图 2-4-17）。

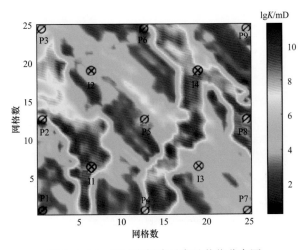

图 2-4-16　测试实例渗透率及井位分布图

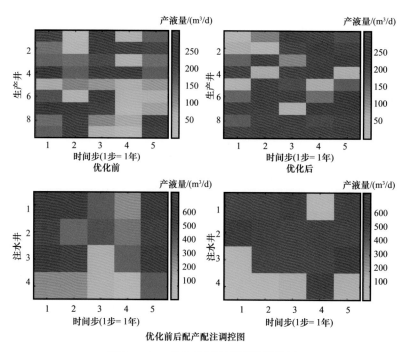

图 2-4-17　优化前后配产配注调控图

由含水率和累计产油量数据可知，在保证压力稳定的基础上，相同的含水率情况下，优化后的配产方案使得累计产油量获得了巨幅提升，约为 36.5%。通过测试实例，提出的近似梯度算法与插值算法结合的生产优化算法具有较强的实用性，为油田带来实际的增产效益。

以绥中 36-1 部分区块进行研究，优化各油水井的注采关系，实现增油控水的目标。

对比优化前后的剩余油饱和度分布图（图 2-4-18），优化后在中部区域波及效果更好，剩余油富集程度更低。

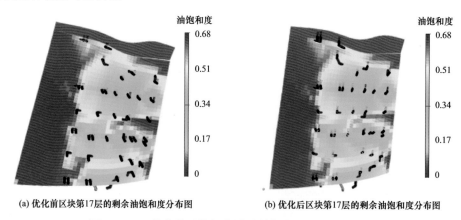

(a) 优化前区块第17层的剩余油饱和度分布图　　　　(b) 优化后区块第17层的剩余油饱和度分布图

图 2-4-18　优化前后的部分层系剩余油饱和度分布对比

相比于人工调整注采制度，采用优化算法能够实现注采制度的阶段性动态调控（表 2-4-9）。

表 2-4-9 优化前后的生产制度对比

井别	井号	优化前/m³/d	优化后/m³/d	趋势	井号	优化前/m³/d	优化后/m³/d	趋势
注水井	B06A	414.11	423.9046	↑	D06C	772.505	1228.721	↑
	B06B	709.9	996.5855	↑	D08A	351.47	452.2625	↑
	B06C	976.11	1288.98	↑	D08B	731.79	901.6158	↑
	B08A	628.475	857.7392	↑	D08C	931.13	1309.69	↑
	B08B	1453.545	1443.246	↓	D08D	608.515	911.9948	↑
	B08C	193.41	203.0237	↑	D10A	1954.195	1230.751	↓
	B13A	1989.065	3274.354	↑	D10B	1931.265	2002.452	↑
	B15A	2305.92	3250.082	↑	D10C	136.8	197.1543	↑
	D01A	1390.72	1848.418	↑	L21A	462.94	344.1764	↓
	D01B	2348.34	2285.399	↓	L21B	479.905	567.0886	↑
	D01C	1073.115	1212.246	↑	L21C	506.835	654.5311	↑
	D03A	1028.27	1410.155	↑	L21D	439.24	475.6664	↑
	D03B	1239.43	1033.51	↓	L22A	260.685	388.6589	↑
	D03C	792.625	1068.324	↑	L22B	564.82	549.4221	↓
	D05A	714.935	1099.763	↑	L22C	420.9	349.2578	↓
	D05B	642.06	901.0362	↑	L22D	111.335	102.621	↓
	D05C	612.52	549.4439	↓	L23A	538.915	686.251	↑
	D06A	874.53	1350.259	↑	L23B	923.855	860.1063	↓
	D06B	470.06	431.0139	↓	L23C	1270.3	1420.154	↑

第五节　渤海薄互层油田加密调整油藏工程技术研究

以蓬莱 19-3 油田 1/3/8/9 区为典型代表的海上大型复杂河流相薄互层状油藏，油藏地质条件复杂，沉积类型多样、储层横向变化快、纵向含油层段大、层多且薄层比重大，加大了储层刻画难度，高效开发难度巨大。注水开发已达十年，在注水开发过程中注采井网不规则、注采井型多样，水淹样式多且水淹状况复杂，导致剩余油分布规律及模式更加复杂。复杂河流相储层具有高孔隙度高渗透率、非均质性强等特点，薄互层状油藏在合注合采过程中会产生层间干扰现象严重、纵向储层动用程度差异大、注采不均衡、平面水驱方向性强、波及效率较低等诸多生产矛盾，基于储层精细描述和非均质体等效表征技术，以蓬莱19-3油田1/3/8/9区为研究区，开展剩余油定量描述方法研究和剩余油分布规律研究，并编制蓬莱19-3油田1/3/8/9区综合调整地质油藏方案。

一、复杂河流相薄互层状油藏剩余油定量描述方法研究

剩余油研究的目的是明确具体油田的挖潜方向和挖潜措施，目前常用的剩余油分布规律研究方法主要有油藏工程法、油藏数值模拟法、沉积相法、检查井/观察井研究法等，油藏工程法可综合油田地质油藏特征、开发管理因素、单井动态等信息研究剩余油分布，是有效的剩余油研究方法之一。

常规油藏工程法（图2-5-1）剩余油研究主要通过研究不同小层平面含水率分布，通过绘制含水等值线图来进行剩余油描述。该方法利用的主要原理为不同注入倍数与含水率有一定相关性，通过计算井区注入水、孔隙体积、波及体积来计算井区注入倍数，从而获得该区含水率。计算过程中注入水的纵向和平面劈分是关键，注入水纵向劈分常规做法为利用注水井吸水剖面，平面劈分常规做法为利用储层物性KH❶作为劈分系数。该做法主要流程为注入水立体劈分、划分注采井组并计算网格块孔隙体积、计算注入倍数、计算网格块含水率、绘制含水等值线图、计算网格块剩余油。由于蓬莱19-3油田油井多轮次侧钻，井网随时间不断变化，注采井组不易划分、注入水纵向劈分难度大；井况复杂及储层平面非均质性导致平面产液结构不均衡，按常规KH值进行平面劈分注水量误差较大，注入水劈分难度大。

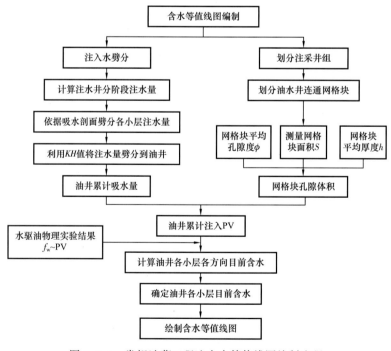

图2-5-1　常规油藏工程法含水等值线图绘制流程

❶ KH代表渗透率与厚度的乘积，K代表渗透率，H代表厚度。

常规油藏工程方法剩余油分布研究中含水等值线图编制在蓬莱19-3油田应用中遇到多个难点，主要包括：井网不断变化，注采井组不易划分、注入水纵向劈分难度大；平面产液结构不均衡，注入水平面劈分难度大；储层纵向非均质性强、不同储层发育及连通状况差异大，水驱波及系数难以确定等。

为了更加准确地完成复杂河流相薄互层状油藏油藏工程法剩余油定量分析，结合油田实际，通过考虑纵向多层、井网时变等蓬莱油田实际开发特点，对油藏工程法进行改进完善，首次在蓬莱19-3油田开展水淹厚度图的编制和层内剩余油的定量预测，完成了含水率等值图和水淹厚度等值图的绘制，进一步预测含水率、水淹程度和水淹厚度状况，来指导油藏精细化数值模拟研究和剩余油定量描述。

含水率等值图的绘制，该方法根据油水井在钻井、生产过程中所录取的各项生产资料，主要有产液剖面、吸水剖面等生产测试资料及生产历程等，结合油藏构造、储层、沉积相等地质研究结果，通过上述资料综合分析找出油层平面和纵向上的油水分布，从而确定剩余油富集区。

水淹厚度图的绘制，该方法是将地质综合分析法、机理模型数值模拟法、油藏工程法多种方法综合运用，来达到定量描述层内剩余油分布的一种新方法。该方法的关键在于通过地质综合分析法对矿区水淹特征及影响因素认识清楚的前提下，设计机理模型，本着由简单到复杂，由理论到实际的原则，针对具体单砂体，从对矿区水淹特征研究上，已认识到注水倍数与储层非均质性是影响水淹厚度增长的重要因素，基于此设计了注水倍数、级差两变量与水淹厚度系数间的关系，结合油藏工程法计算得到的注水倍数值、单砂体、沉积相、储层非均质性等地质研究结果，最终得出层内剩余油的油水分布特征，编制水淹厚度图。此次研究中，简化了影响层内水淹厚度增长的因素，在实际生产中层内水淹厚度的增长是多种因素共同作用的结果，基于此次研究时间的紧迫性，在随后的研究中考虑其他因素对层内水淹厚度增长的影响，对影响层内垂向上剩余油分布规律的因素进行敏感性分析与综合评价。这种方法首次利用水淹厚度等值线图对层内剩余油进行定量描述。

1. 关于井网不断变化

针对蓬莱19-3油田废弃井多、井网不断变化、网格块难以划分问题，以现有生产井为中心划分网格块，将网格块内废弃井打包处理；针对同一井组同一注水阶段不同油井注水生产时间不同问题，引入时间校正因子T；针对部分油井处于网格块分界线上问题，引入劈分因子λ，λ为1或0.5。

以蓬莱19-3油田A16井组为例，该井组2003年8月投注，目前在线油井9口，历史投产油井37口，第一口油井投产时间为2003年1月，最后一口油井投产时间为2011年6月。用以上原则对该井组划分10个网格块，每个网格块内油井数量为1～5口，落在网格线上两口油井A06ST02在A06ST03、A18ST03网格块的劈分因子λ为0.5（图2-5-2）。

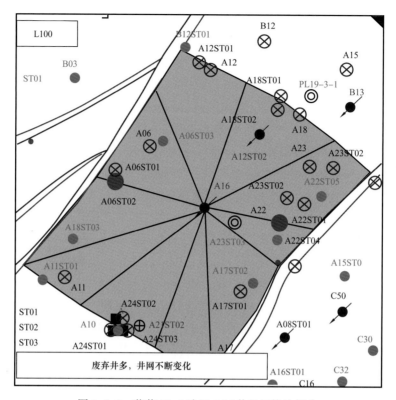

图 2-5-2　蓬莱 19-3 油田 A16 井组网格块划分

注入水纵向劈分时首先按水井吸水剖面测试时间进行阶段划分，然后利用该阶段吸水剖面进行纵向注水段吸水量劈分，再综合同一注水段内不同小层与周边油井连通生产渗透率 K、射孔厚度 H、油井生产时间校正因子 T 三个参数作为段内小层注入水劈分。考虑油井时间校正因子 T 后令井组注入水纵向劈分更加精细化。

2. 关于平面产液结构不均衡

由于储层平面非均质性强、不同完井方式产液差异大等的影响，蓬莱 19-3 油田平面产液结构差异大，利用油井 KH 进行注入水平面劈分误差较大。针对蓬莱 19-3 油田平面产液结构差异大特点，采用不同方向产液量作为劈分因子代替 KH 进行注入水平面劈分（图 2-5-3），令注入水平面劈分更加准确。

注入水平面劈分分为两步：第一步，劈分油井产液量作为注入水平面劈分系数，油井产液劈分过程中首先按照油井产液剖面进行段间产液劈分，然后综合考虑不同小层渗透率 K、与注水井射孔连通厚度 H、注水井注水时间校正因子 T 三个参数作为段内小层产液量劈分；第二步，根据小层不同方向产液量进行注入水平面劈分。

3. 改进的油藏工程法剩余油定量描述

考虑时间校正因子 T，利用油井产液量对注入进行纵向和平面劈分后，进行网格块吸水量、孔隙体积、波及体积、注水倍数计算，计算出网格块注水倍数后与油田岩心实验

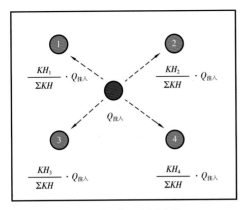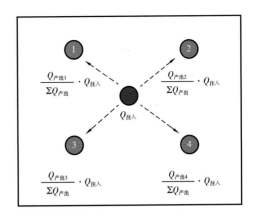

(a) 常规注入水平面劈分方法　　　　　(b) 产液比例进行注入水平面劈分

图 2-5-3　注入水平面劈分方法

水驱油"含水率—注入倍数"关系曲线进行拟合，从而得出每个采油井点含水率，以渗流理论和计算结果为基础绘制小层含水等值线图。利用相对渗透率曲线计算各小层采出程度，从而将剩余油纵向、平面定量化。通过网格块储量加权平均，计算小层平均含水率，结合含水率公式计算目前小层含水饱和度，从而计算小层含油饱和度、采出程度和剩余储量分布。

改进的油藏工程法小层含水等值线图指导蓬莱 19-3 油田调整井井位部署，矿场应用结果表明：该方法剩余油研究结果精度较高，如 A13ST01 井，部署井位时在强水淹层位 L54/L82 往边部甩靶点（图 2-5-4），油井初期含水率低（56%），初期产油量高（95m³/d）。

图 2-5-4　蓬莱 19-3 油田 A13ST1 井位部署

二、复杂河流相薄互层状油藏剩余油分布规律研究

1. 油层水淹规律分析

在储层精细刻画的基础上，结合复杂河流相薄互层状油藏剩余油定量描述方法研究成果，对 1/3/8/9 区水淹规律进行了再认识，完成了 32 张小层水淹平面分布图。

1/3区开发历史较长，水淹规律具有一定的相似性。平面上，油水井间主流线区域与老井附近水淹严重，注水井与断层之间水驱波及相对较弱；纵向上，1/3区储层多为正韵律、均质韵律和复合韵律，受重力作用影响，底部水淹严重，中上部剩余油富集；Ⅰ类层水淹较强，强水淹厚度比例为24.6%～27.0%，Ⅱ、Ⅲ类储层水驱动用程度低、注采连通差、吸水量小，水淹相对较弱。

8/9区整体采出程度比较低，近两年在8区主体实施的调整井D42ST2、D48ST2只在L50小层水淹，砂体底部呈弱—中水淹，砂层顶未水淹，其他层位未水淹。

2. 剩余油分布规律

1）1区剩余油研究

根据近3年新井实钻水淹情况、油藏数值模拟研究结果，目前1区剩余油分布规律与ODP阶段相比总体变化不大。但受基础方案实际生产压差较大、原有注水井未按ODP要求开展分层调配影响，实际采出程度有所提高，剩余油有所减少。

（1）平面剩余油分布规律。剩余油主要分布在井网不完善区域、油井井间位置、辫状河道以及心滩坝的油层厚度大区域、油水井与断层间无泄流区、平台间无井控或井控大的区域、构造复杂区，其中局部断层区域受强注强采影响，水淹有所加强。

（2）纵向剩余油分布规律。纵向上各层系剩余油差别较大，明下段流度低、井控储量大，采出程度4.6%；馆上段采出程度为27.2%；馆下段井控储量最小，采出程度最高为31.8%。各类储层采出程度差异明显，Ⅰ类储层采出程度最高，为35.0%；Ⅱ类储层采出程度低于Ⅰ类储层，为15.5%；Ⅲ类储层受储层平面展布、注采对应关系等影响采收率最低，仅为4.1%。

2015—2020年实际累计产油量相对于ODP方案增加$127×10^4t$，实际采出程度提高1.1%，主力层采出程度较ODP提高2.8%，水淹程度强于ODP预测，但因其厚度较大、注采连通性好，仍具有相对较大的储量规模和较高采收率，主力层仍是纵向上剩余油最富集层位，是综合调整重点挖潜对象。

（3）层内剩余油分布规律。蓬莱19-3油田1区储层以正韵律、均质韵律和复合韵律为主，主力储层水淹的部位主要以底部水淹为主，导致油层中上部剩余油较富集。

2）3区剩余油研究

蓬莱19-3油田3区开发时间也相对较长，与1区类似平面上和纵向上的剩余油的也存在一定的差异。

（1）平面剩余油分布规律。3区主体平面上，断层附近水驱动用差，是剩余油相对富集区。综合油藏工程法、数值模拟法、水淹特征分析法研究成果，得出主体区剩余油主要分布在断层附近以及井网不完善区域，这也是平面上剩余油下步挖潜的重点。

（2）纵向剩余油分布规律。3区调整井表明水淹层主要集中在Ⅰ、Ⅱ类层，并且层内主要呈现底部水淹特征，局部区域呈现顶部及中间水淹规律。Ⅰ类主力层L50、L62、L72、L82采出程度（25%～30%）高于Ⅱ、Ⅲ类层（<18%），但是从各层剩余储量分布来看，主力层仍是剩余油富集的层位。

（3）层内剩余油分布规律。3区储层沉积主要以正韵律、均质韵律和复合韵律为主，主力储层发生水淹的部位主要以底部水淹为主，导致油层上部剩余油较富集，可以利用水平井挖潜。

3）8/9区剩余油研究

8/9区开发时间短、开发井数少，整体采出程度比较低，根据本次8/9区油藏数值模拟模型研究结果，目前8/9区剩余油总体分布规律与ODP阶段相比变化不大。

（1）平面剩余油分布规律：8/9区整体采出程度低，剩余油主要分布在构造高部位、井网不完善、井控程度低和断层附近。

（2）纵向剩余油分布规律：8/9区整体采出程度低，以8区主体为例，8区主体采出程度5.8%，纵向上只有L50小层采出程度比较高，达到10.2%，其余层位采出程度低，仅2.1%～6.3%。

综合油藏工程法、数值模拟法、水淹特征分析法三种方法对1/3/8/9区进行剩余油分布规律研究。平面上：明下段基本未动用，馆上段平台间、井网不完善区域、靠近断层区域及油井间剩余油富集；纵向上：主力层采出程度高，但因厚度大、注采连通性好，具有较大的储量规模和较高的采收率，主力层仍是纵向上剩余油最富集层位；层内：储层多为正韵律和复合韵律，注入水沿油层底部突进，油层中上部剩余油较富集。

针对蓬莱19-3油田1/3/8/9区剩余油分布规律，确定本次的挖潜策略：（1）明下段目前基本未动用，根据地震砂描及储层精细刻画结果，在储层、流体落实区域进行单砂体水平井先导试验开发；（2）由于大段合采合注层间矛盾突出，导致纵向剩余油差异较大，整体采用细分开发层系降低层间干扰，系统改善油田开发效果；（3）井网不完善区域、断层附近、油井间剩余油富集区，部署新井提高储量动用程度，挖潜平面剩余油；（4）主力油层内，单砂体厚度较大，未水淹厚度大于8m，剩余油储量丰度较高，局部考虑利用水平井精细挖潜剩余油。

三、蓬莱19-3油田目标区综合调整方案研究

1.地质油藏特征

1）构造特征

蓬莱19-3油田构造为一个在基底隆起背景上发育起来的，处于郯庐断裂带上，受两组近南北向走滑断层控制的断裂背斜。近北东走向的派生正断层使蓬莱19-3构造的形态进一步复杂化，走滑断层及正断层将整个构造由北至南切割成16个断块。

1区位于蓬莱19-3油田中心部位，主要发育走滑断层与正断层两种类型断层。两组近南北向的走滑断裂带为蓬莱19-3油田的主控断层，其中西组走滑断裂带又派生出一个次一级的分支，走向北北东，形成了一个楔形构造区。走滑断层呈亚平行状发育。气云带内正断层多为走滑断层的派生断层，呈北东走向或近东西向发育。1区被断层分割成5个断块，即1区北、1区南、1区南C45井断块、1区南C31井断块和1区南C51

井断块。

3 区、8 区、9 区位于西侧走滑断层的西侧，断裂背斜的翼部，与南北向走滑断层伴生的北东走向的走滑分支断层及近东西向的正断层将研究区进一步细分为 9 个次级断块，即 3 区北 M01 井断块北块（简称 3NN）、3 区北 M01 井断块（简称 3N）、3 区主体（简称 3M）、3 区中 D24ST1 井断块（简称 3C）、3 区南 D32ST1 井断块（简称 3S）、3 区南 D29 井断块（简称 3SS），8 区北 E01 井断块（简称 8N）、8 区主体（简称 8M）和 9 区。从构造上来说，研究区属于四周被断层封隔、向西倾没的断块圈闭，各圈闭均具有继承性。

2）储层特征

1/3/8/9 区主要含油层系为新近系明化镇组下段和馆陶组。储层岩性为河流相沉积的陆源碎屑岩，含油层段地层厚度 200～630m。上部以泥岩为主，夹薄层砂岩；中下部为砂泥岩互层，砂岩百分含量 9.5%～23.1%，平均 17.7%。馆陶组地层厚度 440～630m，岩性以含砾中细砂岩、中细砂岩为主夹薄层泥岩，砂岩含量 16.7%～33.2%，平均 29.3%。

根据岩心、壁心资料、粒度、岩石薄片以及扫描电镜资料分析，蓬莱 19-3 油田储层主要岩性为细、中细、含砾中粗砂岩，岩石学定名为岩屑长石砂岩和长石砂岩。储层骨架颗粒呈次棱—次圆状，分选差—极差。由于埋藏浅，砂岩固结程度弱，原生孔隙类型主要为粒间孔隙。储层胶结程度差，填隙物以泥质为主。X 射线衍射分析结果表明，黏土矿物为高岭石、伊利石、蒙脱石、伊蒙混层和绿泥石。

蓬莱 19-3 油田明化镇组和馆陶组储层埋藏浅，储层具有高、特高孔隙度—中、高到特高渗透率的特征。

3）油藏特征

蓬莱 19-3 油田地层压力系数 1.0，压力梯度为 0.97MPa/100m，地层温度梯度为 2.8℃/100m，属正常压力和温度系统。

1 区油藏埋深 -1490～-836m。明化镇组下段和馆陶组油气沿砂体呈层状分布，不同断块、同一断块不同油组多属于不同压力系统，油层分布主要受构造和砂体控制，油藏类型主要为构造油藏和岩性—构造油藏。3/8/9 区油藏埋深 -1700～-900m。明化镇组和馆陶组油气沿砂体呈层状分布，不同断块、同一断块不同油组多属于不同压力系统，具有不同的油水界面，油层分布主要受构造和砂体控制，油藏类型主要为构造油藏和岩性—构造油藏。

4）油藏特征

1 区共划分了探明油单元 52 个，探明石油地质储量 15753.75×10⁴m³。平面上，1 区探明石油地质储量主要分布在 1 区北和 1 区南。其中 1 区北为 6065.21×10⁴m³，占总探明石油地质储量的 38.5%；1 区南为 8392.23×10⁴m³，占总探明石油地质储量的 53.3%，合计占总探明石油地质储量的 91.8%。纵向上，1 区各个油组的储量也存在较大差别。其中馆陶组储量占三级石油地质储量的 79%，主要分布在 L50、L80、L100 等油组；明化镇组储量占三级石油地质储量的21%，主要分布在L30、L40油组。探明石油地质储量中，馆陶组储量占总探明石油地质储量的83.1%，是本次调整方案动用的重点。

3/8/9区共划分探明油单元68个，探明原油地质储量9916.73×10⁴m³。平面上，探明原油地质储量分布在3个区的8个断块中，其中3区探明原油地质储量5735.11×10⁴m³，占总探明原油地质储量的58%；8区探明原油地质储量3275.65×10⁴m³，占总探明原油地质储量的33%；9区探明原油地质储量905.97×10⁴m³，占总探明原油地质储量的9%。纵向上，探明原油地质储量主要分布在馆陶组上段，共5697.14×10⁴m³，占总探明地质储量的57%；其次分布在明化镇组下段，共2752.81×10⁴m³，占28%；馆陶组下段探明原油地质储量1466.78×10⁴m³，占15%。研究区范围内各区块储量分布大体呈相同的趋势。

2.综合调整方案地质油藏方案

1）开发调整对象及原则

蓬莱19-3油田1区目前主要开发馆陶组，明下段基本未动用，本次综合调整方案以调整馆陶组为主，另外，本次综合调整对明下段储层叠合关系较好、具有一定展布范围的区域和储量落实、砂体展布认识清楚、具有一定规模单砂体进行动用开发。3/8/9区本次调整的对象为3区主体明化M08井区附近L20/L30/L40油组、3区主体馆陶、8区和9区。

本次开发调整原则为：整体部署，分步实施；平面按区块编制调整方案；平面上，完善注采井网，提高井控程度；纵向上，细分开发层系，提高油田开发效果。

2）开发层系与井型井网

（1）开发层系划分。

综合调整开发层系划分原则包括以下三点：

物性、流体性质相近的油组划分为一套层系开发，流度相近的油层尽量组成一套开发层系；

层系间具有稳定的隔层，一套开发层系跨度尽量较小，减少层间干扰现象；

每套层系要求具有一定的储量规模，确保油井产量达到初产和累计产量要求，满足海上油田开发经济可行性。

（2）开发井型。

根据纵向储层分布特点，结合油藏流体性质，综合确定开发井型。

1区明下段第一套开发层系属于曲流河沉积，砂体横向迁移快，叠合关系较差，因此针对储层叠合关系较好（$h>25m$）、具有一定展布范围的区域，使用定向井开发；针对储量落实、砂体展布认识清楚、井控储量大于50×10⁴m³、砂体厚度大于8m的单砂体使用水平井开发。馆陶组第二、三套开发层系纵向含油层数多，确定开发井型以定向井为主，考虑局部井区发育单层厚度大于10m、水淹程度低、剩余油富集区域利用水平井开发。

3 区第一套开发层系 L10—L40 储层发育不均、砂体连续性差、地层原油黏度高，根据储层发育部署大斜度井试采，第二套开发层系 L50—L100 油组具有含油井段长，油层个数多，单层厚度薄，油层厚度大的特点，开发井型以定向井为主，考虑 L50U 油组局部存在弱、中水淹区厚度大于 10m 的厚油层，利用水平井进一步局部细分层系开发，提高整体初期产能和采出程度。

8 区主体区叠合程度较好，单油层厚度薄，井型以定向井为主，L50U 油组油层厚度大、物性好、流度高，主体高部位局部井型以水平井为主进行局部分层系开发，减小层间干扰，并提高初期产能。由于 8 区各主力油组过渡带较大，过渡带储量 $766 \times 10^4 m^3$，提高过渡带储量动用程度，距外含油边界小于 150m 避射，纵向避射水淹层。

9 区油藏高部位叠合程度好，叠合面积小，油层厚度薄，开发井型以定向井为主。

（3）开发井网。

根据每个开发单元的构造、地质特点，平面分断块、纵向分层系进行井网部署。

1 区明下段第一套层系根据单砂体发育特点和储层叠合关系及形态，部署不规则注采井网开发，开发井距 200～300m；馆陶组第二、三套开发层系考虑构造位置、断层位置、油层有效厚度分布状况，根据油藏几何形态，按照排状注水井网部署开发井位，再进一步优化注采井网及开发井位，开发井距 250～350m。

3 区主体考虑断层位置、油层有效厚度分布状况，根据油藏几何形态，馆陶组由不规则井网调整为以排状注采井网为主，局部面积井网。馆陶组定向井开发层系井距 200～300m。

8 区主体以纯油区边界为布井控制线，根据断层走向和油水界面，油井尽量在构造高部位展布，考虑各油组水体能量及过渡带储量动用情况，采用面积注采井网，由于 L40—L50 油组纯油区宽度范围在 420～700m，L60 油组宽度达到 900m，各油组边部叠合程度较差，因此油藏高部位井距 300m 左右，边部井距加大至 350～400m。

9 区各油组叠合面积小，根据油藏几何形态和断层分布，采用不规则注采井网，井距 350～400m。

3）流体性质

（1）原油性质。

蓬莱 19-3 油田 1/3/8/9 区地面原油具有密度大、黏度高、胶质含量高、凝点低、含蜡量低以及含硫量低等特点。

高压物性分析结果表明，蓬莱 19-3 油田 1/3/8/9 区地层原油具有饱和压力高、地饱压差较小、溶解气油比低等特点。

（2）天然气性质。

蓬莱 19-3 油田 1/3/8/9 区块内天然气甲烷含量较高，C_5 以上重烃液体含量较低，基本属于干气。

（3）地层水性质。

蓬莱 19-3 油田 1/3/8/9 区地层水总矿化度低于 9000mg/L，氯离子含量低于 5000mg/L，水型为碳酸氢钠型。

4）调整井配产和配注

（1）生产井产能评价。

蓬莱 19-3 油田 1 区北明下段定向井米采油指数为 0.53m³/（MPa·d·m）；1 区南明下段定向井米采油指数为 0.41m³/（MPa·d·m）。水平井产能按照定向井 3 倍进行预测，1 区北明下段水平井米采油指数为 1.23m³/（MPa·d·m），1 区南明下段水平井米采油指数为 1.59m³/（MPa·d·m）。

蓬莱 19-3 油田 1 区层系 1 油井生产 L30—L40 油组，定向井产能在 50～59m³/d 之间，平均 55m³/d；水平井产能在 44～70m³/d 之间，平均 58m³/d。蓬莱 19-3 油田 1 区馆上段分采的油井，投产初期米采油指数平均为 0.82m³/（MPa·d·m），预测初期含水 14%～75%，平均为 50%，无因次米采油指数平均为 0.70。蓬莱 19-3 油田 1 区层系 2、层系 3 水平井参考现有馆陶组水平井投产初期米采油指数，为 3.5m³/（MPa·d·m）。上馆陶组油井生产 L50—L70 油组，定向井产能 79～127m³/d 之间，平均 102m³/d，上下馆陶合采井平均为 134m³/d；层系 2、层系 3 水平生产井产能在 72～82m³/d 之间，平均 75m³/d。

3 区主体为本次调整的目标区块，考虑主力油组 L50U 初期采用水平井单独开发，初期米采油指数降低为 0.90m³/（MPa·d·m），套管完井生产厚度为 23～60m，定向井产能在 40～165m³/d 之间，平均产能为 117m³/d，钻遇 L50U 油组的定向井将在开发中后期适时打开 L50U 油组生产；L50U 油组共设计了 4 口水平井，初期米采油指数为 3.5m³/（MPa·d·m），平均生产厚度为 17m，产能在 100～120m³/d 之间，平均产能为 110m³/d；明化镇下段设计 2 口试验开发的大斜度井，产能分别为 35m³/d 和 45m³/d。

8 区主体和北块均为目标调整区块，考虑主力油组 L50U 初期采用水平井单独开发，初期米采油指数降低为 0.77m³/（MPa·d·m），套管完井生产厚度为 21～38m，定向井产能在 35～110m³/d 之间，平均产能为 80m³/d；L50U 油组共设计了 5 口水平井，初期米采油指数为 2.5m³/（MPa·d·m），平均生产厚度为 16.0m，产能在 80～95m³/d 之间，平均产能为 92m³/d。

9 区在 D37ST01 井附近设计了 2 口定向井，米采油指数为 0.77m³/（MPa·d·m），产能分别为 70m³/d 和 125m³/d。

根据不同地层原油黏度条件下的无因次采油采液指数曲线，当油井含水率达到 95% 时，确定油井产液量上限。通过计算得到 1 区北明下段黏度为 263mPa·s，调整井产液量倍数为 10 倍；1 区北明下段黏度为 79mPa·s，调整井产液量倍数为 5 倍；1 区整体黏度平均为 20mPa·s，馆陶组调整井产液量倍数统一为 3.5 倍。3 区地层原油黏度为 22mPa·s，产液量倍数为 3.5 倍；8/9 区地层原油黏度为 105mPa·s，产液量倍数为 5.0 倍。

（2）注水井注水能力评价。

根据蓬莱 19-3 油田 1 区侧钻注水井投注初期吸水能力，米视吸水指数取值为 2.4m³/（d·MPa·m）。单井注水量 619～1220m³/d，平均为 984m³/d。3/8/9 区定向注水井米视吸水指数为 2.2m³/（d·MPa·m）；3 区主体块初期注水量在 500～756m³/d 之间，平均注水量 660m³/d；8 区主体块注水量在 607～919m³/d 之间，平均注水量 752m³/d；9 区注水井注水量为 850m³/d。

5）综合调整推荐方案

根据油藏类型、储量分布状况、流体性质及储层物性，将 1 区划分为三套开发层系：第一套开发层系为 L30—L40 油组，第二套开发层系为 L50—L70 油组，第三套开发层系为 L80—L120 油组。明下段储层叠合关系较好（$h>25$m），具有一定展布范围的区域，使用定向井开发；储量落实、砂体展布认识清楚、一定规模单砂体（储量大于 $80×10^4$m³、有效厚度大于 8m）使用水平井开发。馆陶组整体分为上下馆陶两套层系开发，针对局部储层发育平面差异、储层薄的区域和水淹程度高、剩余油少的区域，进行上下馆陶组兼顾开发；局部剩余油富集区利用水平井进一步挖潜剩余油。

1 区综合调整推荐方案拟新建一座井口平台（WHPV），新增 58 口开发井（油井 30 口、水井 28 口），1 区与 3/8/9 区联合开发，其中馆陶组 2 口油井由 G 平台实施，V 平台实施 56 口井。计划 2018 年 7 月 1 日投产，预测至 2042 年 12 月，累计产油 $4764.81×10^4$m³，动用储量采收率 33.8%。

蓬莱 19–3 油田 3 区主体明化镇组属于复杂断块稠油油藏，产能不落实，且断裂发育，水平井开发受储层厚度和分布影响，开发效果有待进一步评价。因此，明化 L20—L40 油组仅部署 2 口大斜度井试验开发，根据 2 口井生产情况，指导后续开发井位实施。3 区主体馆陶在 L50U 油组未—弱水淹厚度大于 10m 区域部署 6 口水平井（2 注 4 采），水平井附近井区 L50L—L100 油组定向井一套层系开发，未部署水平井区域 L50—L100 油组定向井一套层系开发，L50U 油组用滑套控制，初期关闭，视油井具体状况打开滑套合采。推荐方案共新增井数 23 口，其中油井 18 口（定向井 12 口、水平井 6 口），注水井 5 口（定向井 3 口、水平井 2 口）。

8 区 L50 小层碾平厚度 15m，平面连续性较好，探明地质储量占馆陶组的 45%，可单独一套层系开发，因此 8 区分两套层系开发：第一套开发层系为 L50 小层单独开发，第二套开发层系为除 L50 以外的 L20—L80 油组合采。推荐方案新增井数 31 口，其中油井 21 口（定向井 16 口、水平井 5 口），注水井 10 口（定向井 8 口、水平井 2 口）。

9 区推荐方案新增井数 3 口，其中定向油井 2 口、定向注水井 1 口。

3/8/9 区综合调整推荐方案拟新建一座井口平台（WHPG），新增井数 57 口，其中油井 41 口（定向井 32 口、水平井 9 口），注水井 16 口（定向井 12 口、水平井 4 口）。1 区与 3/8/9 区联合开发，计划 2018 年 12 月 6 日投产，预测至 2042 年 12 月，累计产油 $2397.8×10^4$m³，采收率 28.3%。

1/3/8/9 区综合调整推荐方案拟新建两座井口平台（WHPV、WHPG），新增开发井 115 口（油井 71 口、水井 44 口）。其中 1 区新增 58 口开发井（油井 30 口、水井 28 口），3/8/9 区新增 57 口开发井（油井 41 口、水井 16 口），1 区与 3/8/9 区联合开发，其中 1 区 2 口新增油井由 G 平台实施，V 平台实施 56 口井，G 平台实施 59 口井。V 平台计划 2018 年 7 月 1 日投产，G 平台计划 2018 年 12 月 6 日投产，累计产油 $7033.0×10^4$m³，采收率 30.9%。

蓬莱油田首次实现模式约束下的砂体结构精细刻画目标。形成了从基础储层研究到储层精细表征再到数值模拟研究和一体化研究成果应用的一个完整的技术体系。同时结合地质综合分析法、数值模拟法、油藏工程法等多种方法综合运用形成了复杂河流相薄互层状油藏剩余油分布规律定量描述技术，在此基础上编制完成了蓬莱 19-3 油田 1/3/8/9 区综合调整地质油藏方案，极大地改善了 1/3/8/9 区开发效果，提高了油田开发水平。

第三章　海上油田化学驱油技术

针对化学驱油技术面临重大难题和瓶颈技术，需要开展以下研究工作：化学驱后地下渗流规律更复杂，剩余油更零散，急需开展剩余油分布规律及微观非均相驱油机理研究（高慧梅等，2006；胡胜男，2013；王晓超等，2016；陈文林，2017）；针对海上油田井网、井距、层系调整难度大，以及疏松砂岩的完井方式，有效保持聚合物注入能力和产液能力是制约化学驱效果的关键难题；针对个别化学驱油田，含水率不断上升，需要研究化学驱后 EOR 技术（高淑玲等，2006；刘瑜莉等，2012；焦钰嘉等，2019）；改进和突破关键配套技术，为海上稠油高效开发理论与技术体系的构建、海上油气产量持续稳定发展战略目标的实现提供核心技术支撑与强有力的技术保障（郑俊德等，2006；刘合，2008；孙鹏等，2021）。

第一节　海上油田聚合物驱储层地质精细评价技术

一、聚合物驱储层参数定量解释和评价

海上油田经过聚合物驱后，储层孔隙结构更加复杂，非均质性增强，剩余油分布更加零散，测井曲线响应特征发生相应改变，有必要形成一套完整的聚合物驱储层参数测井处理解释方法，提高水淹层解释精度，为进一步提高采收率服务（刘江等，2013；姜瑞忠等，2016；钟玉龙等，2020）。

1. 聚合物对储层电性与物性的影响

绥中 36-1 油田主力层以中细砂岩、粉砂岩为主，孔隙类型以粒间孔为主，平均孔隙度为 31%，平均渗透率为 2000mD，属于疏松砂岩稠油油藏。以油田岩样和原油为基础，以 6071mg/L 的盐水为岩样饱和地层水，以 9568mg/L 的盐水为水驱溶液，以分子量为 1900×10^4 的聚合物干粉和 9568mg/L 的盐水配制的浓度为 2000mg/L 溶液作为聚合物驱替溶液，分别进行地层条件下油驱、水驱和聚合物驱模拟实验，考察电阻率在不同条件下的变化规律，为水淹层的合理解释奠定基础（图 3-1-1）。

岩样驱替实验结束后，重新对岩样进行预处理，测量孔隙度和渗透率，得到驱替前后岩样物性参数的变化（表 3-1-1）。在实验过程中，岩石孔道中溶于水的成分在洗盐过程中会随水的流动排出，使岩样的孔隙度增大，渗透性增强；注聚合物过程中，聚合物在岩石中多呈现为白色液体，在洗盐过程中总有一部分聚合物固结在岩石孔道表面，使得岩石孔隙性减小、渗透率降低。一般说来，岩石物性在整个驱替过程中的变化是岩石中溶于水的物质多少与聚合物两者综合作用的结果。

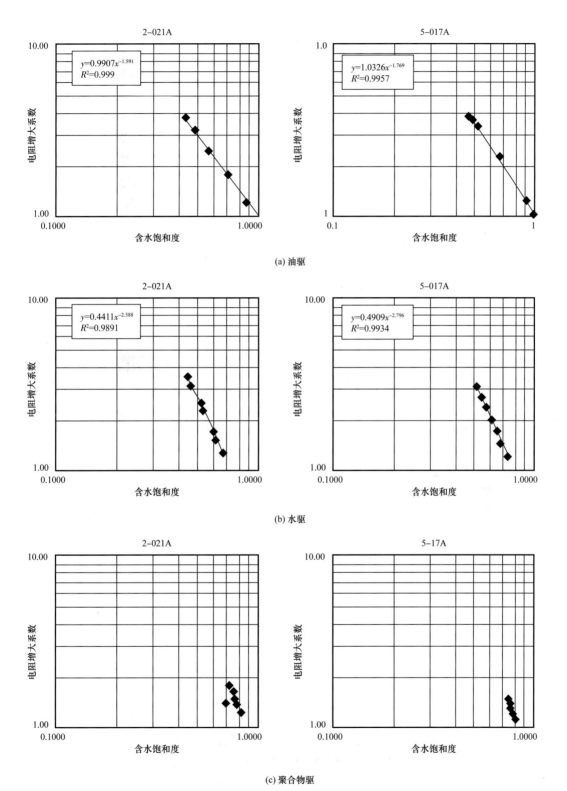

(a) 油驱

(b) 水驱

(c) 聚合物驱

图 3-1-1 不同驱替条件下岩样电阻率与盐水饱和度关系图

表 3-1-1　注聚前后岩心物性变化对比情况表

N12 井				M05 井			
样品号	状态	孔隙度 /%	渗透率 /mD	样品号	状态	孔隙度 /%	渗透率 /mD
2-021A	洗油后洗盐前	24.2	102.1	6-017A	洗油后洗盐前	25.7	187.7
	洗盐后实验前	26.6	158.9		洗盐后实验前	28.6	257.8
	聚合物驱后	25.0	37.7		聚合物驱后	26.7	86.2
3-009A	洗油后洗盐前	24.8	102.1	1-029A	洗油后洗盐前	22.4	8.4
	洗盐后实验前	25.9	158.9		洗盐后实验前	22.8	5.8
	聚合物驱后	25.6	37.7		聚合物驱后	18.7	3.9
5-006A	洗油后洗盐前	24.5	3.2	4-006A	洗油后洗盐前	23.2	24.7
	洗盐后实验前	24.8	2.4		洗盐后实验前	24.3	27.1
	聚合物驱后	24.5	2.6		聚合物驱后	24.6	17.1
3-037A	洗油后洗盐前	25.9	30.4	4-010A	洗油后洗盐前	22.7	17.0
	洗盐后实验前	27.4	35.5		洗盐后实验前	24.2	22.5
	聚合物驱后	27.0	20.3		聚合物驱后	23.3	10.5
6-009A	洗油后洗盐前	23.5	184.7	1-006A	洗油后洗盐前	23.5	16.4
	洗盐后实验前	24.0	142.5		洗盐后实验前	27.2	26.6
	聚合物驱后	22.3	80.0		聚合物驱后	24.4	20.5

2. 储层物性参数解释方法

1）泥质含量模型

（1）自然伽马 GR 法。

将自然伽马求得的泥质含量记为 V_{SH}：

$$V_{SH} = \frac{2.0^{(GCUR \times SH)} - 1.0}{2.0^{GCUR} - 1.0}$$ （3-1-1）

$$SH = \frac{SHLG - GMNi}{GMXi - GMNi}$$ （3-1-2）

式中　SHLG——由 SHFG 指定的任一种计算 SH 的曲线值，此处指 GR 曲线；

GMXi、GMNi——曲线的极大值、极小值；

GCUR——常数，古近系—新近系为 3.7，老地层为 2；

SH——泥质含量指数。

（2）自然电位 SP 或中子 NEU 法。

用 SP 曲线来计算时：

$$SHP = \frac{SP - SBL + SSP}{SSP}$$（3-1-3）

用 NEU 曲线来计算时：

$$SHP_l = \frac{NEU - SBL + SSP}{SSP}$$（3-1-4）

$$SHP = \frac{2^{GCUR \times SHP_l} - 1}{2^{GCUR} - 1}$$（3-1-5）

式中　SHP_l——中间参数；

　　　　NEU——中子测井值；

　　　　SBL——泥岩的 SP 或 NEU 值；

　　　　SHP——SP 或 NEU 计算的泥质含量；

　　　　SP——自然电位测井曲线值，mV；

　　　　SSP——静自然电位，mV。

2）孔隙度模型

在综合考虑密度曲线和中子曲线受泥质和油气的影响条件下，采用迭代法消除影响来计算泥质含量和孔隙度。按照体积模型计算公式如下：

$$\begin{cases} 1 = V_{ma} + V_{sh} + \phi_{xo} + \phi_{hr} \\ \rho_b = V_{ma}\rho_{ma} + V_{sh}\rho_{sh} + \phi_{xo}\rho_f + \phi_{hr}\rho_h \\ \varphi_N = V_{ma}\varphi_{Nma} + V_{sb}\varphi_{Nsh} + \phi_{xo}\varphi_{Nf} + \phi_{hr}\varphi_{Nh} \end{cases}$$（3-1-6）

式中　V_{ma}——岩石骨架的体积；

　　　　V_{sh}——泥岩的体积；

　　　　ϕ_{xo}——冲洗带的体积；

　　　　ϕ_{hr}——残余烃的体积；

　　　　ρ_b——密度测井读数，g/cm^3；

　　　　ρ_{ma}——岩石骨架的密度值，g/cm^3；

　　　　ρ_{sh}——泥岩的密度值，g/cm^3；

　　　　ρ_f——地层水的密度值，g/cm^3；

　　　　ρ_h——烃类的密度值，g/cm^3；

　　　　φ_N——中子测井读数；

　　　　φ_{Nma}——岩石骨架的中子值；

　　　　φ_{Nsh}——泥岩的中子值；

　　　　φ_{Nf}——地层水的中子值；

　　　　φ_{Nh}——烃类的中子值。

3）束缚水饱和度模型

用泥质含量和孔隙度两个参数建立经验公式，作为束缚水饱和度模型。

$$S_{wi} = e^{-0.065\phi + 0.025V_{SH} + 4.579}$$ （3-1-7）

式中　S_{wi}——束缚水饱和度，%；

　　　ϕ——孔隙度，%；

　　　V_{SH}——泥质含量，%。

4）渗透率模型

根据岩心数据，建立渗透率和束缚水饱和度的相关性，相关系数为 0.7583，如图 3-1-2 所示，获得渗透率模型：

$$K = 1.0 \times 10^8 / S_{wi}^{4.723}$$ （3-1-8）

式中　K——渗透率，mD。

5）含水饱和度模型

针对水淹层混合液电阻率未知情况下含水饱和度难以求取的问题，根据岩心数据建立混合液电阻率模型，联合阿尔奇公式求解，同时得到含水饱和度和混合液电阻率两个参数值，提高计算精度。

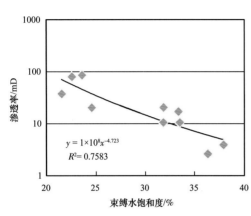

图 3-1-2　束缚水饱和度与渗透率交会图

（1）阿尔奇公式。

Archie（1942）根据大量实验提出了著名的阿尔奇公式，建立了岩石电阻率与饱和度之间的定量关系，对电法测井的应用有着划时代的意义：

$$F = \frac{R_0}{R_w} = \frac{a}{\phi^m}$$ （3-1-9）

$$I = \frac{R_t}{R_0} = \frac{b}{S_w^n}$$ （3-1-10）

式中　F——地层因素；

　　　R_0——100% 饱和水的电阻率，$\Omega \cdot m$；

　　　R_w——地层水电阻率，$\Omega \cdot m$；

　　　a，b，m，n——阿尔奇参数；

　　　ϕ——储层孔隙度；

　　　I——电阻增大率；

　　　R_t——岩石实际电阻率，$\Omega \cdot m$；

　　　S_w——储层含水饱和度。

由式（3-1-9）和式（3-1-10），可以得到储层含水饱和度的计算公式：

$$S_w = \sqrt[n]{\frac{aR_w}{\phi^m R_t}}$$

（3-1-11）

随着注入水与原始地层水不断混合，得到混合液电阻率的计算公式：

$$S_w = \sqrt[n]{\frac{aR_{wz}}{\phi^m R_t}}$$

（3-1-12）

式中　R_{wz}——混合液电阻率，$\Omega \cdot m$。

（2）混合液电阻率改进模型。

① 混合液电阻率改进模型。

通常采用并联电阻模型来建立 2 种不同矿化度溶液混合后的混合液电阻率关系式：

$$\frac{V}{R_z} = \frac{V_1}{R_{w1}} + \frac{V_2}{R_{w2}}$$

（3-1-13）

式中　R_{w1}，R_{w2}——不同矿化度溶液的电阻率，$\Omega \cdot m$；

　　　V_1，V_2——不同矿化度溶液的体积；

　　　R_z，V——混合后的电阻率和体积，$\Omega \cdot m$。

王敬农（1985）用实验室验证的方法证明了上述并联导电模型存在较大的误差，并对其进行了修改，提出了新的混合液电导率理论表达式，可表示为：

$$\frac{V}{R_z} = \frac{V_1}{R_{w1}} + \frac{V_2}{R_{w2}} + T\left(\frac{1}{R_{w2}} - \frac{1}{R_{w1}}\right)\frac{V_1 V_2}{V}$$

（3-1-14）

式中　T——经验值，可以近似为 0.2。

杨景强等（2010）由式（3-1-14）推导出不同注入水情况下混合液电阻率方程，当注入水为盐水时，方程式修正为：

$$\frac{1}{R_{wz}} = \frac{1}{R_{wp}} + (1-\alpha)\left(\frac{1}{R_{wi}} - \frac{1}{R_{wp}}\right)\frac{S_{wi}}{S_w} + \alpha\frac{S_{wi}^2}{S_w^2}\left(\frac{1}{R_{wi}} - \frac{1}{R_{wp}}\right)$$

（3-1-15）

式中　R_{wi}——未注水时的地层水电阻率，$\Omega \cdot m$；

　　　R_{wp}——咸水注入条件下的溶液电阻率，$\Omega \cdot m$；

　　　R_{wz}——注水后混合溶液电阻率，$\Omega \cdot m$；

　　　α——经验值，近似为 0.2；

　　　S_{wi}——束缚水饱和度；

　　　S_w——混合后溶液含水饱和度。

② 混合液电阻率模型验证。

根据式（3-1-12）的变形公式（3-1-16），求得岩心中实际混合液电阻率，与式（3-1-15）计算得到的混合液电阻率进行比较，两者误差较小，说明该模型具有一定的适用性（表3-1-2、表3-1-3）。

$$R_{wz} = S_w^n \phi^m R_t / \alpha \qquad (3-1-16)$$

式中　R_{wz}——注水后的混合溶液电阻率，$\Omega \cdot m$；

　　　　α——经验值，近似为0.2；

　　　　R_t——岩石实际电阻率，$\Omega \cdot m$；

　　　　S_w——混合后溶液含水饱和度；

　　　　ϕ——储层孔隙度。

表 3-1-2　混合液电阻率计算结果比较（岩心 4-010A）

a	b	m	n	$\phi/$ %	$S_w/$ %	$R_t/$ $\Omega \cdot m$	实际 $R_{wz}/$ $\Omega \cdot m$	本书 $R_{wz}/$ $\Omega \cdot m$	相对误差 / %
					68.4	7.16	0.436	0.427	2.064
					69.3	6.82	0.430	0.424	1.395
					71.5	6.22	0.426	0.419	1.643
0.62	0.72	1.84	2.63	24.2	73.3	5.86	0.429	0.415	3.263
					74.9	5.45	0.422	0.412	2.370
					78.5	5.04	0.442	0.406	8.145
					80.6	4.55	0.426	0.403	5.399

表 3-1-3　混合液电阻率计算结果比较（岩心 3-009A）

a	b	m	n	$\phi/$ %	$S_w/$ %	$R_t/$ $\Omega \cdot m$	实际 $R_{wz}/$ $\Omega \cdot m$	本书 $R_{wz}/$ $\Omega \cdot m$	相对误差 / %
					65.3	12.6	0.418	0.426	1.914
					66.4	12.5	0.436	0.423	2.982
					68.0	12.0	0.440	0.419	4.773
0.62	0.64	2.42	2.47	25.9	68.4	11.5	0.431	0.418	3.016
					72.8	9.9	0.430	0.409	4.884
					75.8	8.8	0.423	0.404	4.492
					79.6	8.0	0.432	0.398	7.870

③ 模型联立求取含水饱和度。

通过对阿尔奇公式（式 3-1-12）和混合液电阻率模型（式 3-1-15）联立方程组，解得：

$$S_{w} = \left[(\alpha-1)S_{wi}(R_{wp}-R_{wi}) + \sqrt{(1-\alpha)^2 S_{wi}^2(R_{wp}-R_{wi})^2 - 4R_{wi}\left[\alpha S_{wi}^2(R_{wp}-R_{wi}) - \frac{aR_{wp}R_{wi}}{\phi^2 R_t}\right]} \right] / 2R_{wi}$$

（3-1-17）

式中 R_{wi}——未注水时，地层水电阻率，根据水分析资料计算为 $0.45\Omega \cdot m$；

R_{wp}——混合溶液电阻率，根据水分析资料计算为 $0.32\Omega \cdot m$。

6）解释实例及评价

以岩心分析资料为基础，以试油试采资料为依据，结合测井曲线特征，综合储层岩性、物性、含油性及电性之间相互关系，得到有效厚度下限标准，作为油、气、水层识别和储层多井评价的基础（表 3-1-4）。

表 3-1-4 有效厚度下限标准

项目	物性	电性	
	孔隙度 /%	电阻率 /（Ω·m）	声波时差 /（μs/m）
油层	≥6	≥58	≥68
干层	≤7	5~25	≥60
差油层	5~8	25~27	62~100
水层	≥5	<20	≥85

二、聚合物驱储层非均质性动态变化规律

1. 储层物性特征

目标区储层物性发育情况总体呈现南部好于北部，孔隙度平均值约28.0%，最大值约37.5%，甚至高达40%；根据渗透率分级，各小层皆处于高—特高级，最高可达到10000mD。

2. 储层非均质性特征

储层的非均质性是影响油层物性变化的因素，也是直接影响油层改造、采收率高低和注水开发效果的重要因素之一。研究储层非均质性，为确定合理开发层系、选择注采系统、改善油田的开发效果，进行二、三次采油提供可靠的地质依据（梁亚宁等，2011；印树明等，2019）。

描述储层非均质程度的参数主要包括变异系数、突进系数、级差等，综合评价标准见表 3-1-5。

表 3-1-5　渗透率非均质性综合评价标准

参数非均质性	变异系数	突进系数	级差
Ⅰ类：均质	<0.5	<1.4	<2
Ⅱ类：中等非均质	0.5~0.7	1.4~2	2~6
Ⅲ类：强非均质	>0.7	>2	>6

储层宏观非均质性主要表现在层内非均质性、层间非均质性和平面非均质性三个方面。

1）层内非均质性

层内非均质性是砂体在单砂层内的垂向变化。整体上看，各主力油层均质程度良好，渗透率变异系数普遍小于 0.5，突进系数普遍不超过 2，级差多小于 6，仅在油田边部地区非均质程度相对较高。

2）层间非均质性

层间非均质性是指砂体在垂向上的关系，对注水开发油田，深入研究层间非均质性，可为开发层系调整、分层系开采工艺技术等重大战略提供可靠的依据。隔层以泥岩为主，分布范围较广、厚度较大，隔层分布相对稳定。

3）平面非均质性

受古地势影响，沉积物源经历了由西南向北东迁移的动态变化过程，早—中期西南物源充足，晚期以北部物源为主导，区域内主要发育分流河道、河口坝坝、分流间湾等沉积相类型。河道砂体沿西北—东南向展布，孔隙度和渗透率呈西高东低、北高南低的特点，相对高孔隙度高渗透率区呈带状或片状分布，主要受控于沉积相类型。其中，分流间湾砂体厚度小，孔隙度和渗透率较低；分流河道微相和河口坝砂体厚度较大，孔隙度、渗透率相对较高，高孔隙度高渗透率带大多重合，即高孔带多对应高渗带。

3. 聚合物驱前后非均质性动态变化

根据聚合物驱前后渗透率非均质系数对比，分析储层非均质性动态变化。

聚合物驱后，1 号油层 N06、N30、E16 井附近变异系数高值分别由 0.85 下降到 0.65、0.5、0.65；N06、N30、E16 井附近突进系数高值分别由 2.0、2.0、2.6 下降到 1.6、1.6、1.9；E16 井附近级差高值由 9 下降到 4；2 号油层 G05、E04 井附近变异系数由 0.84~1.02、0.78~1.26 下降到 0.6~0.9、0.55~0.8；E04 井附近突进系数由 14~21 下降到 11~17；E05 井附近级差由 24~30 下降到 22~28，各油层聚合物驱区域的非均质性系数降低，非均质性减弱（图 3-1-3）。

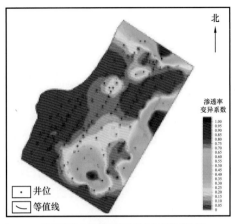

(a) 2号油层聚合物驱后渗透率变异系数对比图

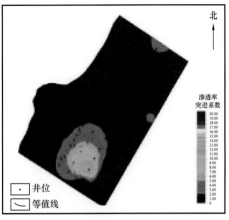

(b) 2号油层聚合物驱后渗透率突进系数对比图

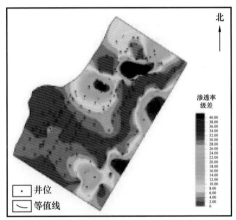

(c) 2号油层聚合物驱后渗透率级差对比图

图 3-1-3　2号油层聚合物驱后渗透率平面非均质性分布图

三、聚合物驱油藏精细建模技术

1. 井震联合地质特征

1）小层划分与对比

针对大型三角洲沉积特征，采用"三角洲模式指导、标准层控制、旋回对比、多级约束"的地层对比方法，对目的层段进行短期旋回特征对比，在纵向、横向多角度实现闭合对比，主要追踪大型河道砂体，依据不同位置地层等时发育性及河道分支特点，考虑岩性、相、相序不同、基准面升/降规律相同的原则进行地层单元划分对比。

2）井震结合构造解释

（1）精细构造解释。

利用三维可视化手段，将钻井资料细分的沉积时间单元与地震信息匹配，建立构造框架，获得井间地层发育情况，确定微幅构造部位，为后期分析优势驱油通道、剩余油分布提供可靠的三维构造框架（图3-1-4）。油田整体表现为单斜构造特征，平面上东低西高、北低南高，地层埋藏深度范围1236～1445m，构造幅度在200m，西南部局部范围内形成断背斜，圈闭幅度近50m（图3-1-5）。

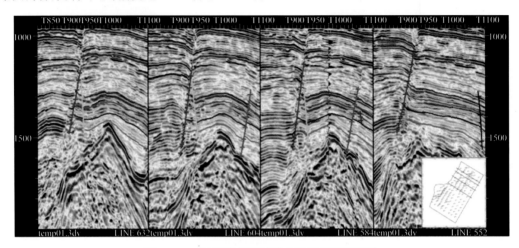

图3-1-4 油田西部断层联合地震剖面特征图

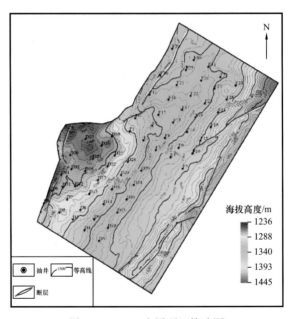

图3-1-5 1.1小层顶面构造图

（2）微幅构造特征。

现阶段微幅度构造识别技术研究，更加注重基础数据的准确把握，重点体现在使用高保真的地震资料、准确的层位解释成果，最终井震结合对识别出的微幅度构造进行辨识，提高微幅度构造识别精度。区内发育14处正向微幅构造总面积0.45km^2，幅度在2～6m之间，集中在研究区的西部、北部和东南部（表3-1-6）。除6—8号油层、12—13号油层外，正向微幅构造发育部位均与区内断层发育有关，是剩余油聚集有利部位。

表 3-1-6　微幅构造特征表

序号	名称	发育油层	面积 /km²	幅度 /m
1	weifu1	10～14	0.01	2
2	weifu2	1～7	0.07	6
3	weifu3	1～7	0.05	6
4	weifu4	1～7	0.04	4
5	weifu5	1～7	0.05	6
6	weifu6	10～14	0.02	2
7	weifu7	1～4	0.02	2
8	weifu8	1～4	0.03	2
9	weifu9	1～7	0.04	4
10	weifu10	1～4	0.03	4
11	weifu11	10～14	0.03	2
12	weifu12	10～14	0.02	2
13	weifu13	10～14	0.01	2
14	weifu14	1～4	0.03	4

3）井震结合储层描述

利用地震资料进行储层预测的方法主要有属性提取与反演两种方法，两者相结合可以达到储层的精确预测。针对河流—三角洲沉积相特征，应用 VVA 软件，从振幅、频率和相位等多个方面进行属性提取。研究区地震波速度在 3000m/s，资料主频在 40Hz，地震波振幅与砂岩质量（厚度大于 10m）有良好的对应关系。1 号、2 号油层砂体发育主要集中在研究区的西部（图 3-1-6）。

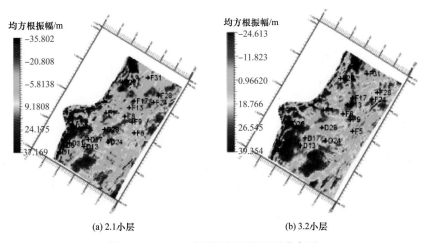

(a) 2.1小层　　　　　　　　　(b) 3.2小层

图 3-1-6　主力小层振幅属性平面分布图

地震反演计算方法兼顾井点信息和地震信息，对于刻画井间的储层特征变化具有很好的预测性，目的层段储层厚度以2m薄砂为主，属于"泥包砂"类型储层，基于这种地质条件，利用井震结合预测储层是可行的。

综合地震属性和反演预测结果，对目标油层进行了砂岩厚度及有效砂岩厚度的预测。其中，2.1小层北部和东南部储层发育情况较好；3.2小层西部、西南部片状发育，最大砂岩厚度可达15.4m，该层内有效砂岩发育较砂岩相比连续性变差，储层物性横向差异较大，最大有效砂岩发育在D08—D13井一侧，有效砂岩厚度为10m左右。

2.隔夹层发育特征

1）隔夹层类型划分

隔夹层将储集体分割成不同的流动单元，控制着内部流体的运动，是评价储层非均质性的重要指标。根据隔夹层岩性、物性和电性特征，隔夹层可划分为3类：泥质隔夹层、物性隔夹层及钙质隔夹层。

泥质隔夹层：岩性主要为泥岩、泥质粉砂岩、粉砂质泥岩等，泥质含量高。电性特征主要表现为自然伽马值呈中、高幅舌状凸起，明显高于邻层砂岩，自然电位有回返现象，深浅侧向电阻率降低，泥质隔夹层物性较差，渗透率一般小于10mD。

物性隔夹层：岩性以细砂、泥质粉砂岩为主，物性夹层具有一定的孔隙度和渗透性，但未达到测井解释有效厚度的物性下限，其电性特征主要表现为自然伽马和电阻率曲线上有一定回返现象，但回返程度较泥质隔夹层要小。

钙质隔夹层：岩性主要为钙质胶结的细砂岩、细—中砂岩，致密，基本无渗透性。其电性特征主要表现为异常高的深浅侧向电阻率，呈尖峰状，密度曲线变大。多零散分布且随机性强，研究区分布较少。

2）隔夹层展布特征

平面上，隔层厚度有较大变化，最大厚度约22m（图3-1-7）；夹层厚度分布比较单一，厚度基本在10m以下（图3-1-8）。垂向上，隔夹层相互叠置，间隔分布。

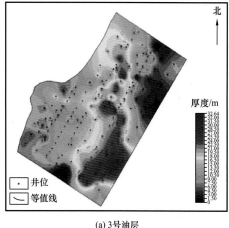

(a)3号油层

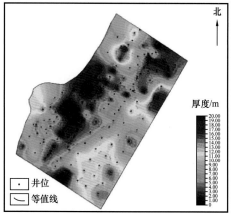

(b)4号油层

图3-1-7 隔层平面分布图

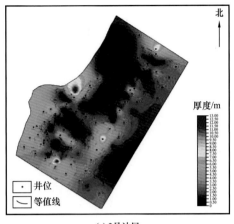 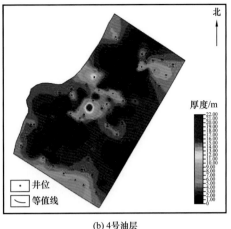

(a) 3号油层　　　　　　　　　　　(b) 4号油层

图 3-1-8　夹层平面分布图

3）井震结合沉积相刻画

（1）微相类型。

主要沉积相类型有分流河道、坝主体、坝缘、滩砂、坝砂、分流间湾等，其中分流河道和坝主体微相构成有利储层。分流河道的岩性以分选性较好的细砂岩、中砂岩为主，主要发育有波状、槽状和平行层理，河道砂岩厚度为3～5m。垂向发育下粗上细的正韵律及较均质韵律类型，测井响应一般表现为钟形或复合钟形。受河流和湖水双重作用影响，河口坝砂岩以中等—细砂岩为主，分选程度较好，主要发育槽状交错层理，砂体下细上粗，剖面上砂体呈"底平顶凸"形态，测井响应一般表现为漏斗状。

（2）河道的精细刻画。

为了对后续的储层建模提供精确的基础资料，对于砂体的连续性是沉积相图绘制的研究重点。3.1小层反演属性可以看出在研究区内整体砂体较发育，在D17井、D18井点分别发育有8m的砂体，虽然两口井点相邻，但从反演属性预测结果来看，D17井属于西北部物源，而D18井属于南部物源，两口井之间主体砂岩不连通；4.3小层D17井与D14井主体砂岩同样不连通。最终，通过对研究区内每口井的单井标定，辅以复合率较高的地震反演属性资料，充分利用反演预测砂体的条带状分布形态（图3-1-9）。

（3）沉积微相特征。

油田区域范围内共发育南、北两个三角洲体系，两条主流线发育程度差别大，导致砂体平面分布也有较大差异：南部三角洲继承性发育良好，主流线经历了先南移后北移的过程，砂体总体发育；北部三角洲发育较差，物源供给经历了衰退至恢复的过程，砂体连续性相对北部较差。

3. 井震联合三维地质建模

井震联合三维地质建模是综合运用地震、地质、测井及油藏测试资料，用少量观测点（井点），加强对井间未知储层预测，大大提高井间预测精度与可靠性。

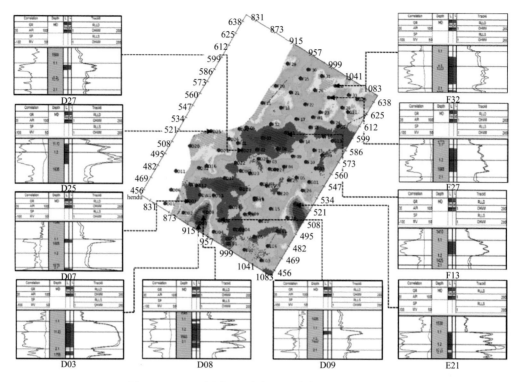

图 3-1-9　1.2 小层沉积微相平面分布图（井点标定）

1）井震联合构造建模

（1）断层模型。

在断层建模过程中，需要考虑两个问题：一是时间域地震解释结果与深度域构造的匹配，取决于两者之间的合理时间深度关系；二是地震解释和开发动态的相互验证，确定井断点与断层面的空间组合。首先，利用井震联合断层解释结果批量转换到断层模型中；然后，构造顶底界面切截断层，参照地震数据以及蚂蚁相干体微调断层形态，确保其与地震信息吻合，最终完成断层模型（图 3-1-10）。

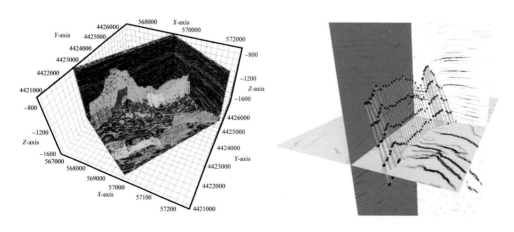

图 3-1-10　井震联合断层解释成果及蚂蚁体校验断层

（2）层面模型。

断层与层面之间匹配关系调整是构造建模过程中至关重要的环节。为进一步提高层面模型的纵向精度，采用小层级地震构造面趋势约束的方法，通过多次调整断层上下盘与构造层面的接触关系，从而完成层位模型的建立。

（3）模型网格设计。

不同网格选取，例如网格种类、大小以及方向等，会对后续数值模拟工作及地质模型精度产生不同程度的影响。研究区三维地震数据面元为10m×10m，开发井井网为350m排距175m井距，为了达到有效匹配，平面网格间距设置为10m×10m；纵向网格间距尺度主要依据各单元储层有效厚度，兼顾三维地震的纵向采样间隔（1ms），网格间距设为0.5m，模型纵向划分313个模拟单元。

2）沉积微相建模

采用地震学、沉积学、地质统计学相融合的方法，数字化各小层沉积微相刻画成果，采用确定性建模方法完成沉积微相模型（图3-1-11）。

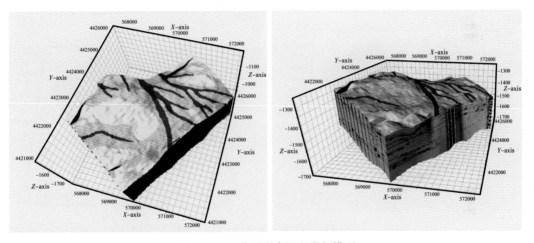

图3-1-11 井震联合沉积微相模型

3）基于井震双控属性建模

在井震联合构造模型基础上，提出了基于反演控的"软约束"和基于相控的"硬约束"，即双控条件下的孔隙度模型方法，采用序贯高斯模拟算法完成孔隙度模型。在此基础上，建立渗透率、含水饱和度以及净毛比模型。

（1）孔隙度模型。

一般而言，孔隙度与声波曲线具有较高的相关性，所以波阻抗反演数据是"软约束"建模的首选条件。分别统计在不同微相类型条件下，建立有效波阻抗反演数据与孔隙度的函数关系式，完成不同储层的有效孔隙的筛选，并利用反演层面作为趋势体，以此控制模型层走势，即实现"软约束"孔隙度模型；然后，分别统计河道、坝主体、坝缘、滩砂微相与单井孔隙度的关系，并调整不同小层的在不同岩相的函数分布，利用沉积微相平面变化趋势，"硬约束"孔隙度模型空间分布；最后，采用截断高斯及协序贯高斯模拟方法，实现基于双控条件下的孔隙度模型（图 3-1-12）。

（2）渗透率模型。

考虑渗透率与孔隙度之间的关系，为确保研究区孔隙度与渗透率具有较好的正相关特征，在渗透率模拟的过程中，以基于双控孔隙度模型作为第二变量协同模拟，采用截断高斯及协序贯高斯模拟方法，完成渗透率模型（图 3-1-12）。

（3）饱和度模型。

在孔隙度模型基础上，以井饱和度数据为主数据，以基于双控的孔隙度模型作为背景数据，采用截断高斯及协序贯高斯方法进行模拟，从而完成全区含水饱和度模型的建立（图 3-1-12）。

（4）净毛比模型。

基于地震反演成果，刻画砂体空间展布，建立储层三维岩性模型，并以该模型为约束背景，以井点净毛比数据为主数据，采用截断高斯及协序贯高斯模拟方法，完成研究区净毛比模型的建立（图 3-1-12）。

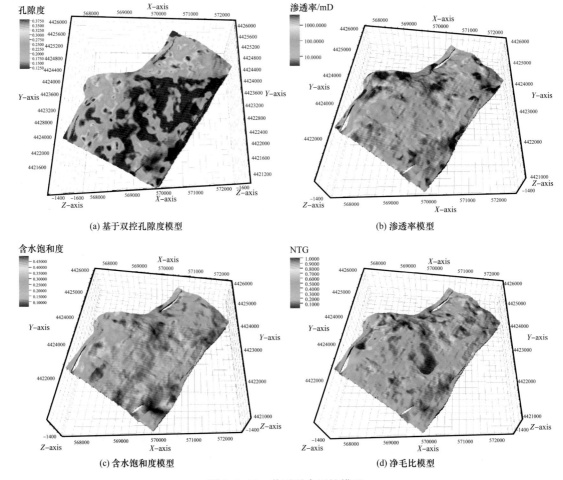

(a) 基于双控孔隙度模型

(b) 渗透率模型

(c) 含水饱和度模型

(d) 净毛比模型

图 3-1-12 井震联合属性模型

四、聚合物驱剩余油分布变化规律

1. 宏观剩余油分布特征

1）基于静态角度剩余油类型

井震结合深入认识构造特征，对认识剩余油富集规律具有重要指导意义；不同沉积特征造成储层在横向和纵向上非均质性严重，大量剩余油滞留在储层内；在较厚油层内部，受非均质性影响，水洗厚度及驱油效率不均从而形成剩余油。

（1）微幅度构造高点剩余型。

目标区内发育多个微幅度构造，高度在 4～6m 之间，不同油层之间具有一定继承性。5.1 小层在 D25 与 D21 井间存在构造幅度 5.68m 微幅构造，圈闭面积 0.07km²，该圈闭内预测含油饱和度为 81.21%（图 3-1-13）。

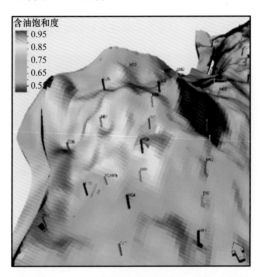

图 3-1-13 5.1 小层微幅度构造高点剩余油分布图

（2）断层边部遮挡型剩余油。

该类型剩余油多发育在断裂边部，通常断距较大的滞油区剩余油潜力空间大，是剩余油挖潜的重点。断层两侧把水井与油井封隔，以注水井 E05 为中心的注采井网被打破，剩余油富集区主要分布在 F8 断层附近，剩余油的控制面积为 0.39km²，其平均含油饱和度 68.34%，是下一步剩余油挖潜的重点（图 3-1-14）。

（3）薄差储层动用差型剩余油。

薄差储层动用差型剩余油多分布在储层物性较差的储层内，如坝缘、滩砂、分流间湾等微相相带内。此类储层虽然具备较为完善的注采系统，但受物性差影响，注采系统内水驱通道受阻，注水效果不明显，油井受效差。以 3.2 小层为例，N31 井区内发育连片状分布的坝缘沉积，平均有效厚度为 2.2m，平均渗透率为 13.31mD，尽管西侧 F22、F17、N31、F13 和东侧 F28、F24、F19、F15 等注采井网较合理，但动用程度差，在 N12、N32、F23、N11、F18 等井范围内形成明显的剩余油条带（图 3-1-15）。

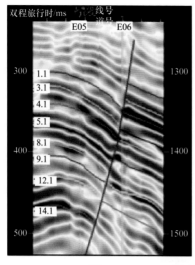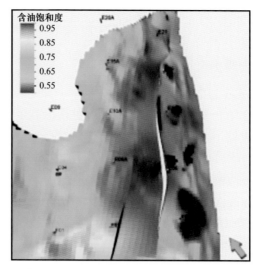

图 3-1-14　3.3 小层断层边部注采不完善剩余油分布图

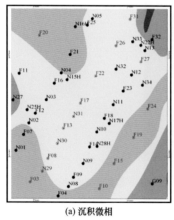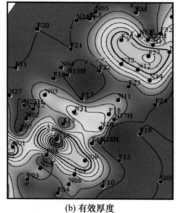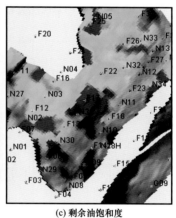

(a) 沉积微相　　　　　　　　(b) 有效厚度　　　　　　　　(c) 剩余油饱和度

图 3-1-15　3.2 小层薄差储层动用差型剩余油

（4）层间干扰型剩余油。

垂向上各小层储层物性差异明显，层间非均质性强，各小层吸水强度和吸水量出现明显差异，注入水在 1.1—3.3 小层、6.1 小层形成水流优势通道（图 3-1-16）。数值模拟预测结果显示受水流优势通道影响，1.2 小层驱油效果好，平均剩余油饱和度为 21.56%，其他小层驱油效果差，形成剩余油富集区，4.2、5.2 小层评价饱和度分别为 55.13% 和 77.95%。

（5）平面干扰型剩余油。

平面非均质性是控制油藏油水平面运动的主要因素，受控于构造、沉积及成岩所导致的储层结构及物性差异性，注入水往往优先波及储层结构简单、连通关系较好的高渗透性砂体；同时由于注入水长时间冲刷，平面物性差异进一步扩大，形成优势渗流通道，造成劣势部位更加难以受到注入水波及，从而滞留大量剩余油。注水井 D27 井南北两侧砂体结构及物性差异大，北侧 D30、D26 井区为分流河道和坝主体，渗透率为

1717.93mD，南侧 D23、D28 井区为坝缘薄层砂，渗透率为 90.88mD，随着开发不断深入，注入水沿北侧高渗透方向不断推进，形成优势通道并逐渐加强，在 D27 南侧井区形成平面干扰型剩余油（图 3-1-17）。

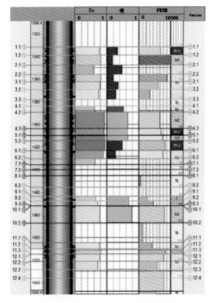
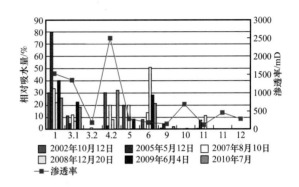

图 3-1-16 F17 井综合柱状图及吸水剖面

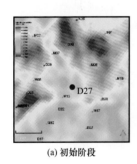
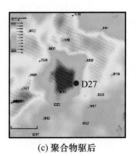
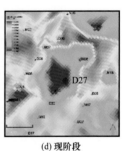

(a) 初始阶段　　　　(b) 水驱后　　　　(c) 聚合物驱后　　　　(d) 现阶段

图 3-1-17 1.1 小层各阶段剩余油饱和度平面分布图

2）基于动态角度剩余油类型

对于注水（聚合物）开发油藏来说，若砂体注采系统不够完善，不能得到很好动用，形成剩余油，主要有三种类型：注采不完善型剩余油、井网控制不住型剩余油和流场对称下滞留型剩余油。

（1）注采不完善型剩余油。

当油层砂体发育不稳定，或者砂体规模较小，现有井网控制程度低，导致注采井网不完善，造成有注无采或者有采无注，从而形成剩余油。以研究区 M01 井北部为例，M01 井在 2.1 小层砂体有注无采，即只有注水井而没有采油井，随着水（聚合物）进入油层累积时间增长，地层压力不断增大，导致地层压力增高而形成未动用油层区。聚合物驱前，2.1 小层聚合物驱区域平均含油饱和度在 0.65～0.9 之间，剩余油连片分布；受效后剩余油被驱向靠近油井一侧，待聚合物驱结束后，剩余油饱和度在0.5～0.7之间，剩余油零星分布（图3-1-18）。

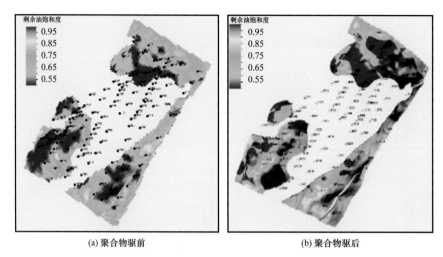

(a) 聚合物驱前　　　　　　　　　　　　(b) 聚合物驱后

图 3-1-18　2.1 小层剩余油饱和度分布

（2）井网控制不住型剩余油。

由于油层平面和层间存在物性差异，且注采井网不够完善，往往会造成一部分油层动用充分，而另一部分油层动用程度差或基本未动用，从而形成井网控制不住型剩余油。如 E、G 井组井距 350m，注采井距过大，储量控制程度低，驱替井效果状况差，在井网控制不住区带形成剩余油富集区（图3-1-19）。通过改善井网完善程度，并且进行井网加密调整，在一定程度上可以改善剩余油的分布状况，提高采收率。

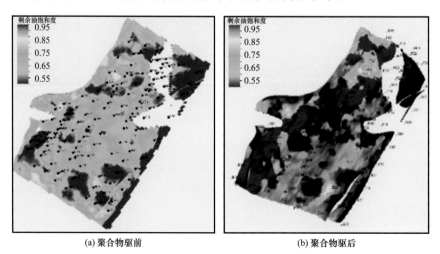

(a) 聚合物驱前　　　　　　　　　　　　(b) 聚合物驱后

图 3-1-19　6.1 小层剩余油饱和度分布（井距 320m）

（3）流场对称下滞留型剩余油。

油田注采系统以行列式为主，在井网相对完善密井区，受注采流场强弱差异影响，在弱流场范围内是该类型剩余油富集区，例如在油井井排形成的剩余油滞留区。

2. 剩余油分布规律分析

1) 剩余油纵向分布规律

受储层层间非均质性影响，纵向上各小层储量动用不均匀，剩余油饱和度基本与油层动用状况相一致，即渗透率高的储（油）层吸水强度大、生产能力强，但剩余储量较大。研究区原始地质储量 $8611.41×10^4$t，截至 2020 年 12 月综合采出程度 23.34%，其中 1、4、5 油层区采出程度分别为 25.74%、32.13%、25.09%（图 3-1-20）。为提高纵向上油层动用程度和驱油效率，可依据沉积韵律，结合吸水剖面测试，对强吸水层或强吸水部位实施分层开发调整，以改善油层纵向动用状况。

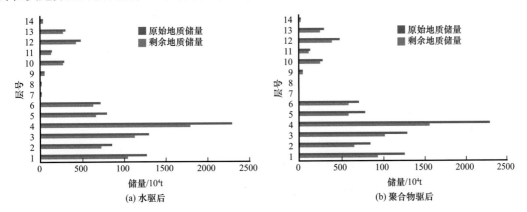

图 3-1-20　不同阶段剩余油储量分布

2) 剩余油平面分布规律

油层平面动用程度受到诸多因素影响，例如断层封闭性、砂体分布及其连通性、平面非均质性、井网控制程度、投产时间先后造成的地层压力不均匀分布等。分流河道、坝主体、坝缘微相地质储量较多，分别占总储量的 12.39%、57.31%、28.89%；分流河道、坝主体微相的采出程度高于全区平均采出程度，河道微相采出程度最高，达 33.20%。说明各微相剩余油分布受储层物性影响严重，需要有针对性地进行挖潜，河道微相物性特征好，剩余油挖潜潜力较高（图 3-1-21）。

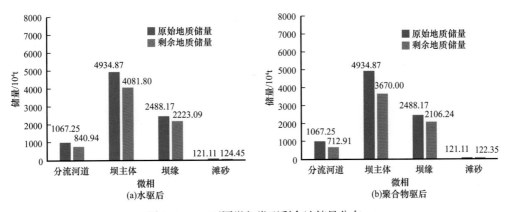

图 3-1-21　不同微相类型剩余油储量分布

3. 剩余油定量评价

剩余油常规评价方法多为定性识别，边界刻画模糊，难以实现定量化。利用灰色关联分析方法建立一套适用于剩余油量化分析的技术方法，以井组为计算单元，分析各区域不同类型剩余油主控因素，通过灰色关联计算方法得到各因素与剩余油分布关联度，确定井组剩余油类型，应用数值模拟定量计算各类型剩余储量（彭得兵等，2010；金利，2012）。针对各注采单元应用模糊数学评判法分析剩余油主控因素，为后续剩余油挖潜提供指导。

1）灰色关联法剩余油类型划分

（1）灰色关联分析原理。

灰色关联分析（GRA）方法主要用于计算系统与各影响因素之间的关联度，从而判断出关联度最为接近的主因子。主要机理是把变量因子数值转换为几何曲线，对比曲线形状，形状相似程度越高，关联程度就越大。其主要计算步骤如下：

① 确定分析数列。

在定性分析基础上，确定一个因变量因素和多个自变量因素，设因变量数据构成参考序列 X_0'，各自变量数据构成比较序列 X_i'（$i=1, 2, \cdots, m$），$m+1$ 个数据序列形成如下矩阵：

$$
\left(X_0', X_1', \cdots, X_m'\right) = \begin{bmatrix} x_0'(1) & x_1'(1) & \cdots & x_m'(1) \\ x_0'(2) & x_1'(2) & \cdots & x_m'(2) \\ \vdots & \vdots & & \vdots \\ x_0'(n) & x_1'(n) & \cdots & x_m'(n) \end{bmatrix}_{n\times(m+1)}
\tag{3-1-18}
$$

其中，$X_i' = \left[X_i'(1), X_i'(2), \cdots, X_i'(n) \right]^{\mathrm{T}}$，$i=0, 1, 2\cdots, m$；$n$ 为变量序列的长度。

② 影响因子的无量纲化。

一般情况下，原始变量序列具有不同的量纲或数量级，为了保证分析结果的可靠性，需要对变量序列进行无量纲化，无量纲化后各因素序列形成如下矩阵：

$$
\left(X_0, X_1, \cdots, X_m\right) = \begin{bmatrix} x_0(1) & x_1(1) & \cdots & x_m(1) \\ x_0(2) & x_1(2) & \cdots & x_m(2) \\ \vdots & \vdots & & \vdots \\ x_0(n) & x_1(n) & \cdots & x_m(n) \end{bmatrix}_{n\times(m+1)}
\tag{3-1-19}
$$

无量纲分析公式：

$$
X_i = \frac{x_i(k) - \min x_i(k)}{\max x_i(k) - \min x_i(k)}
\tag{3-1-20}
$$

其中，$i=1, 2, \cdots, m$；$k=1, 2, \cdots n$。

③ 两数列绝对差极值的求取。

计算式（3-1-22）中第一列（参考序列）与其余各列（比较序列）对应其的绝对差值，形成绝对差值矩阵：

$$\begin{bmatrix} \Delta_{01}(1) & \Delta_{02}(1) & \cdots & \Delta_{0m}(1) \\ \Delta_{01}(2) & \Delta_{02}(2) & \cdots & \Delta_{0m}(2) \\ \vdots & \vdots & & \vdots \\ \Delta_{01}(n) & \Delta_{02}(n) & \cdots & \Delta_{0m}(n) \end{bmatrix}_{n \times m}$$

（3-1-21）

绝对差值矩阵中最大数和最小数即为最大差和最小差：

$$\Delta_{0i}(k) = \left| x_0(k) - x_i(k) \right|$$
$$\max_{\substack{1 \leq i \leq m \\ 1 \leq k \leq n}} \{\Delta_{0i}(k)\} = \Delta(\max), \min_{\substack{1 \leq i \leq m \\ 1 \leq k \leq n}} \{\Delta_{0i}(k)\} = \Delta(\min)$$

（3-1-22）

计算关联系数：

$$\xi_{0i}(k) = \frac{\Delta(\min) + \rho \Delta(\max)}{\Delta_{0i}(k) + \rho \Delta(\max)}$$

（3-1-23）

对绝对差值阵中数据以式（3-1-24）作变换，得到关联系数矩阵式：

$$\begin{bmatrix} \xi_{01}(1) & \xi_{02}(1) & \cdots & \xi_{0m}(1) \\ \xi_{01}(2) & \xi_{02}(2) & \cdots & \xi_{0m}(2) \\ \vdots & \vdots & & \vdots \\ \xi_{01}(n) & \xi_{02}(n) & \cdots & \xi_{0m}(n) \end{bmatrix}$$

（3-1-24）

④ 关联度的求取。

通过公式计算，求取关联度序列，关联度越大，说明该因素影响剩余油分布的程度越大。

$$r_{0i} = \frac{1}{n} \sum_{k=1}^{n} \xi_{0i}(k)$$

（3-1-25）

比较序列与参考序列的关联度从大到小排序，关联度越大，说明比较序列与参考序列变化的态势越一致。

（2）灰色关联参数选取及计算。

根据剩余油类型分析各类型剩余油主控因素，拟定剩余油饱和度为因变量，微幅构造、断层、KH值、纵向渗透率级差、平面渗透率级差、生产影响因子、注采井网、优势渗流通道综合指数等为自变量。

① 静态指标。

静态指标包括定性静态指标和定量静态指标。其中定性指标主要有微幅构造、断层，通过数值模拟计算结果，分析各指标对剩余油分布的影响大小建立定量化影响分级。对于定量指标依据各自参数的计算方法进行逐井计算，如孔隙度、渗透率等指标都有各自计算方法，不再赘述。

a. 微幅构造。

按构造幅度分为 6m、4m 和 2m 的三类正向微幅构造，随着构造幅度的增大剩余可动油储量增大，挖潜潜力随之增大（表 3-1-7）。因此通过剩余含油饱和度关系建立微幅构造参考比较序列。

表 3-1-7　微构造幅度对剩余油潜力的影响

微幅构造幅度 /m	原始地质储量 /m³	剩余可动油储量 /m³	平均含油饱和度 /%	微幅构造参考比较序列
6	13058	2261	0.394	1
4	12059	1729	0.312	0.79
2	11057	1126	0.289	0.733

b. 断层。

按照区内断层遮挡与井网切割关系建立理论数模模型，定量描述距离断层 300m、200m、100m 单井控制面积内剩余可动油储量和采出程度。从数值模拟计算结果来看，随着井组与断层距离的增大剩余可动油储量增大，挖潜潜力随之增大（表 3-1-8）。因此通过剩余含油饱和度关系建立断层参考比较序列，需要注意的是，当井距离断层过大超过排距，断层对井组的影响减弱，定义此时比较序列为 0。

表 3-1-8　断层对剩余油潜力的影响

与断层距离 /m	原始地质储量 /m³	剩余可动油储量 /m³	平均含油饱和度 /%	断层参考比较序列
300	21980	21760	0.396	1.00
200	15280	11460	0.303	0.77
100	11057	4755	0.223	0.56

② 动态指标。

a. 生产影响因子。

动态上，生产井对自身及油藏中各井都有影响，为反映这一影响，提出生产影响因子的概念（EPN），影响因子能够充分反映储层联通关系及在储层条件下注采井网的完善程度。其计算方法为：对于给定的井点（X，Y），分别计算该点到所有生产井的距离，记为 L_i（单位：m），各生产井累计产油量记为 NP_i，$i=1$，2，$\cdots$，n（生产井数）。

定义：

$$EPN = \sum_{i=1}^{N} NP_i \times e^{-L/L_0} \qquad (3-1-26)$$

其中，L_0 为调节因子，用于调整距离、生产速度等的影响，在井距不大的情况下，一般选 175。

b. 井网参数。

研究区内目前井网分为两类，排距 350m 井距 175m 与排距 350m 井距 350m 的行列井网，因此在井网参数参与运算时采用油水井距离作为比较序列进行评价。

（3）灰色关联剩余油类型划分。

以 N03 井区中 1.1 小层为例，井组剩余油分布范围依据剩余油饱和度的范围选取，井组参数选取剩余油饱和度为因变量，微幅构造、断层、KH 值、纵向渗透率级差、平面渗透率级差、生产影响因子、注采井网、优势渗流通道综合指数等为自变量，开展灰色关联分析法计算确定剩余油类型，求取各项影响参数关联度（表 3-1-9）。N03 井组微幅构造对剩余油影响关联度最高为 0.637，为剩余油主控因素，因此定义 N03 井区 1.1 小层为微幅构造型剩余油（表 3-1-10）。通过上述算法开展各小层剩余油类型划分（图 3-1-26）。

表 3-1-9　N03 井区 1.1 小层剩余油类型评价参数表

网格	剩余油饱和度 / %	微幅构造	断层影响	KH / mD·m	纵向渗透率级差	平面渗透率级差	生产影响因子	注采井网 / m	优势通道综合指数
1	29.91	1.000	0.000	7.188	0.117	0.150	4.157	175	0.024
2	28.92	1.000	0.000	24.633	0.295	0.270	4.157	175	0.024
3	38.26	0.790	0.000	34.248	0.652	0.700	4.157	175	0.024
4	49.22	0.790	0.000	23.599	0.560	0.590	4.157	175	0.024

表 3-1-10　N03 井区 1.1 小层各因素与剩余油关联度分析表

层号	微幅构造	断层	KH / mD·m	纵向渗透率级差	平面渗透率级差	生产影响因子	注采井网	优势通道指数
1.1	0.637	0.409	0.589	0.505	0.528	0.453	0.433	0.534

2）不同类型剩余油定量计算

以灰色关联法计算为基础，应用数值模拟方法，计算各类型剩余油剩余储量，为下步剩余油挖潜提供数据依据及指导方向。区内井网控制不住型、平面干扰型及层间干扰型剩余油的储量大，分别为 $2029.92×10^4$t、$1025.75×10^4$t 及 $1179.88×10^4$t，分别占剩余储量的 30.75%、17.72% 及 19.89%，挖潜潜力较大；断层边部遮挡型、薄差储层型及滞留区型剩余油具有一定规模，剩余储量分别占研究区剩余储量的 11.03%，7.48% 及 6.60%。除此之外，还有一定数量的微幅度构造型和注采不完善型剩余油，分别占研究区剩余储量的 2.06% 和 4.47%（图 3-1-22）。

3）注采单元剩余油主控因素研究

由于技术条件限制，在剩余油挖潜过程中很难实现对各小层的定点挖潜，以目前分层注水开发层系定义注采单元为尺度，即Ⅰ上、Ⅰ下和Ⅱ油组，综合判定在各注采单元级别内剩余油主控因素，以实现不同类型剩余油的有效动用。在剩余油分布主控因素评价中，使用单因子过于简单，而且在评价过程中有很多不确定因素造成了"模糊"。因此引入数学模糊判别方法对剩余油主控因素进行判别，可以有效反映各因素对剩余油分布类型的影响，实现综合因素判别，进一步确定各注采单元剩余油主控因素。

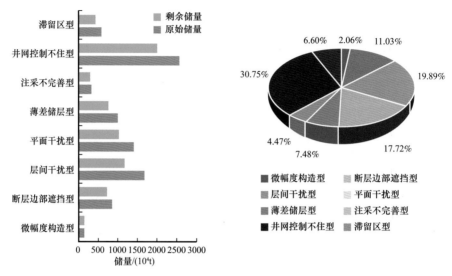

图 3-1-22　不同类型剩余油储量对比图

（1）模糊数学评判基本原理。

① 评判集及权重的确定。

a. 因素集的确定。

因素集是指要评价的注采单元内各小层构成的集合，建立注采剩余油主控因素模糊综合评判模型的因素集为：$U = \{u_1, u_2, \cdots, u_n\}$，各因素为各个区块的剩余油饱和度。

b. 评判集的确定。

以灰色关联计算各剩余油类型控制因素为基础，建立模糊综合评判模型的评判集为 $V = \{v_1, v_2, v_3, v_4, v_5, v_6, v_7, v_8\}$，评语 v_i（$i=1, 2, \cdots, 8$）依次为各层的微幅构造影响因子、断层影响因子、KH、纵向渗透率级差、平面渗透率级差、生产影响因子（井网）、注采井网、优势通道指数在各小层对应的灰色关联度。

c. 权重系数的确定。

权重的确定在数学模糊评判中十分重要，它反映了每项影响因素在综合评判中的重要程度。在综合评判中，$A = (a_i)$ 代表了权重的大小，a_i 越大，表明第 i 个因素越重要。本文通过各计算单元内各小层剩余油储量比确定权重的值。

② 隶属度的求取。

隶属度是事物模糊性的一种度量，有很多求取方法，如选用适当的模糊分布函数、模糊统计试验法、二元对比排序法、定性排序与定量转化法、函数分段法、模糊集合运算法以及专家评分法等。本次开展剩余油主控因素计算是基于前文灰色关联结果开展，因此将灰色关联所计算出来的关联度作为模糊关系矩阵中的元素 r_{ij}。

$$R=\begin{bmatrix} r_{11} & r_{12} & r_{13} & r_{14} & r_{15} & r_{16} & r_{17} & r_{18} \\ r_{21} & r_{22} & r_{23} & r_{24} & r_{25} & r_{26} & r_{27} & r_{28} \\ \vdots & \vdots & \vdots & \vdots & \vdots & \vdots & \vdots & \vdots \\ r_{n1} & r_{n2} & r_{n3} & r_{n4} & r_{n5} & r_{n6} & r_{n7} & r_{n8} \end{bmatrix}$$

（3-1-27）

式中 R——指标评判矩阵。

评价目标是在考虑所有影响因子对剩余油分布类型的条件下，模糊变换（矩阵乘积）$B_i = A_i \times R_i$ 计算 B_i，得最终的评判结果：$B = \{b_1,\ b_2,\ b_3,\ b_4,\ b_5,\ b_6,\ b_7,\ b_8\}$。

根据最大隶属度原则，$B = \{b_1,\ b_2,\ b_3,\ b_4,\ b_5,\ b_6,\ b_7,\ b_8\}$ 中，若 b_i 最大，则 v_i 为该区块剩余油分布类型的主控因素，其中 $i=1,\ 2,\ \cdots,\ 8$。

（2）各注采单元剩余油主控因素评判。

以 N03 井区 I 上油组为例，通过灰色关联计算所得各小层剩余油关联度为作为矩阵 R，根据各层剩余油储量的比值作为各层的权重系数，并通过公式 $B_i = A_i \times R_i$（矩阵乘积）进行模糊综合评判，得到最终评判结果：$B = [\ 0.656\ \ 0.482\ \ 0.453\ \ 0.621\ \ 0.631\ \ 0.380\ \ 0.594\ \ 0.650\ ]$，可判定微幅构造为 N03 井区 I 上注采单元剩余油分布主控因素（表 3-1-11）。

表 3-1-11 N03 井区灰色关联评判表

层号	权重	微幅构造	断层	KH	纵向渗透率级差	平面渗透率级差	生产影响因子	注采井网	优势通道指数
1.1	0.137	0.637	0.409	0.589	0.505	0.528	0.453	0.433	0.534
1.2	0.113	0.653	0.357	0.717	0.770	0.744	0.384	0.653	0.703
2.1	0.200	0.722	0.341	0.603	0.785	0.799	0.366	0.722	0.785
2.2	0.168	0.775	0.660	0.363	0.672	0.684	0.391	0.660	0.739
3.1	0.142	0.539	0.761	0.381	0.517	0.533	0.342	0.619	0.643
3.2	0.240	0.597	0.405	0.233	0.505	0.516	0.362	0.493	0.522

第二节　海上油田化学驱开发技术政策

本节主要介绍化学驱提高采收率油藏适用度、海上油田聚合物驱合理井网密度、海上油田聚合物合理用量及注采量优化方法、化学驱产液能力变化特征与规律及化学驱油田综合调整策略等相关研究成果。

一、化学驱提高采收率油藏适用度

运用数值模拟方法开展各化学驱技术方法的影响因素研究，回归得出提高采收率与油藏参数之间的定量关系式，结合经济提高采收率的计算公式（黄金山，2013），当提高采收率的值等于经济提高采收率时所对应的这个油藏参数的特定值就是所要求取的油藏参数界限值。通过这种方法可以得出不同化学驱技术开发方式下的适用温度界限、矿化度界限等油藏参数界限值。结合油藏条件界限确定出化学驱油藏参数分级界限。针对海上油田化学驱油藏筛选难题，考虑油价和经济参数，基于化学驱潜力预测模型，建立油价适用度模型，实现对化学驱油藏适用度评价。

1. 化学驱技术油藏参数分级界限

定义"经济提高采收率"为内部收益率等于约定期望收益率下，生产期内增量累积净现值为零时的所对应的提高采收率值。考虑海上化学驱的风险性，i_c 可取参考值 15%、20%、25% 等。当 i_c 取基准收益率 12% 时，得到的即为经济极限提高采收率。

经济提高采收率表达式为：

$$R_{oe} = \frac{nI_s + \sum_{i=1}^{t} \left(Q_{pi}P_p + Q_{si}P_s\right)\left(1+i_c\right)^{-i}}{N\sum_{i=1}^{t}\left[P_o r_o \alpha\left(1-R-R_s\right) - r_o C_m\right]\left(1+i_c\right)^{-i}} \tag{3-2-1}$$

式中　C_m——每立方米油增量生产费用，元；

$\quad\quad Q_{pi}$——年注聚合物量，t；

$\quad\quad P_p$——聚合物价格，元 /t；

$\quad\quad Q_{si}$——年注表面活性剂量，t；

$\quad\quad P_s$——表面活性剂价格，元 /t；

$\quad\quad R$——综合税率，%；

$\quad\quad R_s$——资源税税率，%；

$\quad\quad r_o$——年增油量占总增油量比例，%；

$\quad\quad i$——计算时间，年，i=1，2，…，t；

$\quad\quad i_c$——期望收益率，%；

$\quad\quad n$——区块注入井井数，口；

$\quad\quad I_s$——增量单井投资费用，元 / 口；

$\quad\quad P_o$——原油价格，元 /m^3；

$\quad\quad N$——地质储量，m^3；

$\quad\quad R_{oe}$——经济提高采收率；

$\quad\quad \alpha$——原油商品率，%。

基于不同内部收益率可以确定不同油价条件下，化学驱经济提高采收率数值。对不同期望收益率条件下聚合物驱和二元复合驱在经济提高采收率计算结果进行统计，结果见表 3-2-1。

通过数值模拟和经济分析研究了地层温度、地层原油黏度、地层水矿化度、钙镁离子含量等参数对化学驱开发效果的影响规律，并确定了海上油田聚合物驱和二元复合驱筛选指标界限，见表 3-2-2 和表 3 -2-3。

表 3-2-1 不同期望收益率分级的经济提高采收率值

期望收益率分级 /%	抗盐聚合物驱 /%	抗盐聚合物二元复合驱 /%	常规聚合物驱 /%	常规聚合物二元复合驱 /%
12	5.05	8.37	4.16	8.90
15	5.68	9.30	4.67	9.78
20	6.85	11.01	5.60	11.36
25	8.20	12.94	7.89	13.12

表 3-2-2 海上油田聚合物驱油藏筛选指标界限

筛选指标	好	较好	一般	较差	差
油层温度 /℃	<62	62～78	78～100	100～118	>118
地下原油黏度 /(mPa·s)	60～170	35～60	20～35	15～20	<15
		170～220	220～250	250～270	>270
地层水矿化度 /(mg/L)	<7000	7000～20500	20500～25500	25500～28000	>28000
钙镁离子含量 /(mg/L)	<600	600～1150	1150～1400	1400～1500	>1500
地层渗透率 /mD	>440				
渗透率变异系数	0.60～0.70	0.52～0.60	0.45～0.52	0.31～0.45	<0.31
		0.70～0.76	0.76～0.81	0.81～0.85	>0.85

表 3-2-3 海上油田二元复合驱油藏筛选指标界限

筛选指标	好	较好	一般	较差	差
油层温度 /℃	<55	55～75	75～88	88～93	>93
地下原油黏度 /(mPa·s)	50～110	30～50	<30	230～250	>250
		110～180	180～230		
地层水矿化度 /(mg/L)	<8000	<16000	16000～22500	22500～25000	>25000
钙镁离子含量 /(mg/L)	<200	200～900	900～1200	1200～1300	>1300
地层渗透率 /mD	>320				
渗透率变异系数	0.62～0.72	0.60～0.62	0.42～0.60	0.34～0.42	<0.34
		0.72～0.76	0.76～0.80	0.80～0.85	>0.85

2. 基于极限油价的化学驱油藏适用度评价

化学驱累计增油曲线的定量表征模型，如式（3-2-2）所示：

$$\Delta R = a \cdot \exp\left[-\exp\left(b - c \cdot N_{inj}\right)\right] \tag{3-2-2}$$

式中 ΔR——化学驱阶段提高采出程度，%；

N_{inj}——化学驱阶段累计注入量，PV；

a，b，c——模型特征参数。

基于化学驱累计增油曲线的定量表征模型和经济评价模型，当 NPV=0 时，确定油价即为化学驱油藏油价适用度模型：

$$P_o = \frac{nI_s + \sum_{i=1}^{t}\left(Q_{pi}P_p + Q_{si}P_s + \Delta R N r_o C_m\right)\left(1 + i_c\right)^{-i}}{\Delta R N \sum_{i=1}^{t}\left[r_o \alpha \left(1 - R - R_s\right)\right]\left(1 + i_c\right)^{-i}} \tag{3-2-3}$$

式中 P_o——化学驱实施最低油价，美元 /bbl；

ΔR——化学驱阶段提高采出程度，%；

N——地质储量，m^3；

α——模型特征参数；

C_m——每立方米油增量生产费用，元；

Q_{pi}——年注聚合物量，t；

P_p——聚合物价格，元 /t；

Q_{si}——年注表面活性剂量，t；

P_s——表面活性剂价格，元 /t；

R——综合税率，%；

R_s——资源税税率，%；

r_o——年增油量占总增油量比例，%；

i——计算时间，年，i=1，2，…，t；

i_c——期望收益率，%；

n——区块注入井井数，口；

I_s——增量单井投资费用，元 / 口。

使用该模型时，根据油藏化学驱累计增油曲线计算提高采收率数值，然后根据不同期望收益率计算提高采收率与油价关系曲线。油藏提高采收率幅度对应的油价即为最低油价。以绥中 36-1 油田为例，根据聚合物潜力预测模型计算提高采收率幅度为 6.96%，根据提高采收率与极限油价关系图（图 3-2-1），当期望收益率为 12% 时，确定最低油价为 29.34 美元 /bbl。

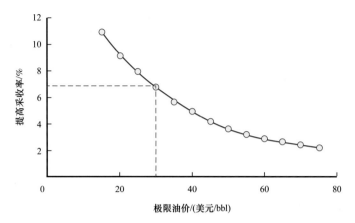

图 3-2-1 绥中 36-1 聚合物驱提高采收率与极限油价的关系

二、海上油田聚合物驱合理井网密度

在油田开发过程中，随着后期井数的增多，井网控制程度相应提高，扩大波及，采收率也相应增加，但当井数增加到一定程度，即该井数能够较好地控制开发范围时，井数的增加对提高采收率幅度值的影响越来越小，而钻井成本却依旧很高，无限制地进行井网加密反而会导致油气田开发效益的降低（吴先承，1985；刘世良等，2004；梁淞等，2014；贾洪革，2014）。此外，随着我国海上越来越多的油田进行聚合物驱（周守为，2007；张凤久等，2011），合理井数部署也是海上油田开发重点研究问题之一，对于海上油田高成本、快速开发等特点（张贤松等，2007；王刚等，2017），建立一套适合海上油田合理井网密度的研究方法十分必要。

1. 考虑注采对应率变化的采收率与井网密度关系新模型

1）水驱采收率预测模型

水驱油藏采收率与井网密度的关系反映了油层性质、油层发育程度、注采连通关系等情况（耿站立等，2012，2015）。苏联学者谢尔卡乔夫提出了水驱采收率和井网密度的关系式，即谢氏公式：

$$E_R = E_D e^{-a/S} \tag{3-2-4}$$

式中 E_R——采收率；

S——井网密度，口/km^2；

E_D，a——模型特征参数。

确定公式中特征参数 E_D、a 的数值是准确应用的关键。对于不同的油田，E_D 和 a 不是定值，而是与注采对应关系、流体物性之间存在一定函数关系。采用油藏数值模拟方法分析特征参数与注采对应率、原油流度的函数关系形式，并通过多因素回归确定了特征参数表征模型系数。

为了建立海上油田水驱开发谢氏公式中特征参数的定量表征模型，建立不同井网密度的井网数值模拟模型，设计不同原油流度、不同注采对应率水驱采收率与井网密度关系方案。根据原油流度 6 个水平值、注采对应率 24 个水平值，产生 144 套数值模拟方案，并分别采用不同井网密度布井方式进行布井。通过模拟计算，得到不同参数不同水平条件下的采收率，采用谢氏公式进行拟合后确定 144 组特征参数作为定量表征模型回归样本。根据单因素研究得到的采收率与注采对应率和原油流度的相关关系形式，经变量代换转化为多元线性回归，采用 Levenberg–Marquardt 算法对 144 个拟合样本进行多元线性回归，建立谢氏模型特征参数表征模型形式和参数系数：

$$E_{\mathrm{D}} = 0.06960\ln\left(\frac{K}{\mu_{\mathrm{o}}}\right) + 0.40637R - 0.17699 \quad (3\text{-}2\text{-}5)$$

$$a = 5.24467\left(\frac{K}{\mu_{\mathrm{o}}}\right)^{-0.44496} - 0.74983R + 0.78748 \quad (3\text{-}2\text{-}6)$$

式中 K——渗透率，mD；

μ_{o}——原油黏度，mPa·s；

R——注采对应率。

在实际油田开发过程中，随着井网密度的增加，注采井距发生变化，油藏水驱控制程度增大，注采对应率也相应增加。上述谢氏公式特征参数定量表征模型未考虑注采对应率与井网密度的关系。本书统计了渤海油区 25 个油藏注采对应率与井网密度关系，并采用坎培提兹（Gompertz）模型进行了拟合（图 3-2-2），建立了注采对应率与井网密度关系模型：

$$R = m - b\exp\left[-\exp\left(c - \frac{d}{\sqrt{S}}\right)\right] \quad (3\text{-}2\text{-}7)$$

式中 m，b，c，d——表征不同油区注采对应率与井网密度关系的参数。

该模型中参数具有一定的物理意义，其中 m 反映了油田极限情况下最高的注采对应率；b 反映了注采对应率变化范围；c/d 反映了曲线拐点（对应于曲线斜率最大处）的井网密度。

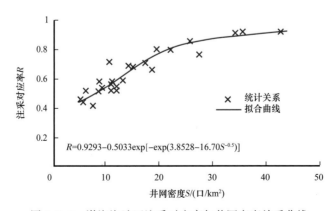

图 3-2-2 渤海海油区注采对应率与井网密度关系曲线

根据公式和拟合得到的系数代入式（3-2-5）和式（3-2-6）中，即可建立考虑注采对应率随井网密度变化的谢氏公式特征参数定量表征新模型，进而可以应用谢氏公式计算渤海油区不同井网密度开发条件下的水驱采收率，见式（3-2-8）至式（3-2-10）：

$$E_R = E_D e^{-a/S} \tag{3-2-8}$$

$$E_D = 0.0696\ln\left(\frac{K}{\mu_o}\right) - 0.2045\exp\left[-\exp\left(3.8528 - \frac{16.70}{\sqrt{S}}\right)\right] + 0.2006 \tag{3-2-9}$$

$$a = 5.24467\left(\frac{K}{\mu_o}\right)^{-0.44496} + 0.3774\exp\left[-\exp\left(3.8528 - \frac{16.70}{\sqrt{S}}\right)\right] + 0.09066 \tag{3-2-10}$$

式中　E_R——采收率；

　　　E_D，a——特征参数；

　　　S——井网密度，口/km²；

　　　K——渗透率，mD；

　　　μ_o——原油黏度，mPa·s。

2）聚合物驱采收率预测模型

聚合物驱能够在一定程度上提高水驱采收率，聚合物驱提高水驱采收率幅度除了与聚合物本身的性能有关外，主要取决于井网密度和原油黏度。根据渤海油区某聚合物驱油田实施方案，选取聚合物参数为：注入浓度1750mg/L，地下黏度8.0mPa·s，可及孔隙体积0.82，残余阻力系数2.5，最大吸附浓度0.04mg/g。聚合物驱时机为含水率达到70%时，注聚合物段塞尺寸为0.4PV，注聚合物速度为0.04PV/a。

通过模拟计算，研究了不同井网密度（2.0～32.0口/km²）和原油黏度（10～300mPa·s）对提高采收率幅度的影响规律。在参数的讨论范围内，聚合物驱提高采收率值与井网密度呈指数函数关系，与原油黏度呈二次函数关系。

井网密度取9水平值，原油黏度取12水平值，产生108套数值模拟方案，分别进行水驱和聚合物驱模拟计算，以聚合物驱相对水驱提高采收率幅度为拟合样本，根据单因素研究得到的提高采收率幅度与井网密度和原油黏度的相关关系形式，经变量代换转化为多元线性回归，采用Levenberg-Marquardt算法回归确定聚合物驱提高采收率与井网密度和原油黏度的关系见式（3-2-11）。

$$\Delta E_{Rp} = 0.0930e^{-3.16828/S} - 2.3\times10^{-6}\mu_o^2 + 6.897\times10^{-4}\mu_o - 0.01084 \tag{3-2-11}$$

式中　ΔE_{Rp}——聚合物驱相对水驱提高采收率值。

基于水驱或聚合物驱采收率与井网密度关系，油田井网密度由S_0增加为S时提高采收率幅度为：

$$\Delta E = E_D e^{-a/S} - E_{D0}e^{-a_0/S_0} + C \tag{3-2-12}$$

$$C = \begin{cases} 0 & , \quad \text{水驱} \\ 9.30097 \times \left(e^{-3.16828/S} - e^{-3.16828/S_0} \right) & , \quad \text{聚合物驱} \end{cases}$$

式中　ΔE——水驱或聚合物驱井网加密提高采收率值；

$\quad\quad\ \ C$——井网加密中聚合物提高采收率幅度；

$\quad\quad\ \ E_{D0}$，a_0——井网密度为 S_0 时的特征参数；

$\quad\quad\ \ E_D$，a——井网密度为 S 时的特征参数。

2. 聚合物驱合理井网密度模型

从技术上分析，井网密度越大，水驱采收率越高；但从经济上分析，随着加密井的增多，单井提高采收率幅度越来越低，经济效益越来越差。存在一个合理井网密度，既有较高的采收率，又能在一定程度上使经济效益达到最佳。在井网加密过程中，当增加新井的投入等于采收率增加的收益时，说明油田加密调整达到经济界限，不能继续加密，对应的井网密度为经济极限井网密度；当采收率提高增加的收益导数为 0 时，井网加密净收入最大，对应井网密度为经济合理井网密度。

考虑井网加密销售收入、开发投资、加密井维修管理等费用，油田水驱和聚合物驱井网加密净收入将来值为：

$$V = \frac{N(G-P)}{t} \frac{(1+i)^t - 1}{i} \Delta E - MA(S - S_0)(1+i)^t \qquad (3-2-13)$$

式中　V——油田加密调整后净收入将来值，万元；

$\quad\quad\ \ P$——井网加密吨油成本，元 /t；

$\quad\quad\ \ M$——井网加密单井投资，万元；

$\quad\quad\ \ A$——含油面积，km^2；

$\quad\quad\ \ N$——原油地质储量，$10^4 t$；

$\quad\quad\ \ G$——原油价格，元 /t；

$\quad\quad\ \ t$——加密后开发年限，a；

$\quad\quad\ \ i$——贴现率；

$\quad\quad\ \ \Delta E$——井网加密提高采收率值；

$\quad\quad\ \ S_0$——加密前井网密度，口 /km^2；

$\quad\quad\ \ S$——加密后井网密度，口 /km^2。

净收入将来值 V 对井网密度 S 求导，当导数等于 0 时井网加密净收入最大，对应的井网密度即为水驱或聚合物驱合理井网密度，见式（3-2-14）。式中井网加密提高采收率幅度 ΔE 是井网密度 S 的复杂函数，因此采用差分逼近方法进行计算。

$$dV_p / dS = \frac{N(G-P')}{t} \frac{(1+i)^t - 1}{i} \left(dE_D e^{-a/S} / dS + d\Delta E_R(S) / dS \right) - M'A(1+i)^t \qquad (3-2-14)$$

式中　V_p——考虑聚合物驱的油田加密调整后净收入将来值，万元；

　　　P'——聚合物驱吨油成本，元 /t ；

　　　M'——聚合物驱单井总投资，万元。

采用前面提出的合理井网密度计算方法，根据海上油田开发经济评价参数取值，分别计算该油田不同油价条件下水驱和聚合物驱的合理井网密度，如图 3-2-3 所示。可以看出，由于聚合物驱开发经济效益较好，聚合物驱合理井网密度高于水驱合理井网密度；随着油价的提高，合理井网密度逐渐增大，聚合物驱与水驱开发合理井网密度差距增大。以绥中 36-1 油田为例，油价 40 美元 /bbl 时，水驱和聚合物驱合理井网密度分别为 11.66口 /km^2 和 12.52 口 /km^2。采用水驱开发，井网密度达到 11.66 口 /km^2 后，进一步进行井网加密成本增大，采收率提高幅度减小；采用聚合物驱开发，聚合物提高采收率幅度较大，可以采用更高的井网密度开发。

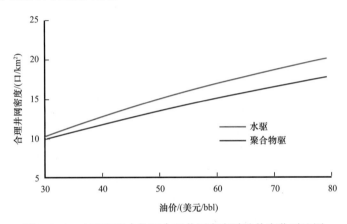

图 3-2-3　水驱和聚合物驱合理井网密度随油价变化对比图

目前绥中 36-1 油田聚合物驱协同井网加密开发井网密度已达到 11.87 口 /km^2，与合理井网密度相比仍有一定的井网加密空间，可以进一步设计二次加密方案进一步提高原油采收率。

三、海上油田聚合物合理用量及注采量优化方法

1. 非均质油藏多井组概念模型建立

为研究聚合物驱注采优化方法，截取四个五点法井组基础模型，如图 3-2-4 所示，平面渗透率场分布如图 3-2-5 所示，模型中的岩石流体参数与油藏参数与实际区块参数保持一致。模型的孔隙体积约为 $6.02 \times 10^6 m^3$，水驱阶段区块日注水 1650m^3，保证各井组注采比为 1 ：1，分配各井注液量及产液量，其中注水井 INJ1、INJ2、INJ3、INJ4 日注水量分别为 630m^3、350m^3、430m^3、240m^3。

设计段塞尺寸为 0.1～0.8PV，注入速度为 0.1PV/a，聚合物浓度为 1750mg/L，优化多井组模型的总聚合物用量，如图 3-2-6 所示。随着段塞注入尺寸的增加，多井组区块累计产油量增加，吨聚合物增油量降低，因此总聚合物用量越大越好，考虑到海上油田聚合物稳定性，采用总聚合物用量为 1000mg/（L·PV），聚合物干粉用量为 6022.5t。

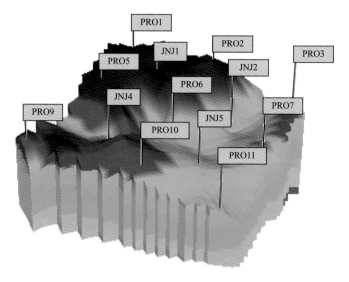

图 3-2-4　多井组地质模型

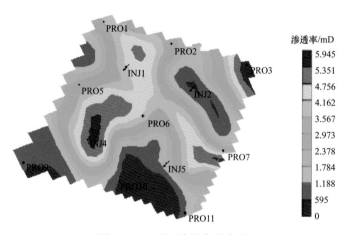

图 3-2-5　平面渗透率分布图

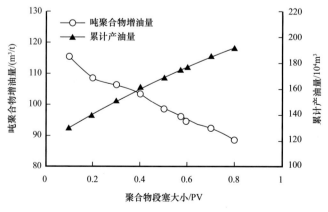

图 3-2-6　多井组模型总聚合物用量优化曲线

2. 注聚合物井聚合物合理用量优化方法

1）注聚合物井配聚合物用量主控因素

由井组注聚合物量影响因素分析结果可知，聚合物用量分配指标主要考虑平面渗透率变异系数、地层系数 KH 和剩余地质储量。分别模拟了根据单因素分配和将各单因素进行两两组合后的综合因素分配的提高采收率效果。在进行综合因素分配聚合物用量时，两个因素的权重为 0.5。统计并计算多井组模型水驱至含水率为 80% 后各个井组的平面渗透率变异系数、剩余地质储量和平均地层系数 KH 值，见表 3-2-4，在此基础上进行注聚合物井聚合物用量分配，各井组聚合物干粉用量分配结果见表 3-2-5。

表 3-2-4　井组聚合物用量分配指标统计值

井组	平面渗透率变异系数	剩余地质储量 /10^4m^3	KH/（mD·m）
INJ1	0.1622	137.88	7364.92
INJ2	0.3031	92.15	4021.74
INJ4	0.3403	145.76	4869.15
INJ5	0.6149	61.57	2724.19

表 3-2-5　各因素井组配聚合物用量

井组	根据平面渗透率变异系数配注聚合物用量 /t	根据剩余储量配注聚合物用量 /t	根据 KH 值配注聚合物用量 /t	根据平面渗透率变异系数和剩余储量配注聚合物用量 /t	根据 KH 值和剩余储量配注聚合物用量 /t	根据平面渗透率变异系数和 KH 值配注聚合物用量 /t
INJ1	1956	1899	2337	1927	2118	2146
INJ2	1627	1269	1276	1448	1273	1452
INJ4	1540	2007	1545	1774	1776	1543
INJ5	899	848	864	873	856	882

根据各因素聚合物用量分配结果，计算各井的注聚合物时长进行模拟计算其开发效果，基于不同配聚合物干粉用量指标的开发效果对比如图 3-2-7 所示。可以看出，不同的分配聚合物用量方法的吨聚合物增油量差异较大，相比基础方案可以提高采收率 0.1%～0.6%。按照平面渗透率变异系数和剩余地质储量以及按照平面渗透率变异系数和 KH 值进行配聚合物干粉用量时，提高采收率程度较高。考虑实际区块应用，选取平面渗透率变异系数和剩余储量作为综合分配注入井聚合物用量的指标。

2）聚合物用量主控因素权重优化

井组分配聚合物用量的主控因素为平面渗透率变异系数和剩余储量，两因素的权重不同会影响聚合物驱提高采收率效果，因此需讨论两主控因素在不同权重时聚合物驱吨聚合物增油量的变化。在含水率达到 80% 后，选取不同平面渗透率变异系数和剩余储量比值进行聚合物驱模拟计算，其中不同权重时的各井组聚合物合理用量结果见表 3-2-6。

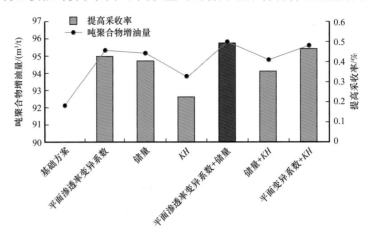

图 3-2-7 不同分配聚合物用量指标结果对比

表 3-2-6 不同平面渗透率变异系数权重配聚合物用量方案及结果

井组	不同平面渗透率变异系数权重配聚合物用量 /t						
	0.2	0.3	0.4	0.5	0.6	0.7	0.8
INJ1	1910	1916	1922	1927	1933	1939	1945
INJ2	1341	1376	1412	1448	1484	1520	1556
INJ4	1914	1867	1820	1774	1727	1680	1634
INJ5	858	863	868	873	879	884	889

模拟计算不同方案的吨聚合物增油量，结果如图 3-2-8 所示，由于平面渗透率变异系数和剩余储量的权重值比为 5∶5 时吨聚合物增油量最大，作为分配注入井的聚合物用量的最优权重比。

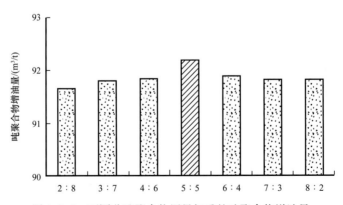

图 3-2-8 不同分配聚合物用量权重的吨聚合物增油量

3）注入井配聚合物用量计算方法

聚合物驱各井组聚合物合理用量具体分配计算方法为：首先确定区块聚合物总用量，

根据式（3-2-15）和式（3-2-16），分别计算基于平面渗透率变异系数和基于剩余地质储量的单井聚合物用量，通过优化的权重比按照式（3-2-17）计算得到综合考虑平面渗透率变异系数和剩余地质储量的注入井聚合物合理用量。

$$M_{in}^{1} = \frac{1 - V_{pkn}}{\sum_{n=1}^{N}(1 - V_{pkn})} M_{it}$$（3-2-15）

$$M_{in}^{2} = \frac{N_n}{N_t} M_{it}$$（3-2-16）

$$M_{in} = x M_{in}^{1} + (1-x) M_{in}^{2}$$（3-2-17）

式中　n——井组数量，自然数，n=1，2，3，…，N；

M_{in}^{1}——基于平面渗透率变异系数计算的第 n 井组聚合物干粉用量，t；

M_{in}^{2}——基于剩余地质储量计算的第 n 井组聚合物干粉用量，t；

M_{in}——综合考虑平面渗透率变异系数和剩余地质储量加权计算的第 n 井组聚合物干粉用量，t；

M_{it}——区块聚合物干粉总用量，t；

V_{pkn}——第 n 井组平面渗透率变异系数；

N_n——第 n 井组剩余地质储量，$10^4 m^3$；

N_t——区块剩余地质储量，m^3；

x——平面渗透率变异系数配聚合物用量的权重值。

3. 生产井合理配产量优化方法

1）生产井配产主控因素

生产井配产主控因素主要考虑含油饱和度、剩余储量、孔隙体积和地层系数 KH 等因素，保证井组内注采比为 1∶1，分别模拟研究了根据不同单因素配产时的聚合物驱开发效果以及根据权重为 0.5 的两两影响因素组合进行综合配产时的聚合物驱开发效果。统计不同井组各区域的含油饱和度、剩余储量、孔隙体积和地层系数参数，见表 3-2-7。根据各参数对生产井进行配产，表 3-2-8 为根据统计数据进行单因素配产结果，表 3-2-9 为基于单因素配产结果按照权重比进行双因素综合配产结果。

表 3-2-7　生产井配产标准统计值

井组	生产井	含油饱和度	剩余储量 /$10^4 m^3$	KH/（mD·m）	平均含水率 /%
INJ1	PRO1	0.64	44.31	7343.25	78.68
	PRO2	0.63	36.87	8065.09	80.32
	PRO5	0.65	33.19	5303.18	78.43
	PRO6	0.63	23.50	7400.10	81.22

续表

井组	生产井	含油饱和度	剩余储量 /10⁴m³	KH/（mD·m）	平均含水率 /%
INJ2	PRO2	0.59	16.08	2372.83	80.32
	PRO3	0.62	21.75	4311.21	80.51
	PRO6	0.63	30.35	5432.40	81.22
	PRO7	0.64	23.98	3059.81	86.89
INJ3	PRO5	0.62	44.53	6701.90	78.43
	PRO6	0.62	26.31	6118.07	81.22
	PRO9	0.68	46.72	3300.56	41.12
	PRO10	0.63	28.20	4410.89	64.97
INJ4	PRO6	0.58	14.19	2677.59	81.22
	PRO7	0.58	22.24	5330.60	86.89
	PRO10	0.66	11.66	566.91	64.97
	PRO11	0.62	13.48	1582.54	80.97

表 3-2-8　单因素生产井配产量

生产井	根据 KH 配产量 / m³/d	根据剩余储量配产量 / m³/d	根据含油饱和度配产量 / m³/d	根据含水率配产量 / m³/d
PRO1	164.57	202.47	157.74	155.56
PRO2	235.47	229.54	239.47	244.26
PRO3	99.43	82.62	87.20	85.66
PRO5	259.21	283.02	265.11	281.97
PRO6	482.52	355.56	405.64	440.49
PRO7	196.52	177.76	148.26	158.86
PRO9	69.13	137.84	113.88	66.54
PRO10	105.77	128.65	171.87	154.78
PRO11	37.39	52.54	60.83	61.88

　　基于不同配产指标得到生产井的日产液量，开发效果对比如图 3-2-9 所示。不同配产模拟方案提高采收率和吨聚合物增油量有所不同，相比基础方案可以提高采收率幅度在 0.1%～0.9% 之间，其中按照地层系数 KH 和剩余地质储量作为综合配产指标时聚合物驱开发效果最佳，提高采收率为 0.84%，因此选取地层系数 KH 和剩余地质储量作为综合配产主控因素。

表 3-2-9 双因素生产井配产量

生产井	根据 KH 值和剩余储量配产量 /（m³/d）	根据 KH 值和含油饱和度配产量 /（m³/d）	根据 KH 值和含水率配产量 /（m³/d）	根据含油饱和度和剩余储量配产量 /（m³/d）	根据剩余储量和含水率配产量 /（m³/d）	根据含油饱和度和含水率配产量 /（m³/d）
PRO1	183.52	161.15	160.06	180.10	179.01	156.65
PRO2	232.50	237.47	239.86	234.50	236.90	241.86
PRO3	91.03	93.32	92.55	84.91	84.14	86.43
PRO5	271.12	262.16	270.59	274.07	282.50	273.54
PRO6	419.04	444.08	461.51	380.60	398.03	423.07
PRO7	187.14	172.39	177.69	163.01	168.31	153.56
PRO9	103.48	91.50	67.83	125.86	102.19	90.21
PRO10	117.21	138.82	130.28	150.26	141.72	163.32
PRO11	44.96	49.11	49.63	56.68	57.21	61.35

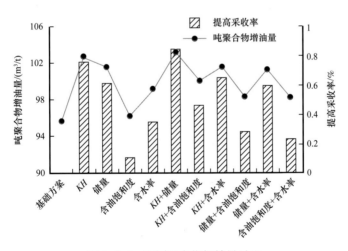

图 3-2-9 不同配产指标结果对比

2）生产井配产主控因素权重优化

由优化结果可知，生产井配产主控因素为地层系数 KH 和剩余油地质储量，对综合指标的权重进行优化，其中地层系数权重取值范围为 0.2～0.8，不同主控因素权重的生产井配产结果见表 3-2-10。

模拟计算不同方案的开发效果得到吨聚合物增油量的变化曲线如图 3-2-10 所示。当地层系数和剩余地质储量权重小于 4∶6 时，随着地层系数占比增加，吨聚合物增油量明显上升，当权重大于 4∶6 时随着地层系数指标权重的增加吨聚合物增油量保持平稳，开发效果变化不大，因此确定地层系数和剩余地质储量权重比为 4∶6。

表 3-2-10　不同地层系数权重配产方案及结果

生产井	不同地层系数权重对应配产量 /（m³/d）						
	0.2	0.3	0.4	0.5	0.6	0.7	0.8
PRO1	194.89	191.10	187.31	183.52	179.73	175.94	172.15
PRO2	230.72	231.32	231.91	232.50	233.09	233.69	234.28
PRO3	85.98	87.66	89.34	91.03	92.71	94.39	96.07
PRO5	278.26	275.88	273.50	271.12	268.73	266.35	263.97
PRO6	380.95	393.65	406.35	419.04	431.74	444.44	457.13
PRO7	181.51	183.39	185.26	187.14	189.01	190.89	192.76
PRO9	124.10	117.23	110.35	103.48	96.61	89.74	82.87
PRO10	124.08	121.79	119.50	117.21	114.93	112.64	110.35
PRO11	49.51	47.99	46.48	44.96	43.45	41.94	40.42

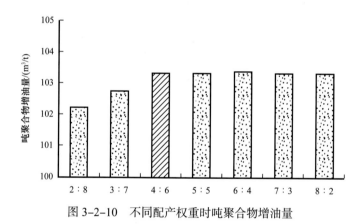

图 3-2-10　不同配产权重时吨聚合物增油量

3）生产井配产量计算方法

进行各生产井配产量计算时，首先根据注入井配注结果遵循井组注采比为 1∶1，从而确定各井组总产液量。根据式（3-2-18）和式（3-2-19）分别对按照地层系数 KH 和按照各区域剩余油地质储量进行配产，再采用式（3-2-20）计算得综合考虑两因素的配产结果。由于一口生产井同时属于相邻井组，因此最终需要将同一口井的配产量加和得到生产井的最终产液量，计算公式见式（3-2-21）。

$$Q_{oni}^1 = \frac{KH_{nk}}{\sum\limits_{n=1}^{N} KH_{nk}} Q_{on} \qquad (3\text{-}2\text{-}18)$$

$$Q_{oni}^2 = \frac{N_{ni}}{N_{tn}} Q_{on} \qquad (3\text{-}2\text{-}19)$$

$$Q_{oni} = xQ_{oni}^1 + (1-x)Q_{oni}^2 \tag{3-2-20}$$

$$Q_{oi} = \sum_{n=1}^{N} Q_{oni} \tag{3-2-21}$$

式中　Q_{on}——第 n 井组总产量，m^3/d；

　　　Q_{oni}^1——按照第 n 井组第 i 生产井地层系数 KH 配产计算的产液量，m^3/d；

　　　Q_{oni}^2——根据第 n 井组第 i 生产井区域剩余油地质储量计算的产液量，m^3/d；

　　　Q_{oni}——按照综合考虑地层系数 KH 和剩余油地质储量加权计算的产液量，m^3/d；

　　　KH_{nk}——第 n 井组第 k 生产井射开层位地层系数，$mD\cdot m$；

　　　N_{ni}——第 i 生产井与第 n 井组注入井之间剩余地质储量，$10^4 m^3$；

　　　N_{tn}——第 n 井组总剩余地质储量，$10^4 m^3$；

　　　H——地层有效厚度，m；

　　　n，i——井组和生产井编号；

　　　x——地层系数配产权重值。

四、化学驱产液能力变化特征与规律

结合海上稠油油藏的特点，根据聚合物驱水、油井的动、静态资料，分析研究了主力油层化学驱的主要开发指标（含水、产液量、产油量）的变化规律，以锦州 9-3 油田为例采用油藏工程方法、室内实验验证、数值模拟以及现场数据分析相结合的研究手段研究了各影响因素对海上油田产液能力的影响规律，总结化学驱产液能力变化特征与规律。

1. 海上油田聚合物驱产液指数"四段式"变化特征

海上注聚合物油田产液指数计算存在如下难点：（1）聚合物明显降低驱替相流度，浓度、饱和度存在时空差异，地层渗流能力处处不同；（2）产液指数需要能够反映油井控制区地层渗流能力；（3）现有无因次产液指数计算方法主要反映油井附近流动能力。通过引入地层平均渗流阻力系数，客观表征油井控制区地层整体产液能力，基于 Buckley-Leverett 公式，推导出适用于单层线性流与径向流以及多层非均质性地层的产液指数数学模型。

在聚合物驱过程中，产液指数变化整体上分为四个阶段：上升段、速降段、缓降段以及回返段（图 3-2-11）。

由于产液指数表征的是单位压差下的产液速度，其受驱替相及被驱替相流体流度之和的直接影响。

上升段：该阶段驱替相流体由水逐步转变为黏度较高的聚合物溶液，驱替相流度逐渐增加，但水相流度增加的速度依然大于油相流度降低的速度，导致产液指数依然逐渐上升，但上升速度较水驱阶段有所减缓。在转注聚合物时产液指数为 J_{max}，此时对应的注入孔隙体积为 P_{max}。

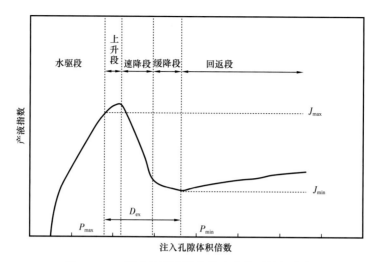

图 3-2-11　聚合物驱产液指数变化典型特征曲线

P_{max}—转注聚合物时注入孔隙体积数；P_{min}—最低产液指数时注入孔隙体积数；J_{max}—转注聚合物时无因次产液指数；
J_{min}—注聚期间无因次产液指数最低值；D_{ex}—无因次产液指数最低值对应的聚合物溶液注入倍数

速降段：该阶段开始后驱替相流体逐渐转变为黏度较高的聚合物溶液为主体，并使驱替相流度快速降低，导致驱替相和被驱替相流度之和也快速降低，表现出产液指数速降的特征。

缓降段：该阶段过程中，随着聚合物溶液的注入，含水饱和度逐渐升高，驱替相的相对渗透率也逐渐增加，导致驱替相流度增加的速度降低，表现出产液指数缓慢降低的特征。

回返段：该阶段过程中，岩心驱替逐渐进入高含水阶段，驱替相相对渗透率的增加速度逐渐增高，而驱替相流体此时完全为聚合物溶液，在其黏度保持不变的同时，驱替相与被驱替相流度之和逐渐增加，表现出产液指数逐渐上升的特征。

聚合物—表面活性剂二元复合驱后，无因次米产液指数进一步下降，锦州 9-3 油田聚合物驱及聚合物—表面活性剂二元复合驱产液指数变化典型曲线如图 3-2-12 所示。

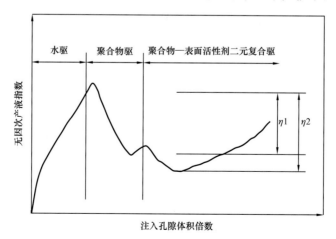

图 3-2-12　锦州 9-3 聚合物驱及二元复合驱产液指数变化典型曲线

2. 聚合物驱产液指数变化规律影响因素研究

1）数值模拟方法

通过数值模拟软件建立精细地质模型，对实际区块聚合物驱产液指数变化规律进行预测，分别研究了中心井产液指数以及边井产液指数的变化规律。并分析了注聚合物时机及井网对产液指数的影响，如图 3-2-13 为边井和角井与中心井的距离；表 3-2-11 为不同转聚合物驱时机产液指数降幅。

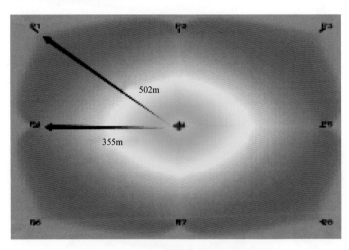

图 3-2-13　边井和角井与中心井的距离

表 3-2-11　不同转聚合物驱时机产液指数降幅

转聚合物驱时机	P_1 产液指数下降幅度 /%	P_4 产液指数下降幅度 /%
f_w=70%	61.5	72.3
f_w=75%	62.5	73.5
f_w=80%	65.1	74.5
f_w=85%	68.1	77.2
f_w=90%	68.1	77.2

2）室内物理模拟方法

通过室内物理实验研究对锦州 9-3 油田聚合物驱产液指数影响因素，绘制了转聚合物驱时机、聚合物溶液黏度、渗透率、渗透率级差对产液指数影响的变化曲线，得到了锦州 9-3 油田聚合物驱产液指数的变化规律，如图 3-2-14 至图 3-2-17 所示。

3）与陆地油田对比

通过对比大庆北一二排西及锦州 9-3 油田的生产数据，得到了转聚合物驱时机与产液量之间的关系，图 3-2-18 和图 3-2-19 分别为聚合物驱含水率变化及阶段划分、三元复合驱含水率变化及阶段划分。

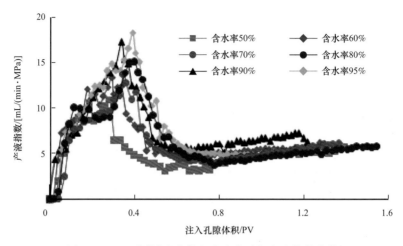

图 3-2-14　不同转聚合物驱含水率时机产液指数变化

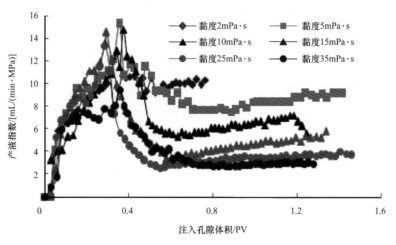

图 3-2-15　不同聚合物黏度产液指数变化

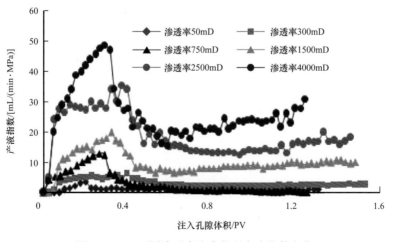

图 3-2-16　不同渗透率聚合物驱产液指数变化

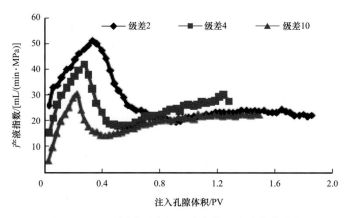

图 3-2-17 不同渗透率级差聚合物驱产液指数变化

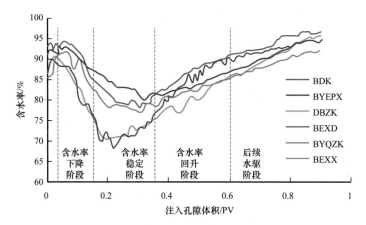

图 3-2-18 聚合物驱含水率变化及阶段划分

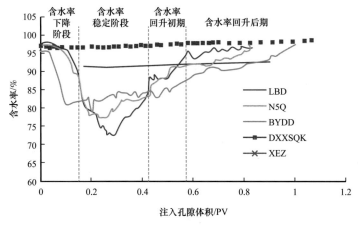

图 3-2-19 三元复合驱含水率变化及阶段划分

五、化学驱油田综合调整策略

针对在油田化学驱开发的过程中陆续出现的化学驱注入井的吸水剖面不均匀、聚合物窜流、水井压力过高、欠注、油井见效后产液能力急剧下降、水聚干扰等一系列的问题，按照锦州 9-3 油田化学驱实施过程实际含水变化规律，分为四个阶段（图 3-2-20）：见效前期、含水率下降阶段、低含水率稳定阶段、含水率回升阶段，并针对各阶段存在的问题，提出了不同阶段综合调整策略与增效引效方法。

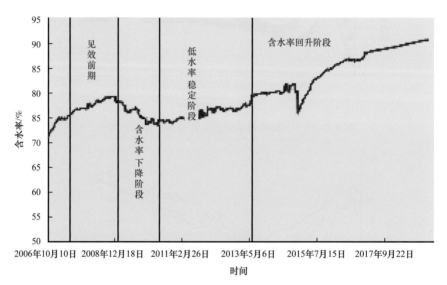

图 3-2-20　含水率阶段划分图

1. 见效前期及含水率下降阶段调整方法

在见效前期及含水率下降阶段，出现了渗透率级差大（表 3-2-12）和注入井注入压力低一系列问题，导致二元复合驱开发效果受到了严重的影响。因此，本阶段主要研究区块内注入压力均衡、改善注聚合物剖面和采油井均衡受效问题。主要措施包括完善注采关系、优化注采参数和注聚合物前深度调剖。

表 3-2-12　锦州 9-3 油田西平台注水井统计表

井号	W4-2	W4-4	W5-3	W6-4	W6-6	W7-3	W8-4	W8-6
变异系数	1.04	0.92	0.65	0.8	0.22	0.61	0.84	0.99
突进系数	2.45	2.23	1.58	1.81	1.28	1.26	1.52	2.5
级差	25.52	77.72	53.83	12	1.67	24.79	57	619.9
层间非均质性	强	强	强	中	弱	强	强	强

调剖剂浓度优选 3000mg/L，对见效前期及含水率下降阶段 8 口井组进行深度调剖，改善了各井吸水剖面（图 3-2-21），提高了全区在见效前期及含水率下降阶段的驱油效果，累计增油量较实际增加了 $3.29 \times 10^4 m^3$，见表 3-2-13。

表 3-2-13　方案预测结果

注水方案	增油量 /10^4m^3
实际	39.66
最优调整方案	42.95
增加量	3.29

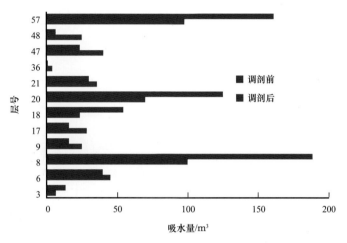

图 3-2-21　W5-3 井调剖前后吸水剖面图

2. 低含水率稳定阶段调整方法

在低含水率稳定阶段，出现了产液量下降、注入压力高、欠注等一系列问题，导致二元复合驱开发效果受到了严重的影响。因此，本阶段主要工作目标是解决优化单井注入压力系统、延长含水低值期和提高区块增油效果。主要采取单井差异化设计、采油井压裂提液和注入井压裂增注等措施。

产液量下降。主体区老区 B、E、W 平台日产液量下降 2000m^3，降幅达 25%；综合调整区域 C、D 平台日产液量下降 900m^3，降幅为 15%；产液量大幅下降井有 W6-3、W5-6 及 W6-2；产液量下降对产油产生不利影响。图 3-2-22 为主体区老区 B、E、W 平台生产曲线和综合调整方案 C、D 平台生产曲线。

二元复合驱井组部分注入井出现注入压力高、欠注，影响二元复合驱效果。统计 2019 年 6 月 8 口注二元复合驱井各油层组的注入量及压力。有 5 口井欠注，且均以目前最大压力注入，分别为 W4-2 Ⅰ + Ⅱ、W5-3 Ⅰ、W6-6 Ⅰ、W8-4 Ⅰ 和 W8-6 Ⅰ（图 3-2-23）。

针对液量下降严重的 W6-3、W5-6、W6-2 三口油井和 W4-2、W8-6 两口水井进行数值模拟解堵，模拟结果见表 3-2-14，油井解堵液量恢复 25%，全区产油量可增加 0.34×10^4m^3，水井解堵注水量提高 25%，全区产油量可增加 0.98×10^4m^3。

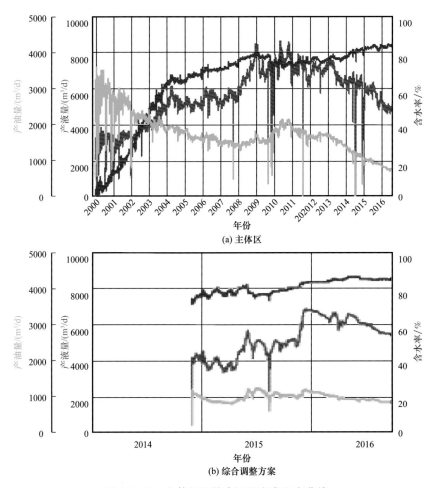

(a) 主体区

(b) 综合调整方案

图 3-2-22　主体区和综合调整方案生产曲线

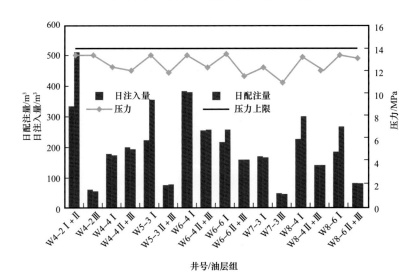

图 3-2-23　注入井注入情况

表 3-2-14　不同解堵方案以及各井措施后结果

方案	油水井调整幅度	全区增油量 /10⁴m³
方案 1	油井提液 15%	0.17
方案 2	油井提液 20%	0.26
方案 3	油井提液 25%	0.34
方案 4	水井提水 15%	0.70
方案 5	水井提水 20%	0.84
方案 6	水井提水 25%	0.98

3. 含水率回升阶段调整方法

在含水率回升期主要存在水聚干扰、聚合物突进以及部分井注入压力高的问题，此阶段的主要工作目标是避免水聚干扰、减缓聚合物窜流进一步提高化学剂效能。可以采取的主要措施包括调整井实施化学驱、井位调整集中注聚合物、注入方式优化、调驱结合以及优化末期段塞等。

1）注入方式优化设计

在井位优化集中注聚合物的基础上进行，因此"高浓度聚合物 + 低浓度聚合物""高浓度聚合物 + 二元复合驱""水聚交替"注入方式设计优化得出高浓聚合物 2000mg/L（86.83PV·mg/L）与低浓聚合物 1500mg/L（173.66PV·mg/L）用量比 1∶2 最优方案，见表 3-2-15。

表 3-2-15　方案对比结果

方案		较水驱			较目前方案			综合指标
		增油量 /10⁴m³	提高采收率 /%	吨聚合物增油量 /m³/t	增油量 /10⁴m³	提高采收率 /%	吨聚合物增油量 /m³/t	
目前方案		21.20	1.43	38.68	—	—	—	0.55
"高浓度聚合物 + 二元复合物"最优方案（3∶1）	高浓度聚合物 150.8PV·mg/L，二元复合驱 50.27PV·mg/L	36.64	2.47	66.83	15.46	1.04	28.20	1.95
"高浓度聚合物 + 低浓度聚合物"最优方案（1∶2）	高浓度聚合物 86.83PV·mg/L，低浓度聚合物 173.66PV·mg	50.15	3.39	91.49	28.97	1.96	52.85	4.13
"水聚交替"最优方案	聚合物 2000mg/L 与水交替注入 5 周期	48.13	3.25	87.80	26.95	1.82	49.17	3.75

2）聚合物突进层位调剖设计

经上述方案优化后仍存在部分层位聚合物突进现象，对仍然存在聚合物突进现象，仅通过注聚合物区域优化和注入方式优化无法治理的井层，根据识别聚合物突进层位结果进行调剖模拟，见表3-2-16。W7-3井和W9-5井吸水剖面图如图3-2-24所示。

表 3-2-16　选井选层结果

井号	层位	PCFI①值	存在问题	原因分析	措施
W7-3	6、59	0.85		平面非均质性强	
W9-5	17	0.90	聚合物突进	纵向非均质性强	调剖
D15	6、8	0.83		平面、纵向非均质性强	

① PCFI 为聚合物突进综合判别指数，PCFI 值越大，表明聚合物突进程度越严重。

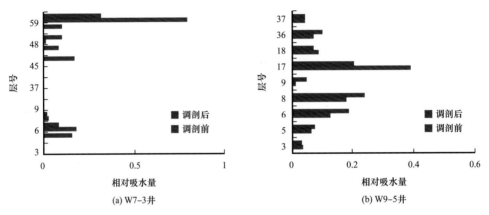

(a) W7-3井　　(b) W9-5井

图 3-2-24　W7-3 井吸水剖面和 W9-5 井吸水剖面

模拟调剖后"高浓度聚合物 + 二元复合驱"方案、"高浓度聚合物 + 低浓度聚合物"方案与"水聚交替"方案，提高采收率及增油量结果见表3-2-17。

表 3-2-17　调剖前后增油效果

方案		提高采收率 /%		调剖后较目前方案增油量 /10⁴m³	调剖后较目前方案吨聚合物增油量 /10⁴m³
		较调剖前	调剖后较目前方案		
最优井网	"高浓度聚合物 + 二元复合物"	0.01	1.05	15.55	28.37
	"高浓度聚合物 + 低浓度聚合物"	0.04	2.00	29.62	54.04
	"水聚交替"	0.01	1.94	28.73	52.41

3）单井差异性优化设计

根据单井差异性优化设计原则，对调剖后最优方案进行单井差异性注入方案设计

（表 3-2-18），单井差异性设计原则如下：

（1）注入压力高，周围含水率高，则降水降浓；

（2）注入压力高，周围含水率不高，则降浓；

（3）注入压力低，周围含水率高，则降水提浓；

（4）注入压力低，周围含水率不高，则提水提浓。

表 3-2-18 单井个性化设计结果

井号	存在问题	日注入量 / m^3	原高浓聚合物浓度 / mg/L	措施	新日注入量 / m^3	新高浓聚合物浓度 / mg/L
W7-3A	注入压力低，周围含水率高	171	2000	降水降浓	158	1800
W7-3B		73	2000		67	1800
W8-4A	注入压力高，周围含水率不高	190	2000	降浓	190	1800
W8-4B		121	2000		121	1800
W8-6A	注入压力高，周围含水率不高	219	2000	降浓	219	1800
W8-6B		103	2000		103	1800
D15	注入压力低，周围含水率高	250	2000	降水提浓	230	2100
W9-5	注入压力低，周围含水率不高	349	2000	提水提浓	436	2250

对比各阶段最佳优化方案结果，个性化调整后，较目前方案提高采收率2.04%（表 3-2-19）。

表 3-2-19 单井个性化设计结果

方案	较水驱			较目前方案			综合指标
	增油量 / 10^4m^3	提高采收率 /%	吨聚合物增油量 / m^3/t	增油量 / 10^4m^3	提高采收率 /%	吨聚合物增油量 / m^3/t	
目前方案	21.18	1.43	38.63	—	—	—	0.55
最佳井网	37.72	2.55	68.81	16.54	1.12	30.17	2.09
最佳注入方式	50.15	3.39	91.49	28.97	1.96	52.85	4.13
调剖后	50.80	3.43	92.68	29.62	2.00	54.04	4.26
个性化设计	51.39	3.47	93.74	30.21	2.04	55.11	6.84

4. 不同阶段化学驱油田综合调整策略

针对见效前期、含水率下降阶段、低含水率稳定阶段、含水率回升阶段等四个阶段存在的问题制定调整目标，提出了综合调整技术措施（表 3-2-20）。

表 3-2-20　综合调整技术措施

阶段	问题	目标	措施
见效前期及含水率下降阶段	吸水剖面不均匀；聚合物窜流	改善注入剖面；采油井均衡受效	注聚合物前深度调剖；注聚合物后识别聚合物窜流井层进行调剖
低含水率稳定阶段	注入压力升幅较大高；生产井产液量下降幅度大	延长注水低值期；提高区块增油效果	采油井解堵提液；注入井解堵增注
含水率回升阶段	聚合物突进；水聚干扰严重；部分注入井压力升幅较大	控制聚合物低效循环；减弱水聚干扰；提高区块增油效果；控制含水上升速度	注二元复合驱井网分区域优化设计；注入方式优化设计；识别聚合物窜流井层进行调剖；单井差异性设计

　　针对锦州 9-3 油田水聚同驱、产聚合物浓度高、注入压力高等情况，提出"注入井数不变，优化集中注聚合物区域，优化注入方式、调剖和单井浓度差异化设计相结合"的综合调整策略和方法，预测较目前方案提高采收率 2.77%（表 3-2-21）。

表 3-2-21　调整技术措施效果评价

方案	详细说明	增油量 / $10^4 m^3$	提高采收率 / %
目前方案	三井排分散注二元复合驱，中间两排井受益	—	—
综合调整方案	往 W8-5 井集中，原注二元复合驱井 4 口，新增 3 口 D 区注水井，1 口油井转注，形成中间受效井	41.01	2.77
	高浓聚合物 2000mg/L（86.83PV·mg/L）与低浓聚合物 1500mg/L（173.66PV·mg/L）用量比 1∶2		
	针对 W7-3、W9-5 和 D15 单井通过改变井层附近传导率进行调剖		
	通过单因素多因素方差分析法确定最优注入浓度和注入量并进行单井差异化设计		

第三节　海上化学驱关键配套技术

一、海上油田化学驱解堵技术

　　渤海油田自实施聚合物驱油技术以来，已在绥中 36-1 油田、锦州 9-3 油田和旅大 10-1 油田取得了较好的经济效益，但由于聚合物溶液注入油层形成有效段塞后，造成的阻力和残余阻力比注水开发时期要大得多，从而出现油井供液能力急剧下降（个别井下降幅度达到 80% 以上）甚至发生油井堵塞问题。油井堵塞在油田是普遍存在的，堵塞的特征也是多方面的，特别是同时存在多种堵塞时，在油井产液、产油、含水、动液面、地层压力、井底压力及出油剖面等方面都会有所显示。由于堵塞形成的机理复杂、过程缓慢，短期内并不明显，具有更大的隐蔽性，因此，深入分析堵塞物的组分和堵塞特征对指导化学驱受益油井解堵方法优选、解堵体系研制和施工工艺优化及油井管理以缓解堵塞对生产的影响是非常必要的（刘平礼等，2016）。

1. 堵塞机理

海上平台由于空间小、无专业处理含聚合物污水的设备，通常是在常规水处理设备工艺基础上进行改进或调整，导致含聚合物污水处理及回注过程中水质问题相比陆地油田更为严重。如果向储层注入劣质水，可直接堵塞油层渗滤端面，导致注水井吸水能力下降、注入压力升高、欠注严重、更进一步加剧储层非均质性，从而引起油层能量不足，油井产量下降；还会导致注水管柱腐蚀结垢、拔不动、分注合格率低、酸化有效期短等一系列问题，影响油田开发效果。

堵塞机理部分研究了黏土类不同矿物组分对聚合物的吸附规律、稠油沥青质吸附沉积及含聚合物污水中含油率对储层渗透率的影响，获得了各矿物的单位质量吸附量表（表3-3-1）及含油率对不同渗透率岩心堵塞伤害（图3-3-1）。

表3-3-1　浓度不同时各矿物的单位质量吸附量表

聚合物浓度 / (mg/L)		100	1750	2500	3000
吸附量 / (g/g)	高岭石	0.4140	2.2288	2.7129	4.0799
	钾长石	0.3623	1.7003	1.8891	3.4522
	绿泥石	0.3130	0.9393	2.5759	3.5802
	蒙脱石	0.3827	1.7759	2.1701	3.2266
	钠长石	0.2011	0.7974	0.9418	1.2184
	伊利石	0.3092	1.5379	2.7382	3.2102
	二氧化硅	0.1867	0.3025	1.4106	1.8225

由表3-3-1可知，聚合物浓度不同，各矿物单位质量吸附量各不相同，表现出各矿物单位质量吸附量随着聚合物浓度的增加逐渐增大；浓度相同时黏土矿物的吸附量较大，其中高岭石吸附量较高，而二氧化硅和长石类较低。

由图3-3-1可知，不同渗透率的岩心整体上都表现出渗透率伤害程度随含油率的增加而增大，当含油浓度较低时，含油污水中悬浮油滴粒径小，数量相对少，可以顺利通过岩心；另外，较低浓度乳化油滴吸附在孔隙壁上，由于吸附量相对较低，不会对岩心造成很大伤害。含油率较高时，水中的油滴数量相对较多，粒径相对较大，因此流动过程中出现贾敏现象，导致岩心渗透率伤害率相对较大。同一含油率下，含油污水对岩心的伤害程度随着岩心渗透率的增大而减小。对于高渗透储层，其孔喉半径大，对乳化形成的悬浮油滴阻力较小，因此伤害程度低；对于低渗透储层，其孔喉半径小，对乳化形成的悬浮油滴有较大的阻力，所以伤害程度相对较高。

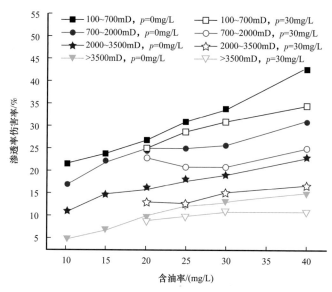

图 3-3-1 含油率对不同渗透率岩心堵塞伤害实验结果

2. 复合解堵液体系

渤海稠油油田注聚合物井堵塞物主要由油垢、聚合物及无机垢等组成，聚合物注入地层后与油垢、无机垢相互包裹缠绕，在地层高温高压条件下发生反应，最终形成结构复杂、化学性质稳定的老化变性堵塞物胶团。复合解堵液体系从渗透溶胀、剥离解吸、悬浮分散、氧化降解、酸化溶蚀等多角度解堵机制出发，通过清洗溶解油垢，氧化降解聚合物，溶蚀无机垢一系列步骤，最终实现解除地层伤害的目的（Zhang et al.，2016）。

1）稠油降黏剂作用机理

稠油油田原油具有黏度大，胶质、沥青质含量高，不易流动的特点，溶剂萃取技术作为一种常见的稠油降黏技术，具有溶剂用量少、对地层伤害小、分离效果佳的特点，其作用原理是基于"相似相溶"原理，通过选择性吸附、选择性洗脱的方式对样品进行组分分离。该技术采用液固萃取的方法，利用有机溶剂对油泥固体样品中沥青质、胶质等有机质进行抽提，达到分离、洗脱油泥中重质组分的目的。

在油气田开发过程中，有机溶剂主要通过剥离、分散沉积在近井地带有机垢，在清洗储层表面原油的同时，溶胀分散堵塞物胶团，使堵塞物中聚合物组分暴露出来。由于密度小的油相上浮，密度较大的泥沙及聚合物组分沉于底部，使得油、泥等组分分离；同时，有机溶剂与石油中沥青质、胶质等极性基团发生化合作用，形成有机盐类物质，增加油泥的水溶性，进一步促进原油、沥青质等有机质与泥砂的分离。此外，有机溶剂可以清洗岩石表面的油膜，促进岩石的润湿指数的改变，提高油相渗透率。部分有机溶剂滞留于地层岩石壁面，还具有预防胶质、沥青质等有机质沉积的作用。

2）聚合物降解剂作用机理

聚合物驱所用聚合物具有分子量高、溶液黏度大、稳定性强的特点。高分子聚合物通常采用氧化降解的方式使其分子链断裂，降低溶液黏度，从而实现解堵增注的目的。

渤海油田聚合物驱采用的聚合物包括疏水缔合聚合物、弱凝胶及二元聚合物等，其主链均为稳定性较高的碳碳键（C—C），这种碳碳键稳定性极强，只有高温条件反应和强氧化剂作用才能使其降解，而由于储层温度难以改变，因此只能采用氧化降解的方式使其断裂。

当聚合物与活性氧接触时，聚合物被氧化产生自由基·OH引发聚合物分子连锁氧化反应［式（3-3-1）至式（3-3-4）］。聚合物链上的自由基引发α-裂解反应和β-裂解反应，使分子主链断裂，聚合物分子量迅速下降，同时伴随发生脱酰胺或脱羧反应，产生不同氧化降解产物，最终到达降黏解堵的目的。

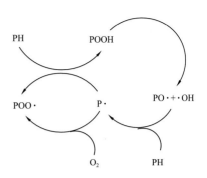

图 3-3-2　聚合物氧化降解反应示意图

$$POOH \longrightarrow PO \cdot + \cdot OH \tag{3-3-1}$$

$$PH + \cdot OH \longrightarrow P \cdot + H_2O \tag{3-3-2}$$

$$P \cdot + O_2 \longrightarrow POO \cdot \tag{3-3-3}$$

$$POO \cdot + PH \longrightarrow POOH + P \cdot \tag{3-3-4}$$

同时，氧化剂还具有一定的杀菌作用，可除去注入管线及近井地带细菌，防止细菌与聚合物接触产生的一系列代谢产物堵塞储层。

3）无机垢溶蚀剂作用机理

除了上述原油及聚合物外，堵塞物中还含有大量的黏土矿物、机械杂质及岩石骨架颗粒等物质，酸液体系对无机垢具有较好的溶解效果，对解除地层伤害有显著作用。砂岩储层一般的酸液体系配方主要包括盐酸、氢氟酸以及各种添加剂。首先，利用盐酸对地层进行预处理，以溶解储层中碳酸盐类胶结物和部分钙质、铝质等粉砂岩，避免氢氟酸等酸液与其接触生成氟化钙、氟化镁等不溶物造成新的堵塞。然后，利用处理液溶蚀地层中的硅质矿物，解除难溶盐酸的堵塞或增加溶蚀率，达到提高渗透率的目的。

针对稠油油田注聚合物井堵塞问题，单一解堵剂难以解除储层伤害，需对症下药，针对不同伤害机理提出相对应的解堵措施，通过各解堵液体系协同作用，从而解除堵塞，恢复乃至提高油井产液能力。

复合解堵液体系由稠油降黏剂（分散、溶胀有机质）、聚合物降解剂及无机垢溶蚀剂组成，稠油降黏剂体系为SA-YS与盐酸的复配体系，聚合物降解剂体系为SA-GD与盐酸复配体系，无机垢溶蚀剂由HCl、SA601、SA701复配组成（表3-3-2）。

通过岩心流动实验评价了复合解堵液体系的效果，其实验方法为将地层原油与无机垢按1:1的比例混合制成油垢，然后取渤海油田油砂与油垢按一定比例均匀混合，压制成人造岩心，其中岩心油垢含量分别为5%、10%和15%，测定岩心原始渗透率后，注入聚合物溶液（浓度为2000mg/L），取伤害后岩心烘干老化48h，再依次注入复合解堵液体系（其中注入聚合物降解剂后憋压反应12h）。

表 3-3-2　岩心驱替顺序及配方

驱替顺序	液体类型	配方体系	作用
1	基液	3%NH₄Cl	测定岩心渗透率
2	聚合物溶液	2000mg/L 聚合物	伤害岩心
3	稠油清洗剂	5% 盐酸 +10%SA-YS	溶解油泥，剥离黏附在黏土颗粒表面上沥青质等，解除有机质伤害
4	聚合物降解剂体系	5% 盐酸 +1%SA-GD	解除聚合物伤害，降解堵塞物胶团，疏通孔隙喉道
5	无机垢溶蚀剂	8%HCl+3%SA601+3%SA701	有效溶解无机垢、黏土、粉砂等
6	基液	3%NH₄Cl	测定岩心渗透率

岩心伤害解堵实验数据见表 3-3-3，累计孔隙体积与岩心渗透率比值 K_i/K_0 的关系曲线如图 3-3-3 至图 3-3-5 所示。

表 3-3-3　岩心流动实验数据表

岩心编号	油垢含量 /%	温度 /℃	K_i/K_0						渗透率伤害率 /%	渗透率恢复率 /%
			基液	聚合物溶液 /%	稠油清洗剂 /%	聚合物降解剂 /%	无机垢溶蚀剂 /%	基液 /%		
D-1	5		1	28.7	45.3	76.1	134.2	162.7	71.3	85.1
D-2	10	60	1	26.3	52.2	90.0	161.1	191.2	73.7	97.3
D-3	15		1	25.5	54.1	93.4	178.6	215.8	74.5	115.8

注：K_i/K_0 中 K_0 是指岩心堵塞前的渗透率，K_i 是注入聚合物溶液、稠油清洗剂、聚合物降解剂、无机垢溶蚀剂及其之后注入基液时按照达西公式计算出的渗透率，通过其变化可以反馈不同环节时堵塞/解堵及其程度。

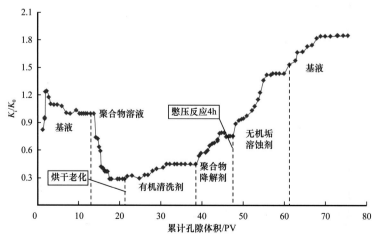

图 3-3-3　含 5% 油垢岩心驱替实验曲线图

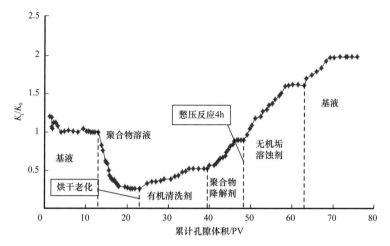

图 3-3-4　含 10% 油垢岩心驱替实验曲线图

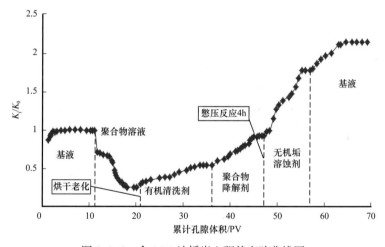

图 3-3-5　含 15% 油垢岩心驱替实验曲线图

由图 3-3-3 至图 3-3-5 的实验曲线可看出，注入聚合物溶液后，岩心渗透比值明显降低，三个岩心渗透率伤害率依次为 71.3%、73.7% 和 74.5%。将伤害后岩心烘干老化 24h，然后依次注入复合解堵液体系解堵，岩心渗透率比值呈不同上升趋势，渗透率恢复率由 85.1% 到 115.8% 不等，表明该复合解堵液体系能有效解除堵塞。

3. 现场应用

复合解堵体系在渤海化学驱油田的 3 口生产井和 2 口注入井进行了矿场试验。其中 A 井为生产井，初期日产液 230m³，日产油 185m³，含水率 18%。2012 年，该井产液量开始下降，该井于 2014 年 7 月 4 日故障停泵，停泵前产液量 46.9m³/d，产油量 34.2m³/d，含水率 27%。检泵过程中发现管柱内有聚合物，发现 Y 堵外观良好，工具串上带出大量类似聚合物的絮状胶皮，有弹性。解堵作业中，气液交替注入稠油降黏剂和聚合物降解剂，反应规定时间后，泵注压力在 11.5MPa 稳定，泵注排量由最初的 1bbl/min 增加至 2.59bbl/min，说明复合解堵体系注入地层后能有效解除该井堵塞，恢复生产后日产液量由

$80m^3$ 增加至 $187m^3$，日产油量由 $33m^3$ 增加至 $76m^3$，该井累计增油超过 $14000m^3$。

D 井为注聚合物井，采用相同解堵工艺，解堵前注入压力 9.1MPa，日注入量 $296m^3$，解堵后注入压力 9.0MPa，日注入量 $564m^3$。

无论是生产井或者注入井，解堵后均达到了预期解堵效果。

二、海上油田化学驱深部调驱技术

1. 海上油田调剖现状分析

调剖技术是为了调整注水井的吸水剖面，提高注入水的波及系数，改善水驱效果，向地层中的高渗透层注入化学药剂，药剂凝固或膨胀后，降低油层的渗透率，迫使注入水增加对低含水部位的驱油作用的工艺措施。海上油田具有投入高、开发周期短的特点，决定了其必须以较高的采油速度进行生产，以便在平台设计寿命时间内取得最大开发效益，其中水驱油藏多采用强注强采的开发方式，随着注水开发的进行，油田储层非均质性日益严重，导致大量注入水的指进、舌进，甚至窜进，由此开发中注入水沿窜流通道低效或无效循环，而油井含水率升高，产油量递减迅速，使油田油藏水驱效果变差，因此，为了改善油田水驱开发效果，控水稳产，提高采收率，调剖技术是海上油田开发中稳油控水一项主要作业措施。

渤海油田以水驱开发为主，储层多为河湖三角洲—河流相沉积砂体，含油层数多（数层至数十层），含油井段长（几十米至数百米）。储层物性好，渗透率高（500～8000mD），孔隙度大（25%～35%），流体性质较差，具有密度大、黏度高（地下原油黏度26～150mPa·s）、胶质和沥青质含量高的特点，注水后水窜现象严重。此外，为了适应海上平台工程特点，缩短投资回收期，海上油田常采用高注采强度方式开发，导致油井含水率上升快，储层局部暴性水淹，动用程度不均，严重影响油田稳产。为了解决渤海油田含水率上升较快、开发矛盾日益突出等问题，近些年逐步开展了调剖、堵水等措施，以期达到稳油控水的目的。目前，注水井调剖主要以延缓交联聚合物凝胶、纳米微球、膨胀型颗粒以及冻胶类等调剖体系为主实施。2003 年至 2013 年，累计实施调剖措施 275 井次，取得了一定的效果。但是，随着油田开发的不断深入，储层非均质性及水窜现象日益严重，调剖剂的注入性能与封堵性能之间矛盾也比陆地油田表现得更为突出。海上油田以往用的调剖措施是常规小半径调剖，小半径调剖是通过调剖剂对近井地带高渗透条带的堵塞来实现提高中低渗透条带的吸水能力，达到改善吸水剖面的目的。由于具有对启动压力不同储层的自由选择功能，而且不受井况、隔层等条件限制，可以作为分注难度大的井分层注水的补充工艺手段。特点是堵剂强度大，以封堵为主要机理，但对层间启动压力差异大的井难以改善。对于采取过多次小半径调剖措施的油田区块，近井地带的剩余油得到了充分驱替，其调剖效果逐年下降，需采用地层深部处理措施进行深部挖潜。对于渤海海上油田，影响开发的主要矛盾由单一型向多种矛盾交叉转化，其潜力不仅存在于层间动用程度差异上，还存在于层内、平面的低渗区，常规工艺难以挖潜。以平面矛盾为主的油田只有采用地层深部治理措施对非均质性进行充分调整，才能有效提高开发效果。因此，海上油田后续调剖作业对调剖剂性能和施工工艺提出了更高的要求，迫切需要研究更加适合海上油田特点、高效廉价且施工相对简单的深部调剖技术。

绥中 36-1 油田位于渤海辽东湾海域，为受岩性和构造控制的层状油气藏，重质稠油，主要含油层段为东营组东二下段，油田物性较好，但非均质性严重，平均孔隙度 32%，平均渗透率 2000mD。油田采取滚动开发模式，分Ⅰ期和Ⅱ期开发。Ⅱ期储层平均渗透率 1618.6mD，平均单井砂岩厚度 64.2m，平均油层厚度 41.52m。F08 井组位于油田Ⅱ期，2001 年投产的 F 平台。截至 2014 年底，Ⅱ期累计产油 $3534 \times 10^4 m^3$，采出程度 13.1%，综合含水率 78%，采油速度 1.3%。Ⅱ期开发过程中存在的主要问题是因储层非均质性导致层间矛盾突出，油井含水率上升较快，水驱采收率及采油速度偏低。为了改善开发效果，对注入水突进的层位进行了多轮次调剖治理。2003 年实施首次调剖措施，调剖措施效果较好，单个井组平均累计增油 5000m³ 左右，而油田其他井组在 2013 年实施调剖措施后，调剖措施效果变差，从实施情况分析，由于海上油田许多井开展了多轮次调剖，但调剖深度及调剖体系变化不大，导致后续调剖效果逐渐变差。同时，单井多轮次调剖也暴露出来一些问题：（1）海上油田注采强度高，水淹具有区域性特点，单井深部调剖难以解决区块整体水窜问题；（2）只考虑注入井作业，难以与油井配合，需注采协同增效。此外，低油价下，单纯依靠多井次或多轮次的单井深部调剖提高区域开发效果，无法实现增油效果与经济效益的协调双优。因此，为适应当前油田开发阶段，以及低油价形势，渤海油田后续调剖增产作业应采用区块整体深部调剖技术，强化整体效果，降本增效，形成区域效应，实现增油效果与经济效益的双赢。

2. 分级组合深部调剖技术的提出

针对海上油田调剖存在的问题，项目组提出了分级组合调剖技术。该技术中的分级是根据渗透率对堵剂进行分级，包括储层窜流强度分级、连续相堵剂的强弱分级和分散相堵剂的尺寸分级；组合是指连续相与分散相段塞的组合，通过将连续相堵剂注入近井地带封堵高渗透条带，将分散相堵剂注入油藏深部封堵次一级孔喉，既可以封堵近井地带高渗透条带，又可以进入油藏深部，改变深部液流方向，从而达到深部调剖作用，解决深部调剖药剂注入性能与封堵性能之间的矛盾。同时，海上平台深部调剖作业时间长，平台空间有限，难以长时间占用，采用井口调剖 + 在线调剖工艺组合的方式，有效节约了平台占用空间，使海上平台开展深部调剖（调剖半径超过 50m）成为可能。

该技术的提出，解决了制约海上油田深部调剖开展的平台空间不足及调剖体系注入性能与封堵性能之间的矛盾问题，为海上油田多轮次调剖后调剖效果的改善提供了技术支持，使得海上油田大剂量深部调剖成为可能。

3. 分级组合深部调剖目标油藏筛选及评价

1）调剖区块筛选

绥中 36-1 油田位于渤海辽东湾海域，主力含油层系为东营组下段，埋深

1175～1605m，东下段主要为湖相三角洲沉积，储层发育，连通性好，油层分布稳定；油藏类型为受岩性影响的在纵向上、横向上存在多个油气水系统的构造层状油气藏。油田的主力开发层系为东营组下段的Ⅰ、Ⅱ油组，可细分为14个小层。油层厚度大，含油砂层多，纵向可见多套砂、泥岩互层，砂层又具有明显的反旋回特征。储层物性好，非均质性严重，孔隙度在28%～35%之间，平均值为32%；渗透率在100～10000mD之间，平均值为2000mD。

绥中36-1油田原油具有密度高、黏度大、胶质沥青质含量高、含硫量低、含蜡量低、凝点低等特点，属重质稠油。其中Ⅱ期地面原油密度介于0.909～0.993g/cm³，平均为0.973g/cm³；黏度介于23.4～11355.0mPa·s，平均为1849.4mPa·s；含蜡量2.30%～2.76%，含硫量0.36%～0.37%，沥青质9.48%～10.18%，胶质10.45%～11.87%。地下原油性质：原油黏度（饱和压力下）介于23.5～452.0mPa·s，平均为176.3mPa·s；饱和压力介于5.00～13.70MPa，平均为9.72MPa；原始溶解气油比介于10～35m³/m³，平均为24m³/m³；体积系数（饱和压力下）介于1.058～1.103，平均为1.077。

从绥中36-1油田Ⅱ期综合含水率与采出程度关系曲线可以看出，目前各区含水普遍存在上翘趋势，而F区在加密调整井投产及分级组合深部调剖2口井先导试验以来，含水率虽大幅下降但目前以较快速度上升。因此，选择绥中36-1油田F区开展以区块整体治理为目标的分级组合深部调剖扩大试验，抑制其含水率上升以降水增油。

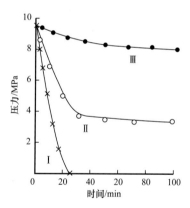

图3-3-6 典型的注水井井口压降曲线

2）调剖目标井筛选

PI决策技术又称压力指数决策技术，是一项以决策参数 PI_t^G 值决定区块整体调剖重大问题的技术。PI_t 值是根据其定义由注水井井口压降曲线计算得出。注水井井口压降曲线是指突然关井后注水井井口压力随时间的降落曲线。为了取得注水井井口压降曲线，可在正常的注水条件下突然关井，记录井口压力随时间变化，然后以时间为横坐标，以压力为纵坐标，绘制注水井的井口压降曲线。图3-3-6为3条典型的注水井井口压降曲线，曲线Ⅰ、曲线Ⅱ和曲线Ⅲ分别是注水井与高渗透层、中渗透层和低渗透层连通得到的。

PI值为将注水井井口压降曲线量化为一个决策参数，可将关井时间为 t 时曲线下的面积积分 $\int_0^t p(t)\mathrm{d}t$ 算出（图3-3-7），再由式（3-3-5）算出 PI_t 值：

$$PI_t = \frac{\int_0^t p(t)\mathrm{d}t}{t} \tag{3-3-5}$$

式中　PI_t——注水井关井时间为 t 时的压力指数值，MPa；

$p(t)$——注水井关井时间为 t 时的压力，MPa；

t——注水井的关井时间，min。

从式（3-3-5）和图3-3-7可以看出，在相同关井时间 t 的条件下，PI_t 越小，注水地层的渗透率越高。

由于各注水井注水强度（q/h）不同，使得各注水井的 PI_t 值不具有可比性，为使注水井的 PI_t 值可与区块中其他注水井的 PI_t 值相比较，从而反映注水井连通地层的渗透性，应将各注水井的 PI_t 值归整至一个相同的 q/h 值。这个相同的 q/h 值可选区块注水井的 q/h 平均值的就近归整值。由式（3-3-6）可得 PI_t 值归整值 PI_t^G。

$$PI_t^G = \frac{PI_t}{q/h} \cdot G \tag{3-3-6}$$

式中　PI_t^G——PI_t 值归整值，MPa；

q/h——注水井注水强度，$m^3/（d \cdot m）$；

G——区块注水井 q/h 平均值的就近归整值，$m^3/（d \cdot m）$。

以 PI_t^G 值作为区块整体调剖决策参数，PI_t^G 值与地层渗透率负相关，该值越小，说明目前地层渗透率越高，地层越需要调剖。

调剖的充分程度可用注水井井口压降曲线算出的充满度（FD 值）判断。图 3-3-8 是用于说明注水井井口压降曲线充满度的概念图，充满度等于注水井井口压降曲线下的面积 $\int_0^t p(t)\mathrm{d}t$ 占 $p_0 \cdot t$ 面积的比例。

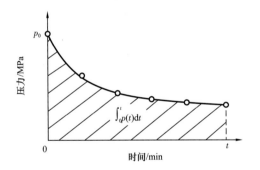

图 3-3-7　关井后压力随时间的变化曲线　　图 3-3-8　注水井井口压降曲线充满度的概念图

充满度由下式定义：

$$FD = \frac{\int_0^t p(t)\mathrm{d}t}{p_0 t} = \frac{1}{p_0} \cdot \frac{\int_0^t p(t)\mathrm{d}t}{t} = \frac{PI_t}{p_0} \tag{3-3-7}$$

式中　FD——充满度；

p_0——关井前注水井的注水压力，MPa；

t——关井后所经历的时间，min；

PI_t——关井时间为 t 时的压力指数值，MPa。

从式（3-3-7）可以看出，充满度可由 PI_t 值和关井前注水井的注水压力 p_0 算出。若 FD=0，即 $PI_t=0$，表示地层为优势渗流通道控制，关井后井口压力立即降至 0；若 FD=1，即 $PI_t=p_0$，表示地层无渗透性，关井后井口压力不变。通常情况下，调剖井调剖前，FD 值均小于 0.65，而调剖后，FD 值一般在 0.65～0.95。因此注水井井口压降曲线的充满度可作为注水井调剖充分程度的判断。

根据 2017 年 2 月测得的绥中 36-1 油田 F 区 23 口注水井井口压降数据，采用 PI 决策软件，计算得到 $t=90\text{min}$ 的压力指数 PI_{90} 值及注水强度归整值 $10.0\text{m}^3/(\text{d}\cdot\text{m})$，用归整值归整 PI_{90} 值得到 $PI_{90}^{10.0}$，按 $PI_{90}^{10.0}$ 大小对 F 区注水井进行排序，得 PI 归整值排序表（表 3-3-4）。

表 3-3-4　绥中 36-1 油田 F 区按 PI 归整值排序表

序号	井号	注水层厚度 / m	日注量 / m^3	注水压力 / MPa	PI_{90}/ MPa	FD	注入强度 / $\text{m}^3/(\text{d}\cdot\text{m})$	$PI_{90}^{10.0}$/ MPa
1	F28	48.9	477	4.2	0.04	0.01	9.75	0.04
2	F31	33.6	521	7.5	0.1	0.01	15.51	0.07
3	F01	64.8	346	4.9	0.04	0.01	5.34	0.07
4	F33	30.7	755	7.8	0.19	0.02	24.59	0.08
5	F19	41.2	348	7.1	0.09	0.01	8.46	0.11
6	F22	45.7	363	7.9	0.11	0.01	7.94	0.14
7	F27	34.7	387	8.7	0.33	0.04	11.16	0.29
8	F24	51.8	570	7.8	0.36	0.05	11	0.32
9	F17	47.9	513	9.6	0.66	0.07	10.71	0.61
10	F15	33.2	298	9.8	0.67	0.07	8.97	0.74
11	F03	27.4	185	9.1	0.65	0.07	6.74	0.96
12	F20	34.3	171	7.5	0.57	0.08	5	1.15
13	N31	31.5	266	9.8	1	0.1	8.46	1.18
14	F13	38.4	277	7.4	1.23	0.17	7.22	1.7
15	F05	27.5	226	9.4	1.96	0.21	8.22	2.38
16	F26	51.6	464	9.9	2.74	0.28	9	3.05
17	F08Id	21.7	506	9.65	7.28	0.75	23.31	3.12
18	F10	19.1	286	9.7	4.87	0.5	14.95	3.26
19	N30	34	259	7.9	2.88	0.36	7.62	3.78
20	N29	29.3	240	9.8	3.14	0.32	8.19	3.83
21	F06Id	28.5	437	9.48	7.65	0.81	15.34	4.98
22	F06Iu	31.5	388	9.7	7.79	0.8	12.3	6.33
23	F08Iu	12.9	69	8.22	7.34	0.89	5.34	13.76
平均		35.6	363	8.3	2.25	0.25	10.66	2.46

由表 3-3-4 可知，F 区平均 PI 归整值只有 2.46MPa，通常 PI 归整值低于 10MPa 时就需要调剖。另外 PI$_{90}^G$ 值与地层渗透率负相关，因此可以用 PI$_{90}^G$ 值级差反映该区块地层渗透率的级差。而渗透率级差大小可以反映地层均质程度，渗透率级差越大地层非均质性越强，越需要调剖，即 PI$_{90}^G$ 值级差越大越需要调剖。PI$_{90}^G$ 值级差为区块上注水井最大 PI$_{90}^G$ 值与最小 PI$_{90}^G$ 值的比值。由表 3-3-4 的数据可以算出 F 区 PI$_{90}^G$ 值的级差为 13.76/0.04＝344，通常 PI$_{90}^G$ 值级差超过 3 时地层就需要调剖。根据上述分析说明该区块需要调剖。

区块整体调剖并不需要所有注水井都调剖。根据 PI 决策结果中区块注水井 PI$_{90}^G$ 平均值与注水井的 PI$_{90}^G$ 值选择调剖井。通常 PI$_{90}^G$ 值低于区块注水井 PI$_{90}^G$ 平均值的注水井为适宜调剖井，PI$_{90}^G$ 值高于区块注水井 PI$_{90}^G$ 平均值的注水井为需要增注井，PI$_{90}^G$ 值略高于或略低于区块注水井 PI$_{90}^G$ 平均值的注水井为不处理井。由表 3-3-4 可知，区块 PI$_{90}^{10.0}$ 值为 2.46MPa，在排序中处于低值的有 14 口井。综合考虑受益井数、注采对应情况，选取 F17、F22、F19、F15、F27、F13、N31、F24 共计 8 口井调剖。

4. 分级组合深部调剖方案

1）调剖剂的用量

调剖剂的用量可按下式计算：

$$V' = (R_2^2 - R_1^2) h \tag{3-3-8}$$

式中　V'——调剖剂的估算用量，m³；

　　　R_2——调剖剂在高渗透层外沿半径，m；

　　　R_1——调剖剂在高渗透层内沿半径，m；

　　　h——注水地层厚度，m。

2）凝胶用量

连续相调剖剂的目的是封堵油水井之间的优势通道，提高水井的 PI 值和 FD 值，因此调剖剂用量可按 PI 决策公式计算。

$$V_1 = bh\text{PI} \tag{3-3-9}$$

式中　V_1——调剖剂的用量，m³；

　　　b——用量系数，凝胶的 b 值一般为 50～100m³/（MPa·m），根据绥中 36-1 油田 F 区的注水强度 10.0m³/（d·m），借鉴陆上同注水强度（东辛永 8 断块）地层调剖的经验，选择用量系数 b 为 90m³/（MPa·m）进行试注，后期根据试注情况进行适时调整；

　　　h——注水井射开层厚度，m；

　　　PI——PI$_{90}^{10.0}$ 预期值与 PI$_{90}^{10.0}$ 目前值的差值，取值目前 PI$_{90}^{10.0}$ 值与区块平均值之差，一次施工以提高 2～4MPa 为宜。

3）过顶替液用量

$$V_2 = \pi R_1^2 h\phi_1 \tag{3-3-10}$$

式中　V_2——过顶替液用量，m³；

R_1——过顶替液到达的距离，m；

h——油层厚度，m；

ϕ——油层近井地带的孔隙度；

l——过顶替液进入的厚度占油层厚度的百分数，%（连续相凝胶调剖后，吸水厚度增加）。

4）深部调剖剂用量

深部调剖剂的用量 = 调剖剂用量 − 连续相调剖剂用量。

各井的组合段塞见表3-3-5。在组合的基础上，设计注入一段强凝胶作为封口段塞进行保护，注完凝胶体系后注入封口段塞，候凝3天后转注深部调驱体系，待深部调剖体系注完后直接转为水驱。

表3-3-5　各井调剖体系用量设计

井号	调剖位置	调剖深度 / m	凝胶体系调剖深度 / m	调剖内沿半径 / m	注水层厚度 / m	调剖剂总用量 / m³	凝胶体系用量 / m³	深部调驱剂用量 / m³	注入天数 / d
F17	Ⅲ防砂段	75	30	3	23.2	25000	11000	14000	34
F22	Ⅰ防砂段	75	30	3	16.5	24000	8000	16000	49
F19	Ⅰ防砂段	75	30	3	13.1	21000	6500	14500	61
F24	Ⅰ防砂段	75	30	3	13.9	20000	6500	13500	29
F15	Ⅰ防砂段	75	30	3	14.1	18000	6500	11500	44
F28	Ⅰ防砂段	75	30	3	12	19000	8000	11000	29
F13	Ⅱ防砂段	75	30	3	17.5	17000	10500	6500	22
N31	Ⅲ防砂段	75	30	3	12	16000	8000	8000	31

密切关注凝胶注入压力升幅情况，当实际注入过程中出现高渗透层需要更高强度堵剂时，需要采用在线二次加交联剂的注入工艺，交联剂注入浓度范围为0.03%～0.06%，具体浓度根据现场试验施工需要确定和调整。

5.矿场实验及效果评价

分级组合深部调剖技术扩大试验于2018年4月2日正式在绥中36-1油田F区开展矿场扩大试验工作，共矿场作业8井次，单井作业时间2～3个月，单井调剖体系用量17000～30000m³。最后一口井F24井于2019年1月19日完成矿场作业施工，标志着分级组合深部调剖技术扩大试验正式结束。根据《海上砂岩油田注水井调剖效果评价技术要求》（Q/HS 2041—2008），对于调剖受益生产井的效果评价，有如下4项规范：

（1）日产油量上升，含水率下降5%及以上；

（2）日产油量上升10%，含水率稳定；

（3）日产油量稳定，含水率下降 10% 及以上；

（4）含水率上升 5% 及以下，日产油量上升 15% 以上。

其中，符合上述任何一条且有效期在一个月以上的视为调剖有效。

1）井区动态变化

分级组合深部调剖矿场先导试验后，调剖井区降水增油效果明显，如图 3-3-9 所示。试验井区综合含水率降低 6.6 个百分点，井组日净增油量最高达到 245m³，F 区产量递减得到有效减缓。

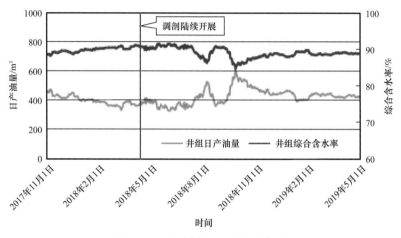

图 3-3-9　调剖井区生产动态曲线

2）增油效果评价

注水井、注聚合物井进行调剖时，区块产量递减的快慢对调剖措施增产效果评价影响较大。因此，有必要在考虑油田或区块递减规律基础上，客观、准确地评价整体增产效果。针对绥中 36-1 油田分级组合深部调剖试验井区，其在 2017—2018 年调剖前的产量自然递减属于指数递减，月递减率为 0.036mon⁻¹，如图 3-3-10 所示。

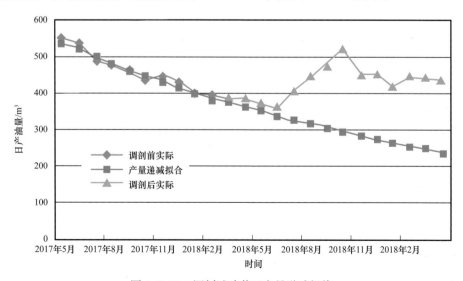

图 3-3-10　调剖试验井区产量递减规律

根据产量递减规律，有效期内分级组合深部调剖矿场试验累计增油达到 62122m³。

3）含水上升率的下降评价

含水上升率可由下式计算：

$$\frac{\mathrm{d}f}{\mathrm{d}R} = \frac{f_{w2} - f_{w1}}{R_2 - R_1} \tag{3-3-11}$$

式中 $\mathrm{d}f/\mathrm{d}R$——含水上升率；

f_{w2}——R_2 时间的含水率；

f_{w1}——R_1 时间的含水率；

R_2——计算含水上升率终点的月度时间；

R_1——计算含水上升率初始点的月度时间。

经过计算，F 区调剖扩大试验区在调剖前一年（2017 年 1 月至 2018 年 4 月）的含水上升率为 4.21%，调剖后（2018 年 5 月至 2019 年 4 月）的含水上升率为 –2.18%。因此，该区调剖后降低含水上升率 6.4 个百分点。

三、完井、防砂对驱油体系性能的影响

聚合物溶液经过地层多孔介质时，水化分子经受孔喉尺寸的自然选择，如果聚合物大分子通过孔喉时受阻，聚合物其他分子便会进一步发生缠结使溶液注入压力上升或使该环节压损增大甚至发生地层堵塞。聚合物溶液在近井地带不仅由井筒中的管流转变为地层孔隙介质中的渗流，而且地层孔隙介质中渗流的速率也从最大向外逐渐降低，不同完井方式影响管流到渗流的转换，即对聚合物溶液的剪切速率也随之不同，使得井筒中聚合物溶液的性能与通过不同完井方式后的聚合物溶液性能存在显著差异。

1. 裸眼完井对聚合物溶液性能的影响

1）注入强度对聚合物溶液水动力学尺寸的影响

经裸眼完井剪切模拟装置后水动力学尺寸与注入强度的关系如图 3-3-11（某疏水缔合聚合物，以 D-P 为例，浓度 1750mg/L）和图 3-3-12（某线性聚合物，以 X-P 为例，浓度 1500mg/L）所示。

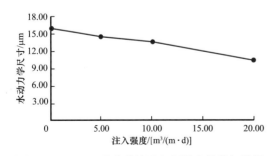

图 3-3-11　D-P 聚合物溶液经裸眼完井剪切模拟实验装置剪切后的水动力学尺寸与注入强度的关系曲线

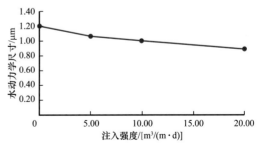

图 3-3-12　X-P 聚合物溶液经裸眼完井剪切模拟实验装置剪切后的水动力学尺寸与注入强度的关系曲线

由图 3-3-11 可知，随着注入强度增大，经剪切后 D-P 溶液水动力学尺寸从未剪切到剪切注入强度 20m³/（m·d）减小了 5.60μm。由图 3-3-12 可知，注入强度增大，经裸眼完井剪切模拟实验装置后 X-P 聚合物溶液的水动力学尺寸减小 0.31μm，降幅达 26.05%。

2）注入强度对聚合物溶液分子量的影响

不同注入强度对聚合物 D-P 溶液分子量的影响如图 3-3-13 和图 3-3-14 所示。

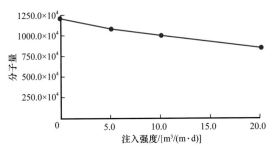
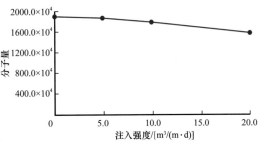

图 3-3-13　D-P 聚合物溶液经裸眼完井剪切模拟实验装置剪切后的分子量与注入强度的关系曲线　　图 3-3-14　X-P 聚合物溶液经裸眼完井剪切模拟实验装置剪切后的分子量与注入强度的关系曲线

由图 3-3-13 可知，随着注入强度增大，D-P 聚合物溶液经裸眼完井剪切模拟实验装置后聚合物溶液分子量减小了 353.4×10⁴，降幅达 29.7%。由图 3-3-14 可知，随着注入强度增大，1500mg/L 的 X-P 聚合物溶液经裸眼完井剪切装置后聚合物溶液分子量减小了 140.7×10⁴，降幅达 6.8%。

3）不同注入强度对聚合物溶液表观黏度的影响

不同注入强度对 D-P 聚合物溶液表观黏度的影响如图 3-3-15 和图 3-3-16 所示。

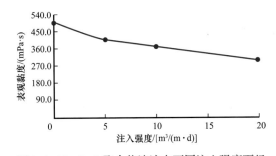
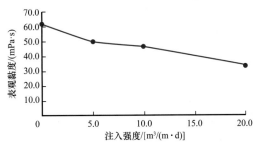

图 3-3-15　D-P 聚合物溶液在不同注入强度下经裸眼完井剪切模拟实验装置后表观黏度与注入强度的关系曲线　　图 3-3-16　X-P 聚合物溶液在不同注入强度下经裸眼完井剪切模拟实验装置后表观黏度与注入强度的关系曲线

由图 3-3-15 可知，随着注入强度增大，1750mg/L 的 D-P 聚合物溶液经裸眼完井剪切模拟装置后的表观黏度减小了 200.3mPa·s，黏度损失率为 40.3%。由图 3-3-16 可知，随着注入强度增大，1500mg/L 的 X-P 聚合物溶液经裸眼完井剪切模拟装置后的表观黏度减小了 27.2mPa·s，黏度损失率为 44.7%。

4）注入强度对聚合物溶液微观结构的影响

1750mg/L 的 D-P 溶液分别在 0、5m³/（m·d）、10m³/（m·d）、20m³/（m·d）注入强度下经裸眼完井剪切后微观结构如图 3-3-17 所示。

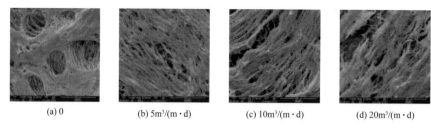

(a) 0   (b) 5m³/(m·d)   (c) 10m³/(m·d)   (d) 20m³/(m·d)

图 3-3-17　经裸眼完井不同注入强度剪切后 D-P 聚合物溶液的微观结构变化情况

图 3-3-17 可知，未剪切 1750mg/L D-P 聚合物溶液有完整三维物理网络结构。随着剪切注入强度的增加网络结构的破坏程度逐渐增大，骨架出现断裂的现象。1500mg/L X-P 溶液分别在 0、5m³/（m·d）、10m³/（m·d）、20m³/（m·d）注入强度下经裸眼完井剪切后的微观结构，如图 3-3-18 所示。

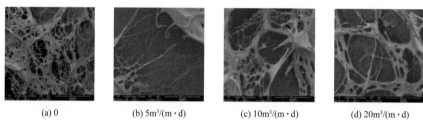

(a) 0   (b) 5m³/(m·d)   (c) 10m³/(m·d)   (d) 20m³/(m·d)

图 3-3-18　经裸眼完井不同注入强度剪切后 X-P 聚合物溶液的微观结构变化情况

由图 3-3-18 可知，未经过剪切的 1500mg/L X-P 聚合物溶液具有完整的网络结构。随着注入强度增加 X-P 聚合物溶液网络结构破坏程度增大。

2. 套管射孔完井对聚合物溶液性能的影响

1）注入强度对聚合物溶液水动力学尺寸的影响

由图 3-3-19 可知，随着注入强度增大，经套管射孔完井剪切模拟装置后 D-P 聚合物溶液水动力学尺寸从未剪切到注入强度 20m³/（m·d）减小了 9.71μm。由图 3-3-20 可知，随着注入强度增大，经套管射孔完井剪切模拟实验装置后 X-P 聚合物溶液的水动力学尺寸从未剪切到注入强度 20m³/（m·d）减小了 0.64μm。

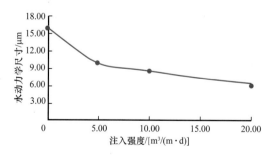

图 3-3-19　D-P 聚合物溶液经套管射孔完井剪切模拟实验装置后的水动力学尺寸与注入强度的关系曲线

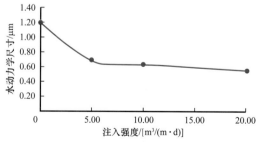

图 3-3-20　X-P 聚合物溶液经套管射孔完井剪切模拟实验装置后的水动力学尺寸与注入强度的关系曲线

2）注入强度对聚合物溶液分子量的影响

由图 3-3-21 可知，随着注入强度增大，经套管射孔完井剪切模拟实验装置剪切后的分子量从未剪切到剪切注入强度 20m³/（m·d）减小了 449.6×10⁴，降幅达 37.8%。由图 3-3-22 可知，随着注入强度增大，经套管射孔完井剪切模拟装置后聚合物溶液的分子量从未剪切到剪切注入强度 20m³/（m·d）减小了 201.2×10⁴，降幅达 9.7%。

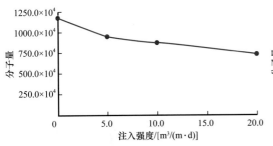

图 3-3-21　D-P 聚合物溶液经套管射孔完井剪切模拟实验装置剪切后的分子量与注入强度的关系曲线

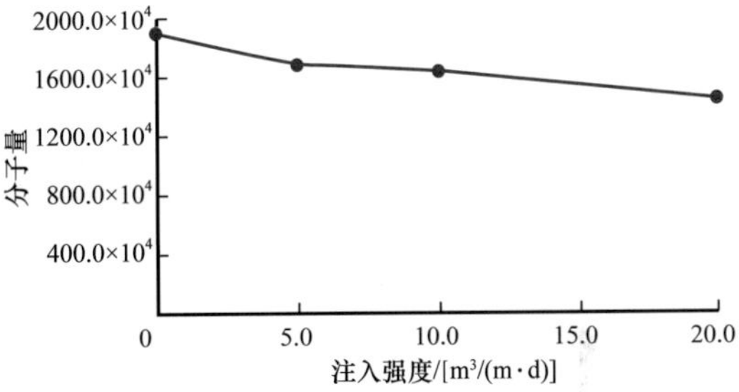

图 3-3-22　X-P 聚合物溶液经套管射孔完井剪切模拟实验装置剪切后的分子量与注入强度的关系曲线

3）注入强度对聚合物溶液表观黏度的影响

不同注入强度对聚合物溶液表观黏度的影响如图 3-3-23 和图 3-3-24 所示。

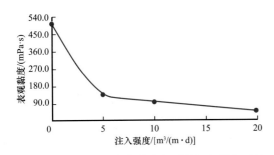
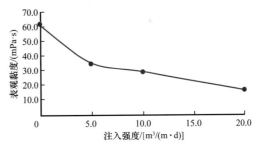

图 3-3-23　D-P 聚合物溶液在不同注入强度下经套管射孔完井剪切模拟装置后的表观黏度与注入强度关系曲线

图 3-3-24　X-P 聚合物溶液在不同注入强度下经套管射孔完井剪切装置后表观黏度与注入强度关系曲线

可见，随着注入强度增大，经套管射孔完井实验装置后 D-P 聚合物溶液从未剪切到注入强度 20m³/（m·d），表观黏度减小了 454.0mPa·s，黏度损失率为 91.2%；X-P 聚合物溶液经套管射孔完井剪切模拟装置后聚合物溶液表观黏度减小，黏度损失率为 73.6%。

4）注入强度对聚合物溶液微观结构的影响

用环境扫描电子显微镜观测得 1750mg/L D-P 聚合物溶液分别在 0、5m³/（m·d）、10m³/（m·d）、20m³/（m·d）注入强度下微观结构图 3-3-25 所示。

由图 3-3-25 可知，1750mg/L D-P 聚合物溶液三个剪切注入强度下经套管射孔完井剪切后的三维物理网络结构遭到了较严重破坏，连接程度明显降低。

用环境扫描电子显微镜观测得 1500mg/L X-P 聚合物溶液分别在 0、5m³/（m·d）、

$10m^3/（m \cdot d）$、$20m^3/（m \cdot d）$经套管射孔完井后如图3-3-26所示。

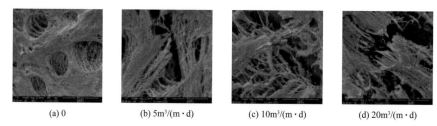

(a) 0　　　　　(b) 5m³/(m·d)　　　　　(c) 10m³/(m·d)　　　　　(d) 20m³/(m·d)

图3-3-25　经套管射孔完井不同注入强度剪切后D-P聚合物溶液的微观结构变化情况

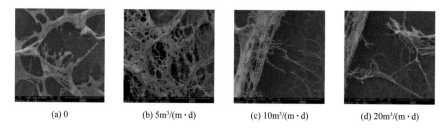

(a) 0　　　　　(b) 5m³/(m·d)　　　　　(c) 10m³/(m·d)　　　　　(d) 20m³/(m·d)

图3-3-26　经套管射孔完井不同注入强度剪切后X-P聚合物溶液的微观结构变化情况

由图3-3-26可知，1500mg/L X-P聚合物溶液经套管射孔完井剪切后溶液网络结构遭到严重破坏，连接程度及密集程度降低，网络结构变松散。

3. 套管射孔砾石充填完井对聚合物溶液性能的影响

1）注入强度对聚合物溶液水动力学尺寸的影响

注入强度对聚合物溶液水动力学尺寸的影响如图3-3-27和图3-3-28所示。

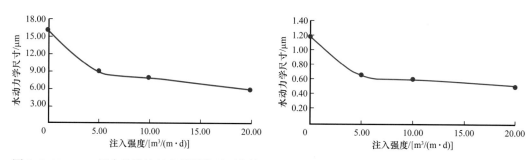

图3-3-27　D-P聚合物溶液经套管射孔砾石充填完井剪切模拟装置后的水动力学尺寸与注入强度的关系曲线

图3-3-28　X-P聚合物溶液经套管射孔砾石充填完井剪切模拟实验装置后的水动力学尺寸与注入强度的关系曲线

由图3-3-27可知，随着注入强度增大，经剪切模拟实验装置后的D-P聚合物溶液的水动力学尺寸从未剪切到剪切注入强度$20m^3/（m \cdot d）$减小了$10.5\mu m$，降幅达64.47%。由图3-3-28可知，随着注入强度增大，经套管射孔砾石充填完井剪切模拟实验装置剪切后X-P聚合物溶液的水动力学尺寸逐渐减小，降幅达56.30%。

2）注入强度对聚合物溶液分子量的影响

由图 3-3-29 可知，随着注入强度增大，1750mg/L D-P 聚合物溶液分子量从未剪切到注入强度 20m³/（m·d）减小了 460.7×10⁴，降幅达 38.7%。由图 3-3-30 可知，随着注入强度增大，1500mg/L X-P 聚合物溶液的分子量从未剪切到注入强度 20m³/（m·d）减小了 226.5×10⁴，降幅达 10.9%。

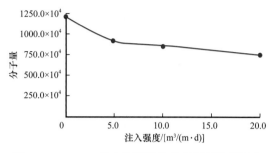

图 3-3-29　D-P 聚合物溶液的经套管射孔砾石充填完井剪切后的分子量与注入强度的关系曲线 　　图 3-3-30　X-P 聚合物溶液的经套管射孔砾石充填完井剪切后分子量与注入强度的关系曲线

3）注入强度对聚合物溶液表观黏度的影响

注入强度对聚合物溶液表观黏度的影响如图 3-3-31 和图 3-3-32 所示。

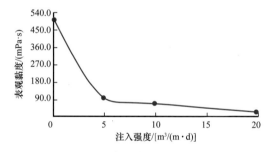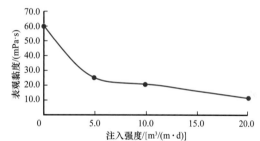

图 3-3-31　D-P 聚合物溶液在不同注入强度下经套管射孔砾石充填完井剪切模拟实验装置剪切后的表观黏度与注入强度的关系曲线　　图 3-3-32　X-P 聚合物溶液在不同注入强度下经套管射孔砾石充填完井剪切模拟实验装置剪切后的表观黏度与注入强度的关系曲线

由图 3-3-31 可知，随着注入强度增大，1750mg/L D-P 聚合物溶液表观黏度从未剪切到注入强度 20m³/（m·d）减小了 472.1mPa·s，黏度损失率为 94.9%。由图 3-3-32 可知，随着注入强度增大，1500mg/L X-P 聚合物溶液表观黏度从未剪切时到注入强度 20m³/（m·d）减小了 49.7mPa·s，黏度损失率为 81.6%。

4）注入强度对聚合物溶液微观结构的影响

1750mg/L D-P 聚合物溶液分别在 0、5m³/（m·d）、10m³/（m·d）、20m³/（m·d）注入强度下经套管射孔砾石充填完井剪切后的微观结构，如图 3-3-33 所示。

由图 3-3-33 可知，1750mg/L D-P 聚合物溶液在三个剪切注入强度下经套管射孔砾石充填完井剪切后的三维物理网络结构均遭到严重破坏。

1500mg/L X-P 聚合物溶液分别在 0、5m³/（m·d）、10m³/（m·d）、20m³/（m·d）注入强度下经套管射孔砾石充填完井剪切后微观结构如图 3-3-34 所示。

由图 3-3-34 可知，1500mg/L X-P 聚合物溶液在三个剪切注入强度下经套管射孔砾石充填完井剪切后网络结构遭到严重破坏。

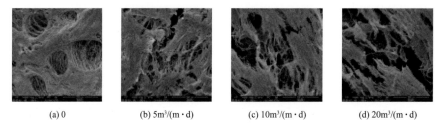

(a) 0　　　　　(b) 5m³/(m·d)　　　　　(c) 10m³/(m·d)　　　　　(d) 20m³/(m·d)

图 3-3-33　经套管射孔砾石充填完井不同注入强度剪切后 D-P 聚合物溶液的微观结构变化情况

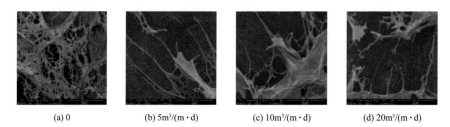

(a) 0　　　　　(b) 5m³/(m·d)　　　　　(c) 10m³/(m·d)　　　　　(d) 20m³/(m·d)

图 3-3-34　经套管射孔砾石充填完井不同注入强度剪切后 X-P 聚合物溶液的微观结构变化情况

第四章 海上稠油热采技术

本章在海上稠油热采的试验效果分析总结的基础上，形成热采参数优化和开发指标精确预测技术，提出了海上大井距稠油热采全寿命高效开发模式。针对海上长期蒸汽吞吐对井筒长效安全的挑战，开发了热采井口装置、井下封隔器和耐高温水泥浆体系，形成了海上稠油热采钻完井关键技术。针对海上规模化热采对平台工艺流程的新要求，开发形成海上热采平台水处理、稠油改质降黏输送和平台集成布置等技术。针对未来低成本稠油热采，探索了海上超临界多源多元热流体和火烧油层热采技术。通过多专业的技术攻关创新，指导了多个稠油油田热采开发方案的设计，其中旅大21-2油田世界首个规模化海上热采平台方案顺利投产，并首次实现海上稠油热采百吨井，为海上稠油规模化上产提供了坚实基础。

第一节 影响海上稠油热采开发效果的关键因素分析

一、注热参数影响规律

开展了不同方式（热水驱、蒸汽驱和多元热流体驱）效果室内评价，分析稠油热采对温度、渗流速度的敏感性，开展了海上稠油流变性及剪切应力—剪切速率特性实验研究，建立目标油藏黏度计算模型；明确蒸汽、热水、非凝析气多元注入介质与地层原油的耦合作用机理，首次给出不同热采方式产出物的组分变化特征；总结归纳出水平井注多元热流体的吞吐机理及气体组成对开发效果的影响；系统对比分析热水、蒸汽和多元热流体的开采效果，从机理上解释了多元热流体的技术优势，为海上稠油油田开发提供理论指导。

1. 物理模拟实验

图 4-1-1 为物理模拟实验装置，实验探究得到多元热流体驱油机理见表 4-1-1，不同热采方式下的开采机理见表 4-1-2。

通过室内物理模拟实验，开展了不同类型驱替实验，详细地探究了多元热流体开发过程中的耦合作用机理，为现场的多元热流体技术的使用提供技术依据与理论指导。其结论为：

（1）热力降黏和热膨胀是热水驱开采的主要机理，油水流度比的改善有助于提高驱油效率。

（2）热力降黏和蒸馏作用是蒸汽驱开采的主要机理，重质组分的转化和萃取作用有利于提高驱油效率。

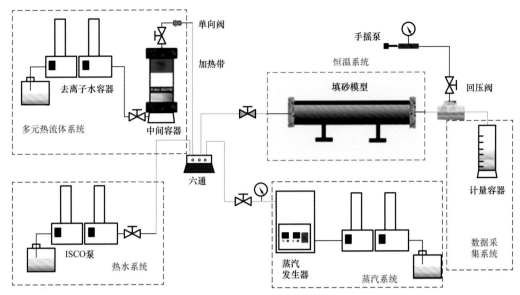

图 4-1-1　物理模拟装置示意图

表 4-1-1　多元热流体驱油机理

多元热流体驱油机理	黏度降低是多元热流体驱的主要机理
	重质组分向轻质组分的转化是提高驱油效率的主要途径
	二氧化碳的溶解作用有助于进一步提高驱油效率；氮气形成的混合驱进一步提高驱油效率

表 4-1-2　不同热采方式下的开采机理

热采方式	热水驱	蒸汽驱	多元热流体驱
开采机理	（1）热力降黏； （2）热膨胀； （3）油水流度比改善	（1）热力降黏； （2）蒸馏作用； （3）重质组分的转化； （4）萃取作用	（1）热力降黏； （2）重质组分的转化； （3）溶解降黏； （4）气水混合驱
不利因素	水携带热量较低，降黏效果有限	易汽窜，波及程度低	防腐要求高

（3）热力降黏和重质组分的转化是多元热流体开采的主要机理，溶解降黏和气水混合驱也非常重要。

（4）多元热流体通过热 / 物理 / 化学机理，改变芳烃—胶质—沥青质胶溶体系的平衡，强化原油中沥青质组分的采出程度，进而提高原油采收率。

2. 多元热流体吞吐的数值实验

1）加热与气体溶解降黏

由图 4-1-2 可知，多元热流体中 CO_2 易溶解于原油中，将液液之间较大的作用力转化为气液之间较小的作用力，从而降低原油黏度；温度是影响原油黏度的主要因素，随着原油中 CO_2 摩尔分数增加，原油黏度降低；多元热流体吞吐兼具加热与气体溶解降黏的作用。

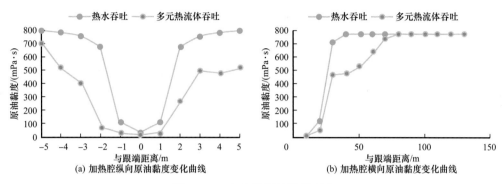

图 4-1-2　加热腔原油黏度变化

2）扩大波及系数

图 4-1-3 是热水与多元热流体吞吐波及范围对比图，多元热流体能明显增大加热腔体积，并维持油藏压力，因为气体的黏度、密度小，更能到达高渗透区域；多元热流体吞吐加热腔热量波及体积是蒸汽（热水）吞吐的 1.96 倍，高温区域温度比蒸汽（热水）吞吐温度高约 10℃。

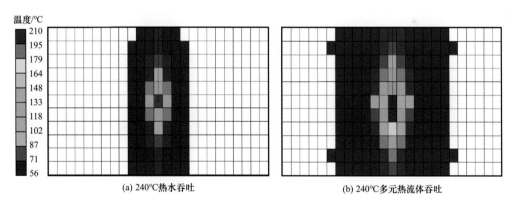

图 4-1-3　热水吞吐与多元热流体吞吐波及范围对比

3）气体辅助重力驱动

由图 4-1-4 可知，气体在油藏顶部富集，有利于加热腔向两侧扩展；同时气体有明显的增压效果和向下驱动（气驱、溶解气驱）作用；稠油在气体向下驱动和气油重力差异下流入井底；多元热流体周期峰值产油量高，累计产油量增加明显。

4）提高热效率

由图 4-1-5 可知，气体的导热系数远低于热水，整个多元热流体吞吐阶段，主要依靠热水（蒸汽）加热油层；注入气体易于在油层顶部聚集，明显降低热量向上覆地层的损失。

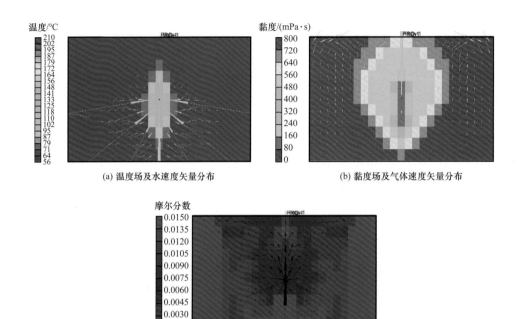

(a) 温度场及水速度矢量分布　　　　　　　(b) 黏度场及气体速度矢量分布

(c) N_2含量分布

图 4-1-4　不同组分剖面场图

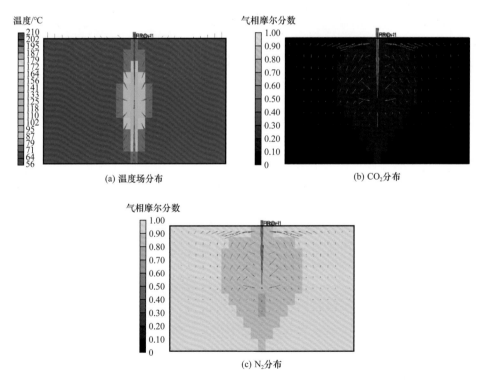

(a) 温度场分布　　　　　　　　　　(b) CO_2分布

(c) N_2分布

图 4-1-5　温度场与气体分布场图

5）多元热流体组成对开发效果的影响

（1）气水体积比对开发效果的影响。

随着气水体积比增加，采油速度和累计采油量增加，但当气水体积比增加到250m³/m³，采油速度和累计采油量受气水体积比的影响很小，建议多元热流体吞吐最佳的气水体积比控制在200～250m³/m³。

（2）气水体积比对开发效果的影响。

随着CO_2体积比例增加，有利于增加前3个轮次的采油速度和累计采油量，使稳产、高产周期延长，随着吞吐轮次的继续增加，气体占比对开发基本无影响，提高CO_2体积比例，会使水平井跟端更易发生"气窜"。

二、海上典型稠油油藏吞吐动态特征及模式

南堡35-2油田16口热采井第1周期的生产动态数据见表4-1-3。以产油量、产气量、含水率三个参数为指标，分析多元热流体吞吐的生产特征与动态模式规律，划分为四种模式。所划分模式见表4-1-4，其开发动态模式图如图4-1-6所示。

由表4-1-4及图4-1-6知，生产井共划分为4种生产动态模式：（1）产油急剧递减，含水率快速上升型；（2）稳定低产油，含水率快速上升型；（3）产油缓慢递减，稳定低含水型；（4）稳定高产油，稳定低含水型。多元热流体吞吐随吞吐周期增加效果变差，采油速度下降、含水率上升、气窜现象严重，需要吞吐后接替方案提升开发效果。

表 4-1-3　多元热流体吞吐第 1 轮生产统计

层位	井号	生产时间 / d	日产油峰值 / m³	周期日产油量 / m³	周期产油量 / 10^4m³	周期产液量 / 10^4m³	含水率 / %
Nm05	B44H	567	84.92	34.87	1.98	2.36	16.04
	B43H	1612	72.12	31.76	5.12	15.37	66.70
	B42H	657	69.95	26.56	1.74	2.21	21.03
	B37H	813	31.30	4.82	0.39	0.63	37.57
	B36M	619	79.60	52.58	3.25	3.88	16.17
	B34H	1715	102.18	55.56	9.53	10.74	11.27
	B33H	798	96.76	44.53	3.55	4.08	12.93
	B31H	423	88.47	44.42	1.88	2.35	20.04
	B30H	1265	82.53	26.04	3.29	4.08	19.33
	B29H	520	72.70	39.09	2.03	2.63	22.73
	B14M	582	90.14	29.81	1.74	2.57	32.42
NmI1+2	B28H	1107	126.81	27.05	2.99	8.36	64.18

表 4-1-4　南堡 35-2 油田多元热流体生产动态模式划分表

动态模式	特点	井号
产油急剧递减，含水率快速上升型	油井均在纯油区，距离内含油边界近（<200m），井底流压较高，受边水影响明显	B43H、B28H
稳定低产油，含水率快速上升型	距离边水近，受储层变化影响明显，注入压力高，生产井井底流压上升快，日产油保持稳定低产，含水率迅速上升	B37H
产油缓慢递减，稳定低含水型	生产井位于构造中高部位，油层厚度、渗透率与油藏平均水平接近，生产不受储层变化、边底水影响，生产较为稳定且生产周期较长	B14M、B30H、B31H、B44H、B36M、B42H、B29H、B33H
稳定高产油，稳定低含水型	生产井位于构造高部位纯油区，储层物性好，油层厚且渗透率高，生产基本不受边底水影响，稳产高产周期长	B34H

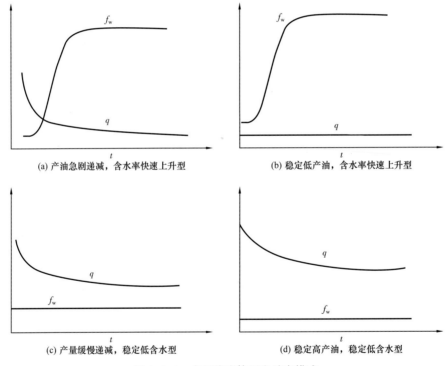

(a) 产油急剧递减，含水率快速上升型　　(b) 稳定低产油，含水率快速上升型

(c) 产量缓慢递减，稳定低含水型　　(d) 稳定高产油，稳定低含水型

图 4-1-6　多元热流体开发动态模式

第二节　海上稠油热采开发优化及指标预测技术

一、稠油热采关键参数优化技术

稠油热采关键参数优化技术主要基于实验拟合和生产实际拟合的数值模拟优化技术。

对比分析了不同吞吐方式开发效果，首先采用机理模型，全面系统研究多元热流体吞吐后转热水／化学驱等方式的开发效果，以及转热水、蒸汽后二次转驱的开发效果，再结合实际模型重点优化，并给出了优选方案。

1. 典型井组模型

根据油田特征参数建立了典型井组模型，典型井组模型如图 4-2-1 所示。

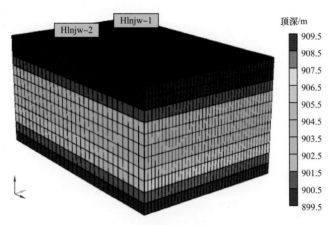

图 4-2-1　三维油藏数值模型图

1）不同吞吐方式开发效果对比

含油饱和度场图如图 4-2-2 至图 4-2-5 所示，对比可以发现，多元热流体场图形如"长勺"状，波及面积最大且随周期增加趾端加热范围明显增加，多元热流体吞吐效果最好。由黏度场图对比可以发现，多元热流体吞吐的加热降黏效果最优，其次是蒸汽，热水的降黏效果最差。对比三种吞吐方式的温度场图，多元热流体吞吐跟端加热温度较高，蒸汽吞吐与热水吞吐的场图相仿，蒸汽吞吐由于携带更多的热量，在注入井周围维持更高的温度。随着吞吐周期的增加，采出程度增加速度变缓，尤其对于热水吞吐；多元热流体吞吐的采出程度更高，蒸汽吞吐次之，热水吞吐的效果最差。

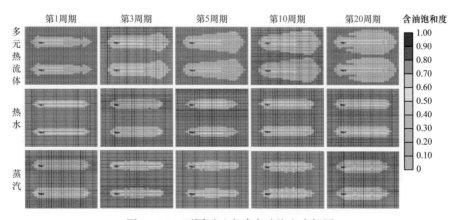

图 4-2-2　不同吞吐方式含油饱和度场图

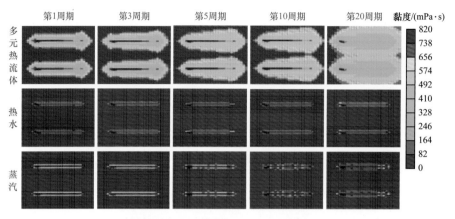

图4-2-3　不同吞吐方式黏度场图

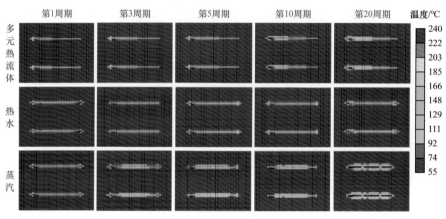

图4-2-4　不同吞吐方式温度场图

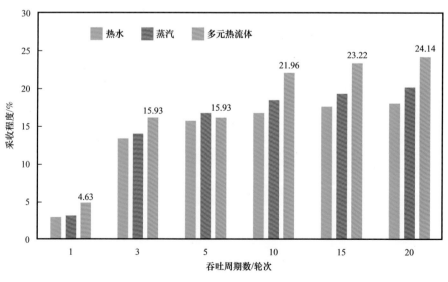

图4-2-5　不同热采方式不同周期内采出程度

2）多元热流体吞吐转驱后接替方式对比

按表 4-2-1 的吞吐转驱参数，分别进行吞吐后的冷水驱、热水驱、蒸汽驱、多元热流体驱、多元热流体 + 辅助溶剂 C6、多元热流体 + 表面活性剂驱等转驱方式，并对其开发效果进行对比。

表 4-2-1　吞吐转驱参数

开发阶段	注入参数	注入温度 /℃	注入速度 /（m³/d）	采注比	开发周期 /a
吞吐	多元蒸汽吞吐	340	200	—	5
转驱	冷水驱	30	240	1.2：1	15
	热水驱	60	240	1.2：1	15
	蒸汽驱	340	240	1.2：1	15
	多元热流体驱	240	240	1.2：1	15
	多元热流体 + 辅助溶剂 C6 驱	240	240	1.2：1	15
	多元热流体 + 表面活性剂驱	240	240	1.2：1	15

由饱和度平面场图（图 4-2-6 至图 4-2-8）对比可知，冷水与热水的驱替效果较差，忽略沿程压降影响，热水驱的两端端点效应明显。由于气体的加入，蒸汽驱与多元热流体驱中含油饱和度下降范围与幅度较大，多元热流体跟端效应更加明显。由饱和度剖面

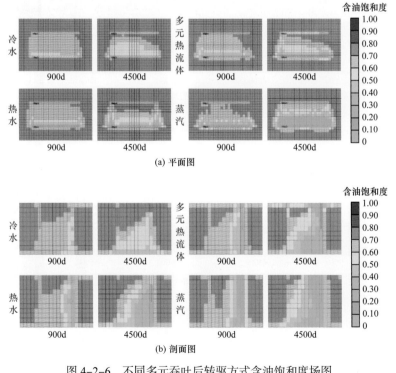

图 4-2-6　不同多元吞吐后转驱方式含油饱和度场图

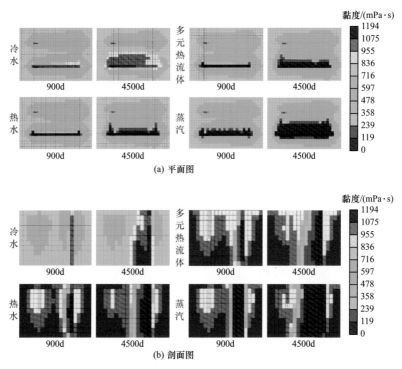

图 4-2-7　不同多元吞吐后转驱方式黏度场图

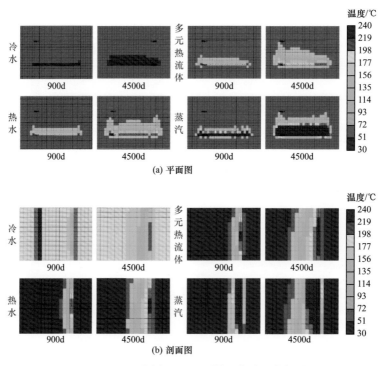

图 4-2-8　不同多元吞吐后转驱方式温度场图

场图可得，冷水与热水的驱替效果较差，对中上部油藏的作用较小。蒸汽驱与多元热流体驱中含油饱和度下降范围与幅度较大，蒸汽驱对油藏上部影响更大。由黏度平面场图可得，蒸汽驱降黏的效果显著，驱替平面较均匀。多元热流体驱跟端吸水量较大，趾端吸气量更大，热水的加热降黏效果更好。由剖面场图可得，蒸汽驱降黏的效果显著，多元热流体次之，优势主要体现在对上部油藏的降黏作用。由温度平面场图与剖面场图对比可以发现，温度场显示依然是蒸汽驱加热范围最大、加热效果最好。温度场显示规律与含油饱和度场和黏度场一致，多元热流体与蒸汽的整体加热效果较好。

由图4-2-9与图4-2-10可知，转驱后冷水油气比上升迅速，产出挥发性气体较少，后趋于稳定，略低于热水驱。4500天以后，油气比大小趋于稳定，蒸汽驱油气比最高。综合对比前文转驱方式的驱替效果，可以得到驱替效果明显程度：蒸汽驱＞多元热流体驱＞热水驱＞冷水驱。

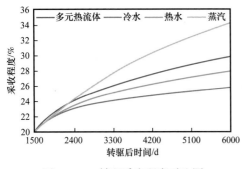
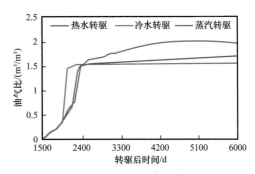

图4-2-9　转驱采出程度对比图　　　　　图4-2-10　采出油气比对比图

综合对比前文转驱方式的驱替效果，可以得到驱替效果明显程度：蒸汽驱＞多元热流体驱＞热水驱＞冷水驱。

2.目标油藏区块实际模型优化

1）吞吐后一次转驱方案设计

实际油田模型如图4-2-11所示，在实际模型进行5年多元蒸汽吞吐后，分别采用冷水驱、热水驱、蒸汽驱、聚合物驱、多元热水驱、多元蒸汽驱、多元聚合物驱作为一次转驱方式，进行为期5年的一次转驱。

图4-2-11　南堡35-2油田实际油藏模型示意图

2) 一次转驱方案场图及采出程度对比

如图 4-2-12 至图 4-2-14 可知，多元聚合物驱与蒸汽驱的水线推进较为均匀，多元蒸汽驱与热水驱替效果相对较差，热水驱对油藏中上部作用效果较差。由于气体的加入，蒸汽驱与多元热流体驱中含油饱和度下降范围与幅度较大，波及范围较广，其中多元聚合物驱效果最佳。蒸汽驱降黏的效果显著，多元热流体驱次之，优势主要体现在对上部油藏的降黏作用，热水驱降黏效果最差。由温度平面场图与剖面场图对比可以发现，温度场显示依然是蒸汽驱与多元蒸汽驱加热范围相对较大、加热效果最好。

由图 4-2-15 与图 4-2-16 可知，转驱后，从吞吐后生产改善角度来看，驱替效果排序为：多元热水聚合物驱＞多元蒸汽驱＞蒸汽驱＞热水驱，对比转驱三年采出程度可得：多元热水聚合物驱＞蒸汽驱＞多元蒸汽驱＞热水驱，对比转驱 5 年采出程度可得：多元热水聚合物驱 ＝ 蒸汽驱＞多元蒸汽驱＞热水驱。整体来看，多元热水聚合物驱驱替效果最佳，蒸汽驱更适用于长期生产，但对吞吐阶段改善效果较差。

二、稠油热采开发指标预测技术

1. 稠油热采开发指标预测方法

通过理论推导，得出了不同多元热流体不同吞吐周期条件下加热形状、区域的表征方法；给出了地层热利用率的评价参数与求解；对不同吞吐周期的生产能力进行了评价，

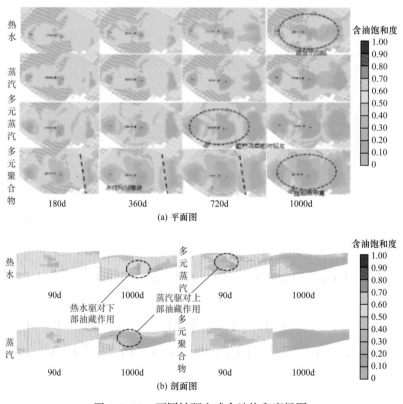

图 4-2-12 不同转驱方式含油饱和度场图

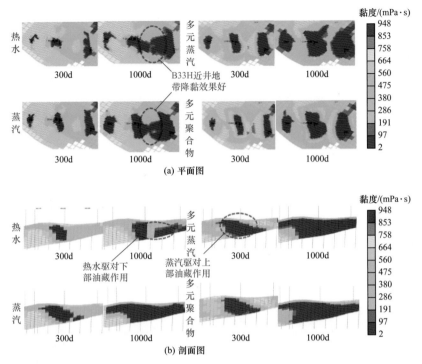

(a) 平面图

(b) 剖面图

图 4-2-13　不同转驱方式黏度场图

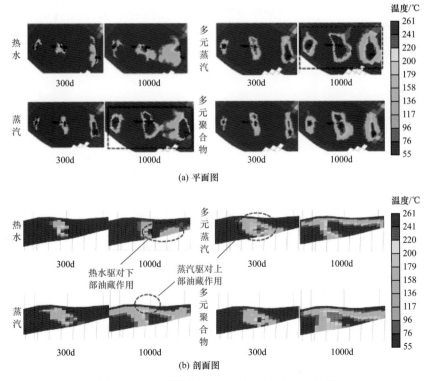

(a) 平面图

(b) 剖面图

图 4-2-14　不同多元吞吐后转驱方式温度场图

并与南堡 35-2 油田实际井生产动态对比验证。

研究方法为：

（1）在考虑气体超覆作用影响前提下，建立不同吞吐周期水平井注入多元热流体吞吐的剖面加热形状表征模型，对加热面积进行准确求解；

（2）利用油藏工程方法，建立超覆作用下的热利用率评价方法；

（3）结合水平井筒沿程变质量管流与传质传热机理，建立多元热流体产能评价方法，编制计算软件，实现对现场开发的参数优选与生产能力评价等功能。

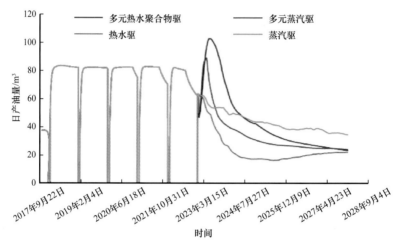

图 4-2-15　B34H 井日产油量对比图

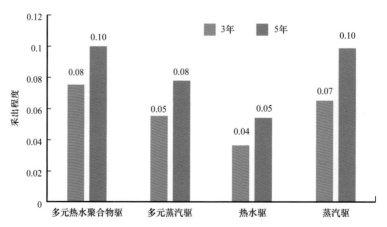

图 4-2-16　转驱采出程度对比图

图 4-2-17 为多元热流体在水平井筒内与在储层中流动与分布的剖面示意图。假设水平井位于油藏的中心，选取沿程某剖面上的二维加热范围作为研究对象，则剖面的注入点位于剖面中心。通过注入点注入的流体流动的驱动力主要为重力差，热水向下流动，加热下部油藏；非凝析气体密度较小，与油藏流体之间存在密度差，进而产生气体超覆现象，更倾向加热油藏的上半部分。图 4-2-18 给出了孔隙级别下油藏中流体对流与传热的具体描述。

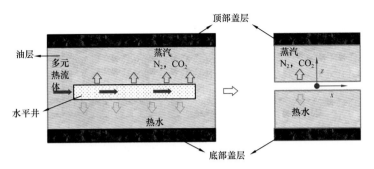

图 4-2-17　多元热流体在水平井筒内外流动与分布剖面示意图

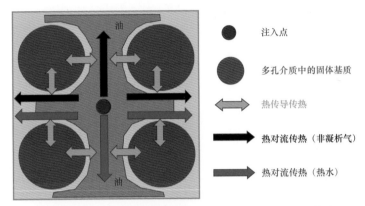

图 4-2-18　在孔隙级别下流体在多孔介质中的流动与传热

为了便于模型的计算求解，规定模型的假设如下：

（1）油藏系统为二维均质的，岩石及孔隙中原油的密度、热容等物性参数在整个系统中维持恒定。

（2）非凝析气体与热水的传热过程独立且互不影响。

（3）从注入点注入多元热流体初始流速较小，流体在垂向上的运动主要受与原油之间密度差引起的作用力的影响。

（4）模型中传热仅考虑热传导、热对流作用的影响，岩石基质与流体之间存在局部热平衡。

（5）忽略毛管力、相对渗透率变化的影响。

（6）油藏厚度足够大，因此不考虑热量沿顶底盖层的散失，顶底盖层的温度恒定。

（7）流入的热流体的组分与温度保持恒定。

非凝析气：
$$c_1\left(\frac{\partial^2 T}{\partial z^2}+\frac{\partial^2 T}{\partial x^2}\right)-c_2\left(\frac{\partial\left(V_{gz}T\right)}{\partial z}+\frac{\partial\left(V_{gx}T\right)}{\partial x}\right)=\frac{\partial T}{\partial t} \qquad （4\text{-}2\text{-}1）$$

热水：
$$c_1\left(\frac{\partial^2 T}{\partial z^2}+\frac{\partial^2 T}{\partial x^2}\right)-c_3\left(\frac{\partial\left(V_{wz}T\right)}{\partial z}+\frac{\partial\left(V_{wx}T\right)}{\partial x}\right)=\frac{\partial T}{\partial t} \qquad （4\text{-}2\text{-}2）$$

$$\begin{cases} C_1 = \dfrac{\lambda}{\rho C} \\[2mm] C_2 = \dfrac{\rho_g C_g}{\rho C} \\[2mm] C_3 = \dfrac{\rho_w C_w}{\rho C} \end{cases} \qquad (4\text{-}2\text{-}3)$$

式中　V_{gz}，V_{gx}，V_{wz}，V_{wx}——气体和热水在 z 和 x 方向的流速，m^3/s；

λ——油藏的传热系数；

ρC——油藏与流体系统总的体积热容，$J/(m^3 \cdot ℃)$；

ρ_g，ρ_w——气体和热水密度，kg/m^3；

C_g，C_w——气体和热水比热容，$J/(kg \cdot ℃)$；

T——温度，℃；

t——时间，s；

z，x——纵横方向坐标变量。

微元段能量守恒方程：

$$\frac{dQ_{mul}}{dl} + \frac{I_{mul}\rho_{mul}\left(h_m + v_r^2/2\right)}{dl} = \frac{d}{dl}\left(w_{mul}h_m + w_{mul}\frac{v_{mul}^2}{2}\right) + w_{mul}g\sin\theta \qquad (4\text{-}2\text{-}4)$$

微元段压降方程：
$$\frac{dp}{dl} = \rho_{mul}g\sin\theta - \frac{\tau_f}{\pi r_w^2 dl} - \frac{d\left(\rho_{mul}v_{mul}^2\right)}{dl} \qquad (4\text{-}2\text{-}5)$$

质量守恒方程：
$$w_{mul} = w_0 - \int \rho_{mul}I_{mul} \qquad (4\text{-}2\text{-}6)$$

式中　dQ_{mul}——单位时间内流体通过井筒与地层间的非稳态传热散失的热量，J；

dl——微元长度，m；

I_{mul}——多元流体流出储层的体积流速，m^3/s；

v_r——流体流入地层的平均流速，m/s；

v_{mul}——井筒内多元流体的流速，m/s；

w_{mul}——多元热流体的质量流速，kg/s；

ρ_{mul}——多元流体的密度，kg/m^3；

h_m——从某微元流出的多元流体热焓，J/kg；

τ_f——流体与井壁之间的摩擦，沿程某微元多元热流体的质量流速，kg/s；

w_0——位于根端处多元热流体的流速，kg/s；

w_{mul}——沿程某微元多元热流体的质量流速，kg/s；

r_w——井筒半径，m；

θ——井筒的倾斜角，（°）；

g——重力加速度，9.8m/s^2。

将热利用率分为井筒热利用率和地层热利用率两部分来计算。

井筒热利用率：
$$\eta_1 = \left(1 - \frac{Q_t}{tw_t h_{m,z=0}}\right) \times 100\% \tag{4-2-7}$$

地层热利用率：
$$\eta_2 = \frac{1}{t_D}\left[\mathrm{e}^{t_D}\mathrm{erfc}\left(\sqrt{t_D} + 2\sqrt{\frac{t_D}{\pi}} - 1\right)\right] \tag{4-2-8}$$

式中　Q_t——井筒总热损失，J；

t——注热流体时间，s；

$h_{m,z=0}$——井口处注入介质的焓，J/kg；

w_t——井口注入热流体的质量流速，kg/s。

图 4-2-19 为渗流模型简化示意图，以此为基础进一步提出产能计算新方法。

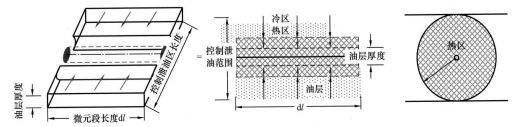

图 4-2-19　渗流模型简化示意图

$$J_h = \frac{1}{\left(1/J_1 + 1/J_{21} + 1/J_{22}\right)} \tag{4-2-9}$$

$$J_1 = \frac{4\sqrt{K_h/K_v}\cdot K_v \cdot \mathrm{d}l \cdot a}{r_e - h}\left(\frac{K_{ro}}{\mu_o B_o} + \frac{K_{rw}}{\mu_w B_w}\right) \tag{4-2-10}$$

$$J_{21} = \frac{4\sqrt{K_h/K_v}\cdot K \cdot \mathrm{d}l \cdot a}{2r_h - h}\left(\frac{K_{ro}'}{\mu_o' B_o} + \frac{K_{rw}'}{\mu_w' B_w}\right) \tag{4-2-11}$$

$$J_{22} = \frac{2\pi\sqrt{K_h/K_v}\cdot K_v \cdot \mathrm{d}l \cdot a}{\ln\left(\dfrac{h/2}{r_w}\right) - 0.75 + s}\left(\frac{K_{ro}'}{\mu_o' B_o} + \frac{K_{rw}'}{\mu_w' B_w}\right) \tag{4-2-12}$$

式中　K_h，K_v——横向渗透率和纵向渗透率，mD；

K——平均渗透率，mD；

μ_o，μ_g，μ_w——油、气、水的黏度，mPa·s；

K_{ro}，K_{rg}，K_{rw}——油、气、水的相对渗透率；

μ'_o, μ'_g, μ'_w——加热区油、气、水的黏度，mPa·s；

K'_o, K'_g, K'_w——加热区油、气、水的相对渗透率；

h——油层半径，m；

r_e——供给半径，m；

r_h——等效圆形加热半径，m；

s——表皮系数；

J_1——从外泄油边界到达近井纵向泄油边界 1 的冷区的线性流区域的微元的产液指数，t/（d·MPa）；

J_{21}——从近井纵向泄油边界 1 到达热区边界 2 的冷区平面线性流区域的微元的产液指数，t/（d·MPa）；

J_{22}——从加热区边界 2 到水平井筒的热区平面径向流区域的微元的产液指数，t/（d·MPa）；

dl——长度微元，m；

a——单位换算系数。

2. 热利用率与产能评价软件

利用所得基于多元热流体吞吐加热形状表征的热利用率与产能评价新方法进行软件编制，软件界面如图 4-2-20 所示。

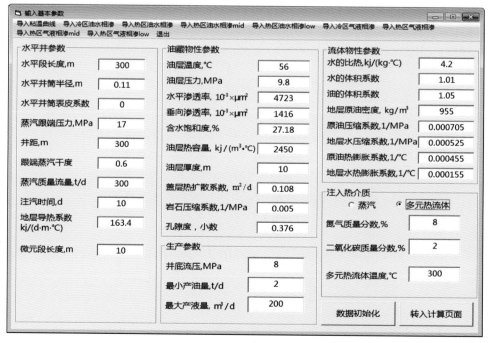

图 4-2-20　多元热流吞吐加热范围表征与产能评价软件界面

（1）根据实际油田油藏参数，将模型求解结果与 CMG 中计算结果进行对比可知，气体与油藏流体的密度差造成的超覆作用明显，非凝析气体倾向于加热油藏上部，热水对油藏下部的加热效果更加明显。

（2）总结了相关地层参数和流体参数的经验计算方法：包括有水的三种不同形态、原油和岩石的热物理性质的求解方法；基于 Marx-Langenheim 求解地层热利用率的经典模型，引入实际地层温度分布，建立了考虑地层超覆现象的注过热蒸汽加热半径计算新模型。再利用能量守恒原理，建立了地层热利用率模型。

（3）随着注入时间的增加，热对流传热机理的作用更加明显，热水对油藏下部的加热效果更好；热扩散系数越大，油藏内岩石与流体存储热量的能力越小，加热范围得到了进一步的扩大，加热范围内的高温区温度降低；对于热水多元与蒸汽多元两种注入流体而言，在注入时间较短的情况下，热水多元的加热范围可近似圆形，蒸汽多元的加热范围近似椭圆形，且上半部分油藏的加热效果更好。

（4）非凝析气体的质量分数增加，导致沿程段的温度逐渐降低，加热半径逐渐减小，加热效果下降。

（5）蒸汽多元相比于无干度的热水多元，携热量更多，加热范围更大，使得可动用程度增加，进而增加产量，但现场需平衡产量的增加量与蒸汽多元的制造成本以寻求更优方案。

3. 南堡 35-2 油田现场实例计算与验证

为了验证模型计算的准确性，基于南堡 35-2 油田实际油藏参数与实例井的注采参数对相应的生产结果进行对比验证（表 4-2-2、表 4-2-3）。

表 4-2-2　单轮次热采井实测数据与软件预测数据误差分析

井名	B29H2	B31H
实测平均日产油量 /m³	42.39	44.45
模型预测值 /m³	39.18	39.90
误差 /%	7.58	10.42

表 4-2-3　多轮次热采井实测数据与软件预测数据误差分析

井名		B42H	B44H
实测平均日产油量 /m³	第一周期	33.67	33.60
	第二周期	27.47	38.71
模型预测值 /m³	第一周期	31.59	35.52
	第二周期	25.15	29.79
误差 /%		16.72	7.32

第三节　海上稠油热采钻完井关键技术

一、适合多轮次吞吐的热采井口装置及井下封隔器

1. 耐高温井口装置设计试制

常规采油树部件的四通部分，注汽和采油共用一个通道，而双通道承压短节正是对该共用通道进行改进设计的。针对注汽和采油通道作业环境和工况条件的不同，设计井口内部可更换式注汽和采油双通道耐高温耐磨承压短节。双通道承压短节的优势在于：注热与采油双通道结构设计，实现注热与生产通道完全分离；两种通道短节通过螺栓连接到采油树上，易于更换拆卸，经过注热、生产后，如果双通道承压短节任一通道出现损坏，可以单独更换，无须更换整个井口；双通道承压短节内部设置涂层，增加了通道的抗冲蚀性能。

研究了热采井口和井下工具常用材质，如 30CrMo、1Cr13、304、42CrMo 及 40CrMnMo 等耐冲蚀、高温腐蚀和力学特性，所有金属材质的性能随温度升高均有不同程度的下降，结合热采井口关键零部件工况，采用等离子喷涂表面强化处理工艺，所制备的涂层具有较高硬度和较好耐蚀性能，适于工业生产，且性价比较好。

1）双通道承压短节设计

（1）双通道承压短节整体设计参数。

① 承压短节包括带法兰盘弯管部件和带法兰盘三通部件；

② 弯管部件公称通径 $\phi 65mm$ ；

③ 三通部件主通径 $\phi 80mm$ ，侧翼通径 $\phi 65mm$ ；

④ 弯管和三通内部需要进行防腐和耐磨处理；

⑤ 额定工作压力 34.5MPa（5000psi）；

⑥ 工作温度 –18～370℃ ；

⑦ 连接形式：API 6A 法兰连接。

（2）双通道承压短节高温强度校核。

根据承压短节的结构特点和载荷特性，选择双通道承压短节为研究对象，建立实体模型图后，采用智能尺寸自由划分网格，为了获得更高精度的求解结果，网格细化到单元尺寸 5mm 进行分析。对双通道承压短节施加载荷，对双通道承压短节下端法兰盘施加固定约束，三通部件左侧通道面施加一逆时针的转矩，数值为 1000N·m ；弯管部件右侧通道面施加一顺时针的转矩，数值为 1200N·m，温度选取 370℃。施加载荷之后，进行求解，双通道承压短节应变云图和应力云图如图 4-3-1 和图 4-3-2 所示。图中弯折部位最大应变分别为 $5.8211×10^{-5}mm$ 和 $2.8421×10^{-4}mm$，最大应力分别为 11.253MPa 和 59.889MPa，该数值远小于双通道承压短节本体材料 30CrMo 屈服强度 485MPa，强度复合设计要求。

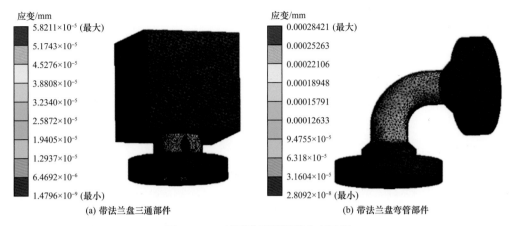

(a) 带法兰盘三通部件　　　　　　(b) 带法兰盘弯管部件

图 4-3-1　双通道承压短节应变云图

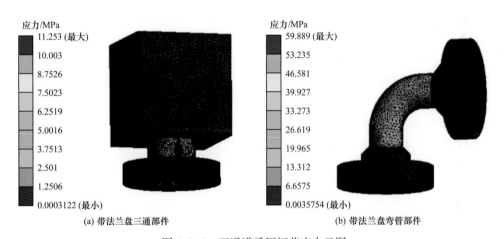

(a) 带法兰盘三通部件　　　　　　(b) 带法兰盘弯管部件

图 4-3-2　双通道承压短节应力云图

（3）双通道承压短节试制。

研制的双通道承压短节及弯管护罩如图 4-3-3 所示，在陆上油田试验合格。

图 4-3-3　承压短节及护罩组装图

2）采油树部件设计

（1）双通道采油树部件整体方案设计要求。

① 公称通径：ϕ80mm；

② 额定工作压力：34.5MPa（5000psi）；

③ 工作温度：–18～370℃；

④ 工作介质：石油、钻井液、蒸汽；

⑤ 连接形式：API 6A法兰连接；

⑥ 料级别：DD；

⑦ 性能级别：PR1；

⑧ 规范级别：PSL2；

⑨ 强度试验压力：52.5MPa（7500psi）。

采油树部件设计中组成部件主要包括：热采平板阀、可调式热采节流阀、热采气动安全阀、采油树帽等。

（2）采油树部件整体结构设计。

在整体设计过程中，采用常规热采井口的30CrMo作为主体材质，符合热采井的使用要求。热采井口四通、油管头、套管头、法兰及阀体主体为30CrMo材质，阀杆、阀板及阀座本体为1Cr13防腐材质，螺栓等承力元件为42CrMo材质，金属密封为不锈钢304材质。

（3）采油树部件高温密封元件选型及校核。

热采井口装置中的高温密封元件主要位于法兰盘连接处、侧翼阀门连接处、热采平板阀内部、可调式热采节流阀内部和热采气动安全阀内部等，主要材质为304不锈钢、膨胀石墨、改性聚四氟乙烯等，热采封隔器工具内部密封采用金属O形圈密封和高碳纤维密封，与套管的环空采用新型耐高温胶筒密封。

采油树部件中的高温密封元件见表4–3–1。

表4–3–1　采油树部件高温密封元件对照表

密封件	材质	安装位置	示例图片
垫环	304（06Cr19Ni10）	法兰、侧翼阀门之间	
杆密封件	膨胀石墨	热采平板阀内部密封	

续表

密封件	材质	安装位置	示例图片
Y形密封圈	改性聚四氟乙烯	热采气动安全阀内部密封	

① 垫环。

密封面处对向施加 5000N 最大挤压力，等效应力云图及应变云图如图 4-3-4 所示，最大形变为 1.8341×10^{-5}mm，最大等效应力为 3.4416MPa，垫环 R27 满足设计及工作要求。

图 4-3-4　垫环 R27 应变云图及等效应力云图

② 杆密封件。

侧密封面处对向施加 100N 最大挤压力，等效应力云图及应变云图如图 4-3-5 所示，最大形变为 8.7664×10^{-7}mm，最大等效应力为 0.1753MPa，满足设计及工作要求。

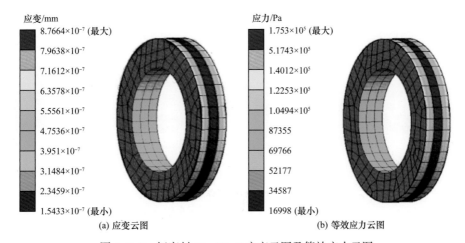

图 4-3-5　杆密封 44×28×8 应变云图及等效应力云图

③Y 形密封圈。

Y 形密封圈下部固定约束，两个接触面的应力为 5000Pa 和 4500Pa，等效应力云图及应变云图如图 4-3-6 所示，Y 形密封圈最大形变为 4.5495×10^{-7}mm，最大等效应力为 0.092398MPa，Y 形密封圈满足设计及工作要求。

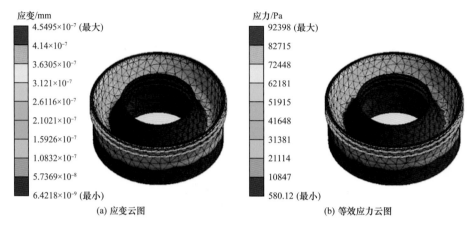

(a) 应变云图   (b) 等效应力云图

图 4-3-6　Y 形密封圈应变云图及等效应力云图

（4）采油树部件高温强度校核。

在注汽过程中，注汽通道内部温度为 370℃，注汽停止后在采油的过程中，假设地面油液温度为 120℃，对井口进行温度分析，其流程温度分布结果如图 4-3-7 所示。应变云图及等效应力云图如图 4-3-8 所示。注汽和采油工况最大等效应力远小于其屈服强度，故采油树部件满足强度设计要求。

（5）采油树部件试制。

根据采油树部件图纸加工样机，采油树部件装配图如图 4-3-9 所示。试制的采油树部件如图 4-3-10 所示。

3）油管头部件

（1）油管头部件设计参数。

① 额定工作压力：34.5MPa（5000psi）；

② 油管四通侧出口：$2\frac{1}{16}$in×5000psi ；

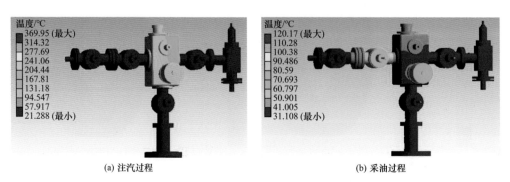

(a) 注汽过程   (b) 采油过程

图 4-3-7　采油树部件不同工况下温度分布图

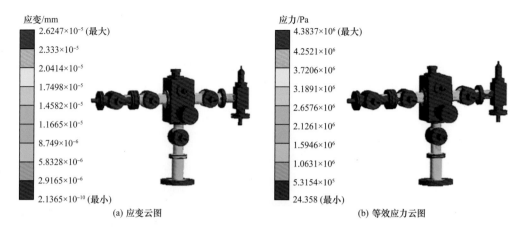

(a) 应变云图　　　　　　　　　　　(b) 等效应力云图

图 4-3-8　采油树部件应变云图及等效应力云图

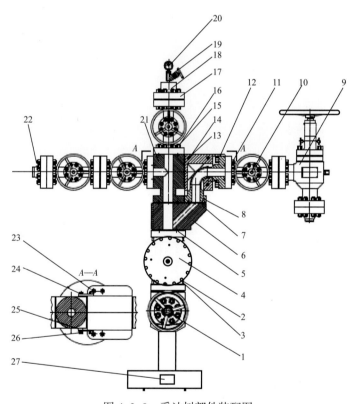

图 4-3-9　采油树部件装配图

1—组合阀；2—螺栓；3—螺母；4—热采气动安全阀；5—垫环；6—转换法兰；7—垫环；8—弯头总成；9—节流阀；
10—热采平板阀；11—螺栓；12—护罩；13—螺栓；14—螺母；15—螺栓；16—螺母；17—螺纹法兰；18—丝堵；
19—Y 形截止阀；20—压力表；21—三通；22—焊颈法兰；23—螺栓；24—六角螺栓；25—垫片；26—连接板；27—铭牌

③ 下部封隔套管尺寸：$9\frac{5}{8}$in；

④ 悬挂油管尺寸：4.5in；

⑤ 温度等级：Y；

⑥ 材料级别：EE；

⑦ 性能级别：PR1；

⑧ 规范级别：PSL2。

油管头部件由油管头四通、油管悬挂器、上法兰、平板闸阀、螺纹法兰、截止阀和压力表等相应的连接件组成。油管头四通是油管头的重要组成零部件，它的作用是悬挂油管柱、密封油管和套管环形空间。油管头部件结构如图4-3-11所示。

图 4-3-10　采油树部件整体

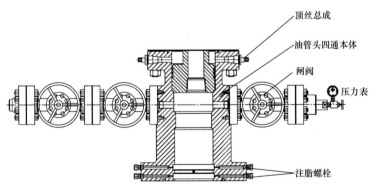

图 4-3-11　油管头部件结构示意图

（2）油管头四通本体有限元分析。

油管头四通本体内壁加载35MPa压力，在中部台阶面上施加64MPa的悬挂管柱载荷，在左端法兰面上施加外部轴向载荷0.53MPa，上端法兰面上施加载荷16.3MPa，在右端法兰面加载载荷4MPa。

油管头四通变形云图及等效应力云图如图4-3-12所示。由图可知，按照ASME规范，压力容器所受的应力强度值小于$3S_m$，因为最大应力强度值261.2MPa<3×389MPa=1167MPa，所以油管头四通本体的强度满足要求。

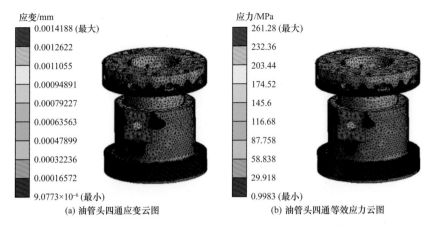

(a) 油管头四通应变云图 (b) 油管头四通等效应力云图

图 4-3-12　油管头四通应变云图及等效应力云图

（3）油管头部件试制。

根据油管头部件图纸加工样机，油管头主要部件如图 4-3-13 和图 4-3-14 所示。

图 4-3-13　油管头四通侧翼阀门

图 4-3-14　油管头部件整体图

4）套管头部件

套管头部件简易结构如图 4-3-15 所示。

（1）套管头部件整体设计参数。

① 额定工作压力：34.5MPa（5000psi）；

② 套管四通侧出口：$2\frac{1}{16}$in×5000psi；

③ 下部封隔套管尺寸：$13\frac{3}{8}$in；

④ 悬挂套管尺寸：$9\frac{5}{8}$in；

⑤ 温度等级：Y；

⑥ 材料级别：EE；

⑦ 性能级别：PR1；

⑧ 规范级别：PSL2。

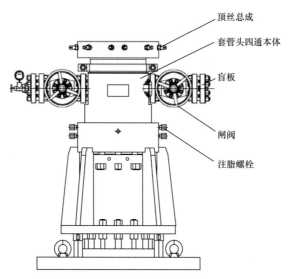

图 4-3-15 套管头部件简易结构示意图

（2）套管头四通本体有限元分析。

套管头四通本体内壁加载 35MPa 压力，根据套管头四通在实际工作中所受载荷，在中部台阶面上施加 94MPa 的悬挂管柱载荷，在左端法兰面上施加外部轴向载荷 4MPa，上端法兰面上施加载荷 26MPa，在右端法兰面加载载荷 4MPa。套管头四通应变云图及等效应力云图如图 4-3-16 所示。由套管头四通应变云图可知，变形图上显示的最大变形位置在套管头变径边缘处，最大位移变形值为 1.6018×10^{-3}mm。由套管头四通等效应力云图可知，压力容器所受的应力强度值小于 $3S_m$，因为最大应力强度值 318.35MPa＜$3 \times$ 389MPa＝1167MPa，所以套管头四通本体的强度满足要求。

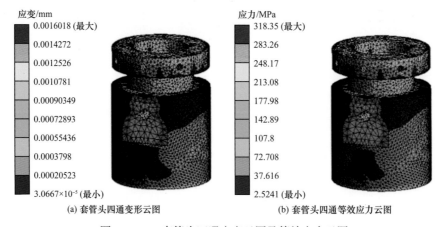

(a) 套管头四通变形云图　　　　　　　　(b) 套管头四通等效应力云图

图 4-3-16 套管头四通应变云图及等效应力云图

（3）套管头部件试制。

套管头部件包含套管头四通本体、悬挂器、侧翼阀门和旁通管等，试制的套管头主要部件如图 4-3-17 和图 4-3-18 所示。试验证实承压保护短节及双通道耐高温井口装置耐温可达 370℃。

图 4-3-17　套管头四通　　　　　　　图 4-3-18　套管头部件侧翼阀门

2. 高温井下封隔器设计试制

1）高温胶筒设计

目前稠油热采井中用的高温胶筒材质主要有聚四氟改良复合材料和石墨硅基复合材料。因石墨硅基复合材料成本高，炼制工艺受限，所以本次研制设计采用了聚四氟乙烯、硅基复合脂及石墨等材料合成新型聚四氟改良高温胶筒。设计了两种常规工作方式的高温胶筒和一种新型工作方式的高温胶筒。第一种是普通压缩式，结构和工作方式类似于常用的压缩式胶筒，胶筒的结构尺寸如图 4-3-19 所示。第二种是楔入式，通过锥形楔入锥，将胶筒从内部膨胀，使胶筒被膨胀到套管内壁，胶筒的结构尺寸如图 4-3-20 所示。第三种新型工作方式是碟簧与压缩式胶筒的组合式，胶筒的结构尺寸如图 4-3-21 所示。并根据胶筒的高温试验对上述三种胶筒进行不断优选和改进。

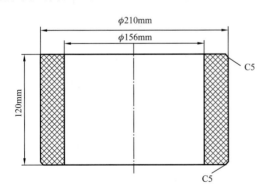

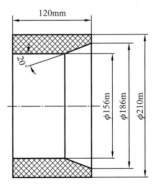

图 4-3-19　压缩式胶筒　　　　　　图 4-3-20　楔入式胶筒结构图

图 4-3-21　碟簧与压缩式胶筒的组合式

2）高温悬挂封隔器设计

（1）高温悬挂封隔器主要技术参数见表4-3-2。

表4-3-2　高温悬挂封隔器主要技术参数

工具特征	特征参数
封隔器的轴向承受拉力	上部承拉 90tf，下部承压 90tf
封隔器的径向承受压力	胶筒与套管环空上部承压 35MPa（10min），下部承压 35MPa（10min）
可实现回收功能	封隔器顺利解锁，胶筒和卡瓦完全缩回至封隔器本体，实现顺利回收

（2）结构及原理。

该封隔器主要由坐封机构、锁紧机构、密封机构、锚定机构和解封机构组成，如图4-3-22所示。工作原理分三个过程，即坐封过程、工作过程和解封过程。

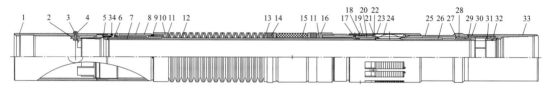

图4-3-22　高温悬挂封隔器结构显示图

1—压套；2—运输定位螺母；3—上接头；4—运输定位螺钉；5—锁环；6—上键；7—中心管；8—连接套；
9—剪切销钉（1）；10—上规环；11—高温密封环；12—高温碟簧；13—垫环；14—铁丝环；15—高温胶筒；
16—下规环；17—剪切销钉（2）；18—定位螺钉；19—卡瓦套；20—上锥体；21—铆钉；22—开口圈；23—卡瓦；
24—板簧；25—下锥体；26—下键；27—弹性爪；28，29，30—高温密封环；31—解封环；32—解封螺钉；33—下接头；
34—固定螺钉

坐封过程：封隔器下到设计位置，从井口向液压坐封工具加压，封隔器在坐封工具的作用下，推动工件1首先剪断工件9，进而推动工件5向下运动，工件5上内外有锯齿形螺纹，由于工件5及工件3上相接锯齿形螺纹且锯齿形螺纹方向向上，使得工件5在向下运动时从工件3锯齿形螺纹齿形上滑过，工件5在向下运动时不能返回，同时推动工件10、工件11、工件12、工件13、工件14、工件15、工件20、工件19剪断工件9，进而向下运动；工件20、工件18向下运动时剪断工件17；工件22在工件20和工件24的锥体的作用下径向向外运动卡紧在油井的套管上；当继续向液压坐封工具加压，推动工件15的作用力进一步增大，使得工件15径向膨胀，实现环空密封，完成坐封过程。

工作过程：由于封隔件上下液压力不同，所以高温悬挂封隔器将承受一定的液压作用力。这些力均通过锚定机构作用到套管上，中心管不受向上的作用力，即工作时液压力不能使封隔器解封。

解封过程：解封工具在下放时，打捞体通过工件31，当上提解封工具，打捞体径向张开挂在工件31上，继续上提解封工具，剪断工件32，进而工件31压到工件27上，推动工件27、工件7、工件3向上提起，通过工件3上的内孔轴肩带动工件5、工件3、工件10、工件14、工件15、工件19向上运动，使得工件15径向回弹收缩，工件23在工件24的弹力作用下径向收缩，完成封隔器的解封过程。

3）高温隔离封隔器设计

（1）高温隔离封隔器主要技术参数见表4-3-3。

表4-3-3 高温隔离封隔器主要技术参数

参数	数值	参数	数值
规格	95-47	最大外径/mm	215
套管/in	$9\frac{5}{8}$	最小内径/mm	124
压力等级/MPa	35	最高坐封压力/MPa	18
工作温度/℃	0～370	底部扣型	$5\frac{1}{2}$in STC P
顶部扣型	$6\frac{1}{2}$in 左旋方螺纹	抗拉强度/lbs	400000
最佳扭矩/（ft·lbs）	2440	材质	40CrMnMo
质量范围/（lb/ft）	47～53.5		

（2）结构组成和原理。

隔离封隔器结构如图4-3-23所示。

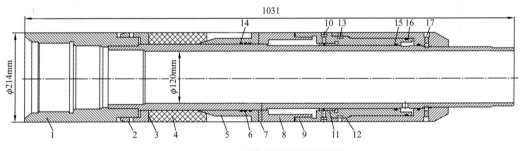

图4-3-23 隔离封隔器结构简图

1—芯轴；2—调节套；3—定位销钉；4,14,15—O形密封圈；5—铜环；6,7—胶筒；8—归环；9—活塞；10,17—定位销；11—剪切销钉；12—锁环；13—活塞套；16—防转销钉

工作原理：封隔器下入井筒预定位置，投球堵封后，开始打压，液体通过穿压孔进入环空内，在液压的作用下，活塞受坐封压力轴向运动，当压力达到或超过销钉的剪切力时，6个剪切销钉同时被剪断，此时，活塞带动归环向上做轴向运动；由于锁环和活塞连接处为锯齿形螺纹且螺纹锯齿方向向上，使得归环挤压胶筒到极限位置后不能返回，这样胶筒始终紧贴套管内壁实现有效密封。

4）高温封隔器研制

高温悬挂封隔器实物如图4-3-24所示，高温隔离封隔器实物如图4-3-25所示，高温胶筒、高温悬挂、隔离封隔器现场试验证实，可耐温370℃。

图 4-3-24 悬挂封隔器实物图

图 4-3-25 隔离封隔器实物图

二、井下套管补偿器工程样机和耐高温水泥浆体系

1. 海上热采井固井热应力补偿器研制

热应力补偿器用于稠油热采作业，它一般安装在油层套管顶部封隔器附近，主要用来补偿油层套管在高温蒸汽的作用下受热而产生的伸长量，使套管不至于产生过大的热应力而损坏。针对海上热采井实际工况，研制了一种热熔式热应力补偿器，结构图如图 4-3-26 所示。

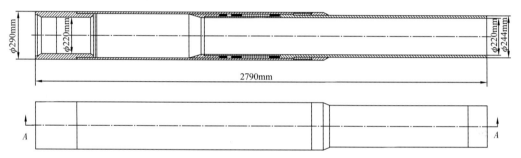
图 4-3-26 热应力补偿器设计整体结构图

热应力补偿器三维模型如图 4-3-27 所示，其中主要部件如图 4-3-28 所示。

本次设计采用热敏材料解锁原理，当热敏材料为固态时，体积压缩性非常小，固态热敏材料占据环形空间，环键无移动空间，不会脱离环键槽（图 4-3-29）。低熔点的热敏材料在一定温度下熔化成液态，对环键失去支撑作用，环键在轴向力作用下退出环键槽而解锁。

图 4-3-27 热应力补偿器三维模型图

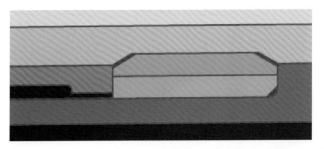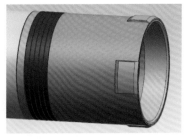

图4-3-28　热应力补偿器解锁机构示意图

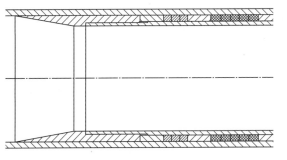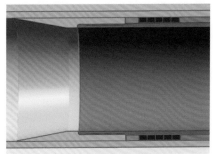

图4-3-29　热应力补偿器高温密封机构示意图

高温密封机构采用柔性石墨环密封，压紧后耐温380℃，耐压35MPa。密封材料润滑性好、耐油、抗腐蚀能力强。

经分析，热应力补偿器本体主要受力部件为内套和外套，现对内套和外套进行有限元强度分析。有限元分析网格划分情况如图4-3-30所示。

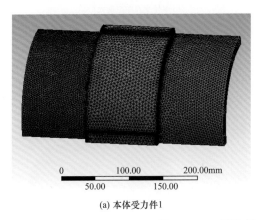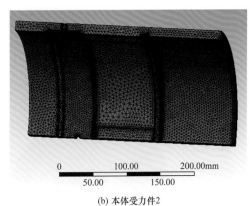

(a) 本体受力件1　　　　　　　　　　　　　(b) 本体受力件2

图4-3-30　网格划分局部图（1/4模型）

（1）轴向抗拉强度分析。

拉伸状态应力分布如图4-3-31所示。

（2）轴向抗压强度分析。

压缩状态应力分布如图4-3-32所示。

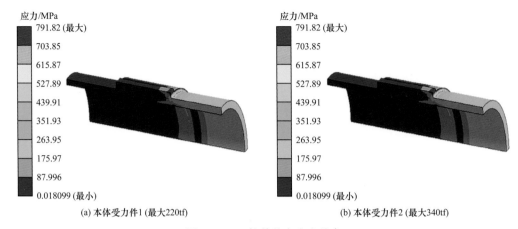

(a) 本体受力件1 (最大220tf)　　　　　　　(b) 本体受力件2 (最大340tf)

图 4-3-31　拉伸状态应力分布

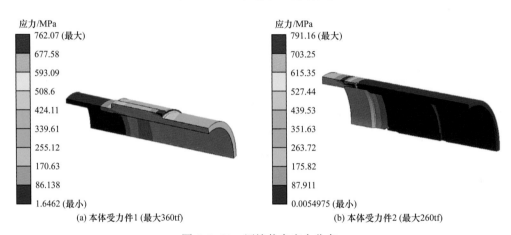

(a) 本体受力件1 (最大360tf)　　　　　　　(b) 本体受力件2 (最大260tf)

图 4-3-32　压缩状态应力分布

（3）抗扭强度分析。

扭转状态应力分布如图 4-3-33 所示。

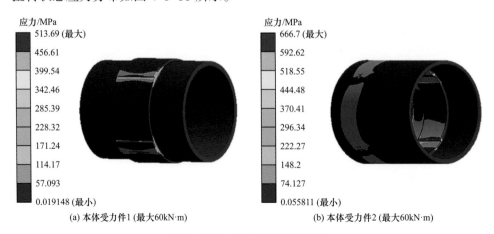

(a) 本体受力件1 (最大60kN·m)　　　　　　(b) 本体受力件2 (最大60kN·m)

图 4-3-33　扭转状态应力分布

（4）抗内压强度分析。

承受内压状态应力分布如图 4-3-34 所示。

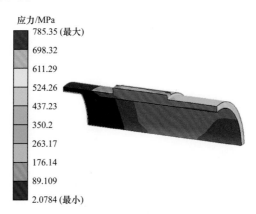

图 4-3-34　承受 60MPa 内压状态应力分布

综合热应力补偿器本体受力件的分析结果，得出如下结论：

① 热应力补偿器整体抗拉强度为 220tf，抗压强度为 260tf；

② 热应力补偿器整体抗扭强度为 60kN·m；

③ 热应力补偿器抗内压能力为 35MPa。

基于以上分析，热应力补偿器的技术指标见表 4-3-4。

基于以上热应力补偿器结构设计与有限元强度分析，加工了两套热应力补偿器实验样机，样机实物如图 4-3-35 所示。

表 4-3-4　热应力补偿器技术指标

适用套管 / in	总长 / mm	最大外径 / mm	通径 / mm	最大补偿位移 / mm	耐温 / ℃	拉拉强度 / tf	抗压强度 / tf	抗扭强度 / kN·m	密封压力 / MPa	连接螺纹	质量 / kg
$9\frac{5}{8}$	2800	$\phi290$	$\phi220$	624	380	220	260	60	35	BTC	380

图 4-3-35　热应力补偿器室内实验样机实物图

针对研制的热熔式热应力补偿器开展了室内实验，实验结果表明，热熔材料在熔点附近温度范围内（设计热熔材料熔点为 120℃）熔化，第 1 轮次升温过程中加载推力 2.2tf，升温至 125℃后开始产生位移，与热熔材料期望熔点一致，最大位移 624mm；第 1 轮次降温至 25℃后，加载拉力从 0.2tf 增大至 1.3tf 后完成拉伸位移 624mm；相比第 1 轮次，第 5 轮次需要的拉压加载力明显降低，升温结束后的推力在 0.5tf 以内，降温结束后的拉力在 1.2tf 以内，每个轮次升温和降温结束后的补偿位移超过 600mm；综合本实验过程中的补偿位移和实验轮次，研制的热应力补偿器功能可靠，工作温度达 350℃，补偿位移不低于 600mm，样机室内实验 5 轮次吞吐。相关实验照片如图 4-3-36 至图 4-3-40 所示。

图 4-3-36　实验温度施加图

图 4-3-37　热熔材料熔化后滴落物

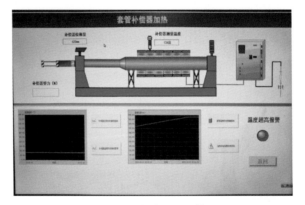

图 4-3-38　实验过程监控界面

图 4-3-39　热应力补偿器拉伸状态图

图 4-3-40　热应力补偿器压缩状态图

2. 海上热采井耐高温弹性水泥石

1）大温差交变热应力作用下水泥环的破坏机理

（1）对热采井的传热类型进行分析后，结合热采井的井筒结构，建立了一个套管—水泥环—地层的三维物理模型，然后利用 ANSYS 有限元软件对套管—水泥环—地层组合体的温度场进行了模拟分析，得到了热采井温度沿井眼半径方向变化分布图，得出套管—水泥环—地层的温度随半径指数递减这一规律。

（2）在厚壁筒理论下，建立了新的"套管—水泥环—地层"系统力学分析模型，在套管—水泥环—地层均为弹性材料、各材料之间胶结完好、应力和位移连续的前提下，在系统中引入温度随半径指数递减的指数函数，研究了由套管内蒸汽温度以及水泥环参数作用下系统的应力分布。发现温度升高，水泥环受力急剧增大，这是水泥环破坏的主要原因，水泥环各项应力与水泥环弹性模量和泊松比正相关。

基于热应力理论，建立系数化矩阵，编写相应的热应力计算软件。在软件主界面上输入套管、水泥环、地层各项参数即可获得需要求解的各项应力，水泥环应力计算软件界面示例如图 4-3-41 所示。

由图 4-3-42 温度变化时水泥环等效应力图可知，水泥环温度由 40℃ 变化到 300℃ 时，水泥环等效应力随温度线性变大，水泥环等效应力由常温到 300℃ 过程中变大了约 5.8 倍。随着温度升高，水泥环受力增大，这是水泥环破坏的主要原因。

由图 4-3-43 至图 4-3-45 水泥环弹性模量变化时径向应力、周向应力、轴向应力图可知，弹性模量由 4GPa 逐渐变大到 15GPa 时，水泥环径向应力、周向应力均随弹性模量变大而变大，轴向应力几乎没有发生改变。随着水泥环弹性模量升高，水泥环受力增大，建议采用低弹性模量水泥浆。

由图 4-3-46 水泥环泊松比变化时应力图可以看出，泊松比由 0.1 向 0.4 逐渐变大时，水泥环径向应力、周向应力、轴向应力均变大。水泥环的泊松比越大，水泥环受力越大，建议采用低泊松比水泥浆。

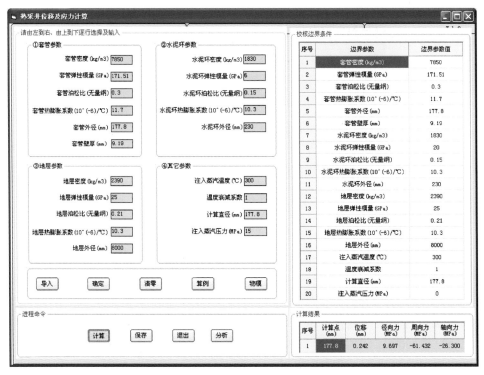

图 4-3-41　水泥环应力计算软件实例

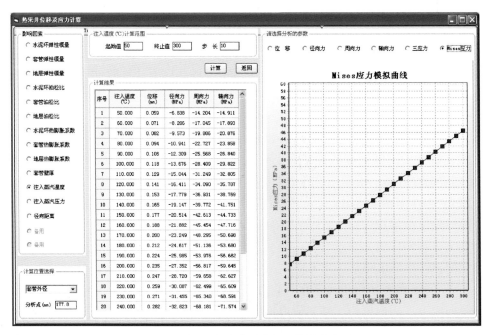

图 4-3-42　温度变化时水泥环等效应力图

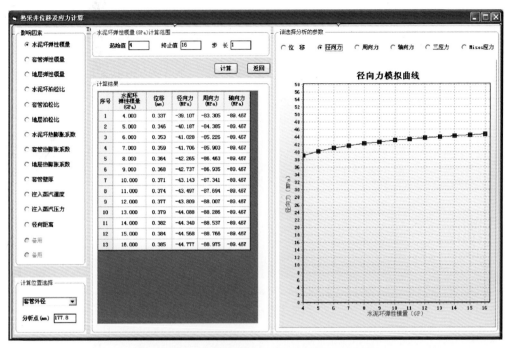

图 4-3-43 水泥环弹性模量变化时径向应力图

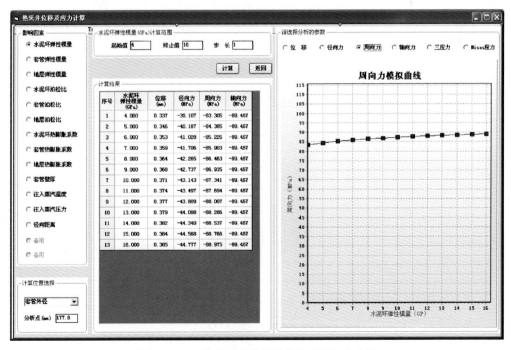

图 4-3-44 水泥环弹性模量变化时周向应力图

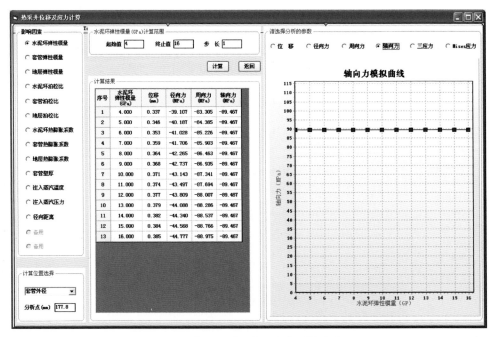

图 4-3-45　水泥环弹性模量变化时轴向应力图

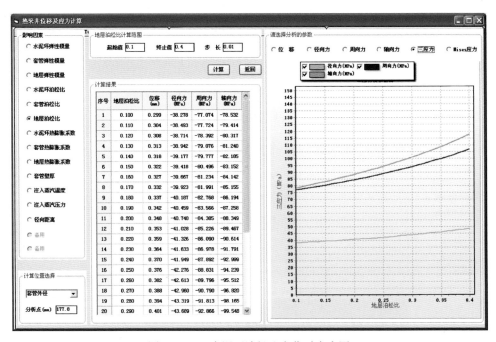

图 4-3-46　水泥环泊松比变化时应力图

2）海上热采井耐高温弹性水泥石液体体系

经过各外加剂优选实验，确定了构建热采井高温弹性水泥石液体体系添加剂材料和加量，水泥浆体系各添加剂的性能特征见表4-3-5。

表 4-3-5　水泥浆组分与性能列表

组分	代号	性能用途
降失水剂	CG88L	降低水泥浆失水量
分散剂	CF44L	改善水泥浆流变性
增强剂	STR	提高水泥石强度
填充剂	MX	降低水泥石渗透率，增加高温强度
膨胀剂	Bond	改善水泥环膨胀和胶结性能
热稳定剂	S11S	防止水泥石高温强度衰减
纤维	XW-3	提高水泥石韧性
缓凝剂	H21L	延长水泥浆稠化时间
减轻剂	DW	降低水泥浆密度
消泡剂	CX601L	减少水泥浆泡沫
增韧剂	ZRJ-1	提高水泥石韧性

经过实验，确定了热采井水泥浆体系密度为 $1.40 \sim 1.90 \text{g/cm}^3$ 的配方，具体见表 4-3-6 和表 4-3-7。

表 4-3-6　热采井水泥浆体系配方

配方密度 / (g/cm³)	1.4	1.5	1.6	1.7	1.8	1.9
水泥 /%	100	100	100	100	100	100
硅粉 S11S/%	35	35	35	35	40	40
膨胀剂 Bond/%	2	2	2	1	0.5	0.5
淡水 /%	76.7	70	65	59	52	52
降滤失剂 CG88L/%	6	6	6	6	5	5
分散剂 CF44L/%	3.6	2.4	2.6	2.4	2.4	5.06
填充剂 MX/%	8	8	8	8	8	8
增强剂 STR/%	3	3.5	3.5	4	4	4
消泡剂 CX60L/%	1	1	1	1	1	1
缓凝剂 H21L/%	0.6	0.4	0.6	0.6	0.6	0.6

续表

ZRJ-1/%	0.2	0.2	0.2	0.2	0.2	0.2
漂珠 DW/%	26	18	10	2.4	0	0
加重剂 /%	0	0	0	0	0	10
碳纤维 XW3/%	0.3	0.3	0.3	0.3	0.3	0.3

表 4-3-7　不同密度水泥浆基本性能

密度 / g/cm³	Φ_{300} [①] / mPa·s	失水量 （7MPa，80℃，30min）/ mL	稠化时间 （80℃，25MPa）/ min	抗压强度 （80℃，24h）/ MPa	弹性模量 （80℃，24h）/ MPa
1.4	285	36	328	14.31	3318
1.5	276	39	320	15.42	3456
1.6	270	40	315	15.57	3553
1.7	274	41	300	16.16	3717
1.8	268	43	279	16.35	3640
1.9	286	38	316	16.74	3815

① 300r/min 下测得的黏度。

热采井在生产过程中，会长期持续地受到高温的作用，为考察水泥浆体系在高温下长期的强度衰减性能，室内评价了 350℃ 养护温度下，水泥石经 28 天养护后的力学变化性能。表 4-3-8 为水泥石在长期高温养护下的强度衰减性能和弹性模量的变化。

在热采井作业过程中，往往会进行多轮次的加热，水泥石会反复受到高温和低温的交变加热和冷却的作用，相应的水泥石与套管之间就会受到交变的应力作用，为了考察这种交变应力作用对水泥石与套管之间胶结强度的影响，在实验室进行了模拟实验，实验中高温温度设定为 350℃，经 24h 高温养护后，降温至 80℃，在 80℃ 保持 24h 后再升温至 350℃，经过 8 轮次的升温和降温实验后，取出试样进行性能测试。

表 4-3-8　水泥石在长期高温养护下的强度衰减性能和弹性模量的变化

养护时间 /d	抗压强度 /MPa	弹性模量 /MPa
7	19.34	3896
14	19.16	3874
21	19.01	3857
28	18.97	3846

表 4-3-9 为经过 8 轮次升温与降温程序后水泥石力学性能的变化。从表 4-3-9 可以看出，经过多轮次高低温养护后，水泥石的抗压强度呈现先上升后下降的趋势，但总体来看，对水泥石的力学性能影响不大，水泥石的弹性模量保持在 4000MPa 以下，说明水泥石仍能保持较好的弹性。

表 4-3-9 多轮次升降温后水泥石力学性能的变化

养护轮次 / 次	抗压强度 /MPa	弹性模量 /MPa
2	18.5	3687
4	18.7	3714
6	19.6	3789
8	19.1	3816

注：水泥石经 80℃、48h 养护后，再放于超高温养护釜中进行交变升降温的养护。

为模拟热采井水泥环现场受到热应力的状况，实验用 $9\frac{5}{8}$in 套管与水泥环胶结后置于 350℃和 80℃进行高低温养护，养护 8 个轮次后，采用声波法测试胶结质量。测试 0°、120°、240°方位角声波信号波形图，图 4-3-47 是 120°方位角所测的声波信号波形图。

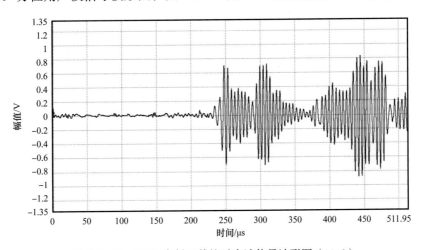

图 4-3-47 350℃高低温养护后声波信号波形图（120°）

以自由套管声波波幅值 0.2V 为基准，将上述套管与水泥环胶结测试的波形图转化为声波波幅占自由套管声波波幅值的百分比，如图 4-3-48 所示。

从图 4-3-48 可以看出，水泥石经 350℃与 80℃高低温养护后，水泥环与套管胶结的声波波幅占比基本上在 15% 左右，说明水泥环与套管的胶结良好。

图 4-3-49 是水泥环与套管高温养护脱模后水泥环的外观图。从图 4-3-49 可以看出，水泥环与套管经过高低温养护脱模后，其外观保持着较好的完整性，水泥石与套管的胶结处也没有明显的裂缝，说明该水泥浆体系形成的水泥石能够承受高低温养护引起的交变应力作用。

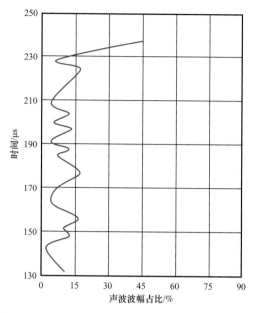

图 4-3-48　350℃高低温养护后声波波幅占比（120°）

图 4-3-49　水泥环高温养护后外观

第四节　海上稠油热采平台关键工艺技术

一、海上稠油催化改质及稠油输送关键技术

1. 稠油掺水集输工艺界限分析

1）油水乳化反相点的环道—流变学测定方法及实例测量结果

稠油掺水混输的关键技术之一是油水乳状液反相点的确定，其直接影响掺水量的高低。油水乳状液的反相点是一个条件参数，其高低主要取决于油水乳化条件，特别是油

水性质、乳化温度及搅拌强度等。因此，科学模拟实际稠油掺水混输的乳化条件至关重要，但至今尚无根本解决问题的方法。目前常用旋转黏度计或流变仪测定搅拌制备的油水乳状液黏度或表观黏度，再通过建立油水混合液黏度或表观黏度与含水率的关系确定反相点。但由于室内难以模拟实际油水混输过程中的累积机械搅拌强度，致使反相点的测定与实际油水混输存在很大偏差。采用新型设计的"多功能流体环道实验装置"测定不同含水率油水混合液在一定温度与流量范围内的压降梯度，据此反算相应的当量黏度或表观黏度；对于无法泵送的低含水率油水混合液，则采用旋转流变仪测定油水乳状液的表观黏度；绘制油水混合液在一定温度下的表观黏度与含水率之间的变化曲线，由此确定油水乳化反相点，这不仅避免了流变学法中不同油水乳状液的制备条件差异，而且克服了高含水油水混合液旋转黏度测定的不确定性。

采集与现场不同井号的四种不同黏度等级稠油的反相点测试结果如图 4-4-1 至图 4-4-4 所示。环道实验表明，980195 井、980220 井的油水混输反相点均为 40%，T98170 井与 970185 井的油水混输反相点分别为 50% 与 60%。

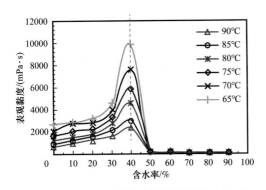
图 4-4-1 980195 井油水混输反相点（40%）

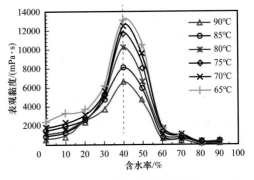
图 4-4-2 980220 井油水混输反相点（40%）

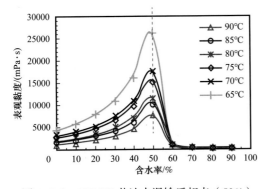
图 4-4-3 T98170 井油水混输反相点（50%）

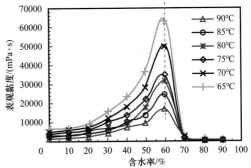
图 4-4-4 970185 井油水混输反相点（60%）

2）稠油掺水混输的井口回压与集输半径预测方法

同时假设油水流在两种流道内的有效黏度与密度相等，基于环道与单井集输管道油水流的几何相似与雷诺相似准则，采用能量方程计算实际管道流速，然后依据欧拉准则建立了实际集输管道的压降预测模型，由此可通过环道测定的油水流压降计算稠油井口掺水混输的井口回压与集输半径。四种典型稠油掺水混输工艺设计参数见表 4-4-1。

表 4-4-1 四种典型稠油样掺水混输工艺设计参数推荐值

稠油样品编号	50℃黏度 / mPa·s	反相点 / %	掺水量 / %	推荐输送温度 / ℃	0.2MPa 压降相应集输半径 / m
1	6162	40	50～60	65	1232.9
2	8260	50	55～65	65	880.9
3	14229	45	60～70	55	200.0
4	21579	55	60～70	60	200.0

3）稠油采出液掺水输送管流特性

以南堡 35-2 油田稠油为对象，含水率为 0～80%（间隔 10%）。利用自行设计和搭建的环道系统模拟采出液在温度 60～80℃、流速 0.2～1.4m/s 的实验工况下的管流特性，分析了含水率、温度、流速对 NB 稠油采出液管流压降梯度及减阻率的影响。

（1）含水率对压降梯度的影响

NB 稠油采出液的反相点为 40%（图 4-4-5）。稠油采出液在各工况下的管流压降梯度随含水率的变化规律比较相似，含水率在反相点之前时，压降梯度随含水率的升高而增大；含水率在反相点之后时，压降梯度随含水率的升高而减小。压降梯度随流速的升高而增大，随温度的升高而降低。如图 4-4-6 所示，超过反相点以后，油包水乳状液转变成水包油乳状液，稠油黏度降低，因此随着含水率增加，输送压降逐渐减小，最终使减阻率上升。

（2）压降梯度随温度的变化。

图 4-4-7 是南堡 35-2 油田稠油采出液在不同含水率和流速下的压降梯度随温度的变化关系图。在不同含水率和流速下，采出液的管流压降梯度随温度的变化规律比较相似，压降梯度均随温度的升高而减小，这是因为温度越高，采出液黏度越小。60～70℃低温段的压降梯度随温度的下降幅度大于 70～80℃高温段。

2. 海上稠油催化改质降黏技术

稠油改质降黏是一种浅度的原油加工方法，以热加工或加氢的方式使大分子烃裂解为小分子烃来降低稠油的黏度。其中，热加工改质方法是在稠油内部的烃组分间进行氢、碳的再分配，使得富氢短链的烃分子数量增加，同时富碳的极性大分子进一步聚合，极端情况会生成焦炭固体副产品。而加氢改质方法多是向稠油中通入氢气、水或有机供氢体，在催化剂的作用下使长链烃组分断裂，使得富氢短链的烃分子数量增加。

针对海上稠油进行改质其最主要目的是降低稠油黏度以便于海管输送，因此改质方案评价时应考虑到海上平台空间紧凑，安全要求高等特点，避免大量外购药剂，寻找出安全性高、工艺简单、操作温和的浅度稠油改质方案，在达到稠油降黏输送的同时提高原油品质。

根据以上情况，提出了海上平台催化改质降黏技术——无氢源，使用1次通过的油溶性催化剂 PAS-Mn，优化获得最佳的操作参数：催化剂加量0.1%，改质温度360℃，改质时间40min。

1）催化剂的筛选评价

分别针对 NB35-2-B43H、LD21-2-1D、和 LD21-2-2 三种不同井产的稠油原料开展催化剂筛选评价，催化剂选择了研发的 PAS 系列油溶性催化剂，评价了 PAS-Ni、PAS-Fe、PAS-Cu、PAS-Mn、PAS-Zn 共5种催化剂（图4-4-8和图4-4-9）。最终确定选用 PAS-Mn，催化剂用量为0.1%（质量分数），对目标稠油的适用性最好降黏率达到80%以上。

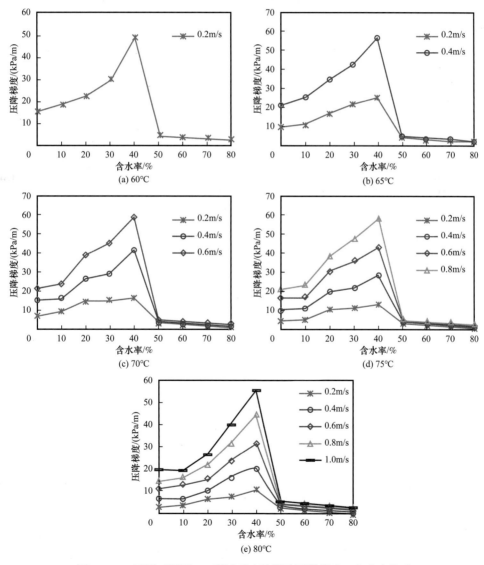

图4-4-5 不同工况下 NB 稠油采出液管流压降梯度—含水率关系

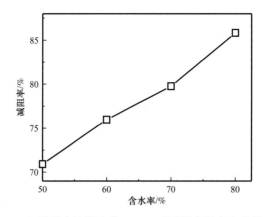

图 4-4-6　60℃下采出液流速为 0.2m/s 时减阻率随含水率的变化情况

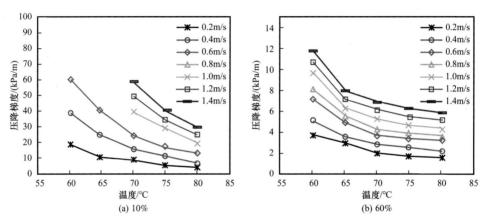

(a) 10%　　　　　　　　　　　　　(b) 60%

图 4-4-7　不同工况下 NB 稠油采出液压降梯度—温度曲线

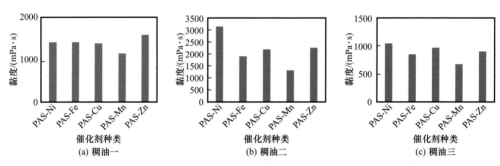

(a) 稠油一　　　　　　(b) 稠油二　　　　　　(c) 稠油三

图 4-4-8　PAS 型催化剂对三种稠油改质降黏效果评价

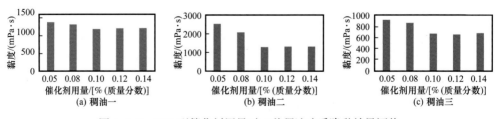

(a) 稠油一　　　　　　(b) 稠油二　　　　　　(c) 稠油三

图 4-4-9　PAS 型催化剂用量对三种稠油改质降黏效果评价

2）催化改质操作条件的影响分析

在室内间歇式反应器进行的理想反应条件实验获得了 PAS-Mn 催化剂催化改质目标稠油的最佳反应温度是 360℃，反应时间为 30min。在此条件下，三种原料稠油的降黏效果见表 4-4-2。不同原油在不同温度和不同反应时间下的降黏效果如图 4-4-10 和图 4-4-11 所示。

表 4-4-2　室内间歇釜评价的最佳催化改质效果

原料油	黏度 /（mPa·s）		降黏率 /%
	改质前	改质后	
NB35-2	4672	925	80.20
LD21-2-1D	11850	890	92.49
LD21-2-2	3871	629	83.75

注：反应温度为 360℃，反应时间为 30min。

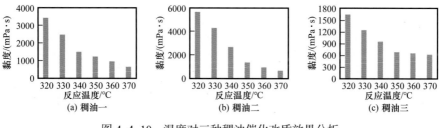

图 4-4-10　温度对三种稠油催化改质效果分析

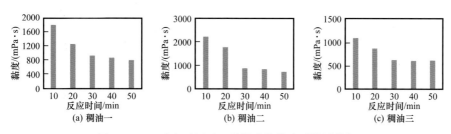

图 4-4-11　反应时间对三种稠油催化改质效果分析

3）改质稠油性质分析及机理推断

通过分析稠油改质前后的饱和烃 GC-MS 组成变化、胶质、沥青质官能团变化、沥青质微观形貌及粒度分析等一系列测试，证实了改质油的化学性质比原料油有好转，改质效果明显。

将南堡 35-2 油田稠油催化降黏前后胶质和沥青质分离后，进行 FT-IR 分析（图 4-4-12、图 4-4-13），结果表明：催化降黏后胶质和沥青质组分的甲基、亚甲基和异丙基的吸收峰减弱，表明胶质、沥青质大分子上的烷基侧链发生了断裂，发生了裂解反应；C—S 键的吸收峰也减弱了，表明胶质和沥青质分子间的一些硫醚桥键也发生了断裂，使大分子物质裂解为小分子化合物，稠油重组分被部分转化为轻组分，最终使稠油黏度降低。

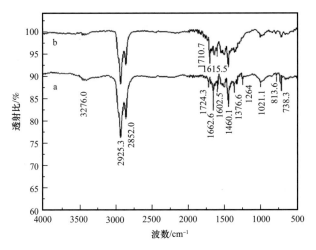

图 4-4-12　改质前后胶质红外光谱

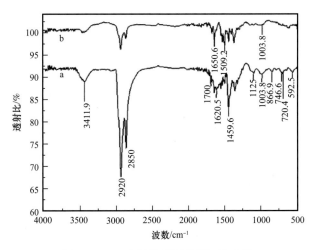

图 4-4-13　改质前后沥青质红外光谱

对南堡 35-2 稠油油样反应前后的胶质、沥青质组分进行核磁共振氢谱（^{1}H-NMR）分析，来确定胶质、沥青质分子的结构参数，NMR 谱图结果如图 4-4-14 所示。结果表明，反应后胶质和沥青质的芳香度降低，平均分子芳碳率下降，而芳香性缩合度增加，芳香环系的缩合程度降低。以上数据说明该改质过程使得一些胶质、沥青质组分发生了裂解、开环、异构化、解聚等反应，使其分子量减小，重组分缩合结构变松散，最终使稠油黏度降低。

南堡 35-2 稠油改质前后饱和分的 GC-MS 谱图如图 4-4-15 所示，发现改质后裂解的小分子烃数量增多，碳数集中在 11～22，主要增产的是煤油柴油馏分，从而证实了催化剂加入对稠油催化改质的作用。

通过南堡 35-2 稠油改质前后沥青质微观形貌 SEM 分析证明了沥青质大颗粒碎片化（图 4-4-16）。通过配制一定浓度的胶质—甲苯溶液和沥青质—甲苯溶液，测定了改质前后胶质和沥青质的动态光散射粒径，改质后胶质和沥青质组分的粒径均小于改质前的，说明催化改质过程在一定程度上破坏了胶质和沥青质组分的聚集效应，削弱了胶质和沥青质分子间的作用力，如氢键作用、π-π作用等，体现了催化剂 PAS-Mn 的催化效果。

通过配制一定浓度的胶质—甲苯溶液和沥青质—甲苯溶液，测定了改质前后胶质和沥青质的动态光散射粒径，结果见表 4-4-3。

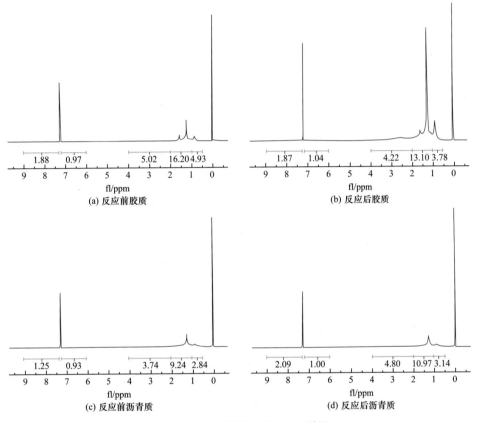

图 4-4-14　不同样品的 NMR 谱图

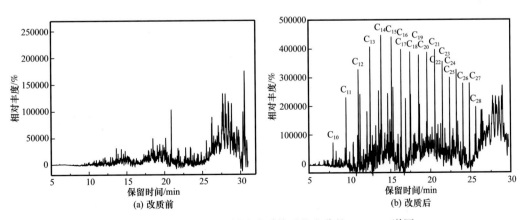

图 4-4-15　南堡 35-2 稠油改质前后饱和分的 GC-MS 谱图

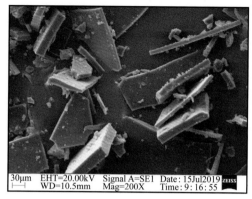

(a) 改质前

(b) 改质后

图 4-4-16 南堡 35-2 稠油沥青质改质前后微观形貌

表 4-4-3 改质前后胶质和沥青质的动态光散射粒径

项目	胶质动态光散射粒径 /nm	沥青质动态光散射粒径 /nm
改质前	297	516
改质后	195	425

根据改质产物大致可推断出改质反应过程。催化改质降黏过程的反应类型已证实有三类：催化裂解反应、催化解聚反应和 C—S、C—O 键断裂的反应，如图 4-4-17 所示。

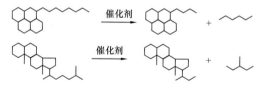

(a) 催化裂解反应

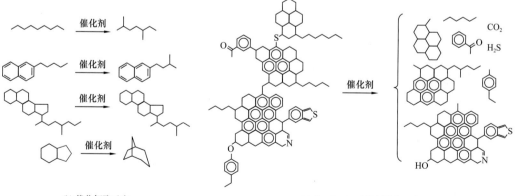

(b) 催化解聚反应

(c) C—S、C—O键断裂的反应

图 4-4-17 稠油改质过程中的改质反应过程

3.海上稠油催化改质降黏采输一体化技术

在催化改质降黏技术成果的基础上提出了在海上平台应用稠油改质降黏采输一体化技术，其目的是解决海上非常规高黏稠油在热采过程中的井筒流动、平台处理和海管输送问题。通过连续改质实验装置的搭建，初步评价管式反应器、管式循环反应器、连续搅拌釜式反应器对催化改质效果的影响，确定了改质反应器类型——管式反应器（空管，不含任何内构件），停留时间≥40min，管内反应温度≤360℃。通过取南堡35-2改质油280℃之前的轻质馏分与原料稠油进行掺稀降黏实验，证实了掺稀降黏的效果：掺稀量16%可使南堡35-2稠油降黏至683mPa·s，掺稀后的稠油脱水变易，可以达到预定目标。

1）海上稠油连续改质过程

在室内建立连续改质试验装置（图4-4-18和图4-4-19），并考察了管式反应器尺寸、管式循环反应器和连续搅拌釜式反应器对改质效果的影响。结果表明，基于自由基反应机理，适度的改质产品与原料间的返混可以提高改质降黏的效率。连续搅拌釜式反应器因返混程度最高，所以相同操作条件下的改质效果最好。但是由于返混程度过高可能导致长期运行过程中部分物料在釜内深度裂解结焦，因此选择管式反应器，空管（管内没有折流板等内构件），同时优化操作条件。

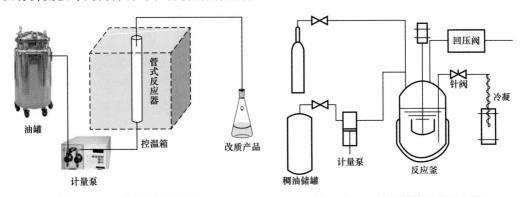

图4-4-18 管式连续反应器　　　　　　图4-4-19 连续搅拌釜式反应器

反应器的直径越大，物料在反应器内流动时发生的返混就越大。表4-4-4结果表明，稠油改质效果随着反应器直径的增大而变得更好，这表明由反应器内径变化引起的返混有利于改质反应进行。

表4-4-4 稠油管式反应器连续改质实验结果

油样	粗管改质黏度/（mPa·s）	粗管改质降黏率/%	细管改质黏度/（mPa·s）	细管改质降黏率/%
NB35-2	3515	27.4	2315	50.454
LD21-2-2	2249	41.9	1981	40.85
LD21-2-1D	4896	58.68	4011	66.12

三种海上稠油的降黏率都随反应温度的升高而增加，且在340℃下降黏率都达到了70%，说明反应温度对稠油连续改质实验影响比较明显，尤其在360℃的高温下，稠油分子热运动加剧，裂解程度进一步增加。同时在搅拌作用下新鲜物料与釜内稠油充分混合，返混程度很大，也是稠油催化改质降黏效果好的原因。因此在中试反应器的设计时需要考虑返混影响（图4-4-20至图4-4-22）。

最终，在催化剂PAS-Mn用量0.1%（质量分数）、反应温度360℃、停留时间30min的反应条件下，LD21-2-2稠油的降黏率达到了96.50%，LD21-2-1D稠油的降黏率达到了88.56%，南堡35-2稠油的降黏率达到了90.26%。

2）连续改质操作参数影响分析

将加入0.1%（质量分数）PAS-Mn催化剂的LD21-2-1D稠油置于油罐中，加热至90℃，然后将稠油泵送至微型反应器细管中，在360℃下分别考察不同停留时间对稠油连续改质的影响，结果如图4-4-20所示。

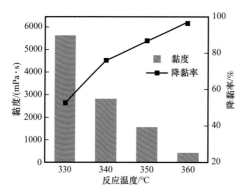

图4-4-20　LD21-2-1D搅拌釜式反应器中连续改质效果

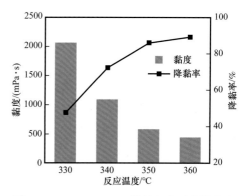

图4-4-21　LD21-2-2搅拌釜式反应器中连续改质效果

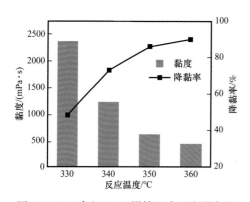

图4-4-22　南堡35-2搅拌釜式反应器中连续改质效果

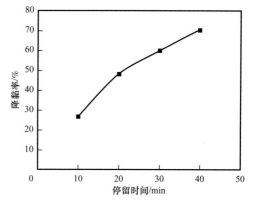

图4-4-23　不同停留时间对LD21-2-1D稠油连续改质的影响

不同停留时间对LD21-2-1D稠油连续改质效果影响不同，随着停留时间的延长，稠油黏度逐渐降低，降黏率逐渐增加，稠油反应越充分，当停留时间为40min时，LD21-

2-1D 稠油黏度由 11850mPa·s 降低至 3500mPa·s（表 4-4-5）。这表明在连续反应器上停留时间对改质效果的影响规律与间歇式反应釜一致。

结合连续搅拌釜式反应器中的温度影响分析，340℃以上的操作温度下改质效果明显，停留时间增加有利于强化改质效果。

表 4-4-5　停留时间对连续改质结果的影响

停留时间 /min	黏度 /（mPa·s）			平均黏度 /（mPa·s）	降黏率 /%
10	8635	8895	8570	8700	26.58
20	6254	6085	6171	6170	47.93
30	4923	4755	4812	4830	59.24
40	3671	3596	3233	3500	70.46

二、海上热采生产水处理及回用技术

1. 动态膜过滤稠油开采污水

作为一种特殊形式的新型膜技术，动态膜技术是利用多孔介质过滤含有有机或无机涂膜粉体的特制溶液，在介质表面沉积形成次生膜层，即动态膜层。它可以有效地减轻基膜污染，并且更加经济高效；它采用大孔径材料制作膜组件，降低了膜组件的造价；研究表明，动态膜具有良好的渗透性能和截留性能；由于次生膜的保护作用，抗污染能力显著提高；并且动态膜可以采用廉价的涂膜材料经过简单过滤过程涂膜，一旦膜被污染，次生膜容易移除，并可以再次成膜。因而动态膜技术相对于其他固定膜分离过程来说，具有成本低、通量大、截留能力强、制备简单且清洗方便等优点。

1）实验材料及药品

（1）原料与试剂。

所用的原料和试剂如下：煅烧高岭土、氧化锆粉、氧化铝粉、氢氧化钠（分析纯），金属载体管（外径 12mm，内径 8mm，长 1100mm，平均孔径 2～3μm，孔隙率 30%～40%）；取自稠油热采污水渤海油田某终端处理厂，油含量 135mg/L，悬浮物固含量 74mg/L，粒径中值 10.6μm±0.2μm；去离子水为实验室自制。

（2）动态膜制备。

取一定质量的涂膜粉体加入 10L 去离子水中，超声 10min，然后持续机械搅拌 30min，得到白色涂膜液；将载体放入膜组件并将配制好的涂膜液倒入膜分离评价装置（图 4-4-24）的水箱，打开循环泵，产水直接回流至水箱，膜面流速为 1.2m/s，循环 30min，动态膜制备完成；使用相同方法，选用未处理高岭土粉体制备动态膜，作为对比样。

（3）动态膜的表征与评价。

制备的动态膜使用扫描电子显微镜（SEM，S-4800，Hitachi）来观测器表面及截面形貌。膜性能由膜通量和产水水质两方面评价，实验检测方法：实验开始先打开 V1、V2、V3、V4 阀门，关闭 V5、V6、V7 阀门，向水箱加入实验用水，开启加热，打开循环泵至温度、压力及流量稳定，进行试验检测及数据记录。压力表记录进膜压力 p_1、出膜压力 p_2、渗透侧压力 p_3，跨膜压差 Δp 由 $\Delta p=(p_1+p_2)/2-p_3$ 公式得到。流量计记录系统循环流量 Q_1、膜组件渗透液流量 Q_2，膜通量 J 由 $J=Q_2/S_2$ 得到，S_2 为膜组件有效过滤面积；表面流速 u 由 $u=(Q_1+Q_2)/S_1$ 得到，S_1 为膜组件进水截面积。通过控制阀门开度、加热温度以及循环泵流量，将跨膜压差、膜面流速及温度三个影响因素中的两个因素固定，考察剩下的一个因素的变化对膜性能的影响。

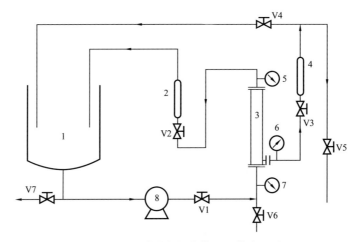

图 4-4-24　膜分离评价装置工艺流程图
1—水箱；2，4—流量计；3—膜组件；5，6，7—压力表；8—循环泵；V1—V7—阀门

油含量采用 InfraCal HATR-T2 含油分析仪进行检测；悬浮物固含量使用 0.45μm 的滤膜对膜产水进行过滤，将截留物和过滤膜置于烘箱（UFE500，Memmert）内 105℃ 干燥至恒重，称量结果减去滤膜质量即为悬浮物固含量；悬浮物粒径中值采用粒度分析仪（Mastersizer，英国马尔文）进行检测；固体颗粒表面 Zeta 电位采用表面 Zeta 电位分析仪（zetaCAD，法国 CAD）进行检测。

2）涂膜材料的选择

以高岭土、氧化铝、氧化锆、氧化钛、珍珠岩五种材料作为备选涂膜材料，分别考察其电荷性，并考察所制备动态膜的接触角，从而选出能较好地抵抗膜污染、获得较大通量的涂膜材料。

一般来说，颗粒表面的带负电荷时，其 Zeta 电位值为负；反之，颗粒表面带正电荷，则 Zeta 电位为正。Zeta 电位可以通过较为简单的方法进行测量，而颗粒表面电势不容易测量。表 4-4-6 为测定颗粒的 Zeta 电位。

表 4-4-6　不同涂膜颗粒的 Zeta 电位

涂膜颗粒	高岭土	氧化铝	氧化锆	氧化钛	珍珠岩
Zeta 电位 /mV	-17.43	32.84	5.06	12.11	-0.71

由表4-4-6可知，氧化铝、氧化锆氧化钛的Zeta电位为正，而高岭土、氧化锆和珍珠岩具有较低的Zeta电位，高岭土和珍珠岩的Zeta电位为负值，高岭土Zeta电位为 −17.43，亲水性最强，由胶体化学可知，水包油型乳状液中油滴一般带负电荷，因而带同种电荷的高岭土动态膜能更好地抵抗油污污染，油水分离通量更大，所以选择高岭土作为动态膜的涂膜材料。

3）动态膜涂膜技术

（1）载体孔径与涂膜粒子最优匹配性实验。

选用过滤精度为 2μm、5μm、10μm、35μm 和 60μm 的金属烧结滤网作为载体，按照过滤原理，分别选用粒径中值略大于载体孔径的煅烧高岭土作为相应的涂膜粒子进行匹配，对应关系见表4-4-7。

表4-4-7   不同过滤精度载体孔径对应的涂膜粒子粒径中值

载体孔径 /μm	2	5	10	35	60
涂膜粒子粒径中值 /μm	5	10	25	45	75

考察了涂膜跨膜压差为 0.02MPa、运行跨膜压差为 0.1MPa、运行温度为 20℃、涂膜液体积为 20L、涂膜液浓度为 1g/L 的条件下，金属载体孔径分别为 2μm、5μm、10μm、35μm、60μm 时的纯水通量（图4-4-25）。从图4-4-25中可以看出，随着载体孔径的增大，所形成的动态膜的纯水通量也增大，当载体孔径从 2μm 增大到 60μm 时，通量从 800L/（m²·h）上升至 9500L/（m²·h）。

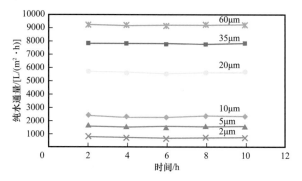

图4-4-25   不同载体平均孔径下膜通量对比

考察了涂膜过程中不同过滤精度载体渗透侧出水稳定性情况，从图4-4-26中可以看出，随着载体孔径的增大，渗透侧出水中悬浮物含量有上升趋势，当载体孔径增大到 60μm 时，出水悬浮物含量超过 5mg/L，此载体孔径下，动态膜分离选择性较差。因此，综合通量和出水稳定性，选用载体孔径为 35μm 和粒径中值为 45μm 的涂膜粒子作为最优匹配。

（2）动态膜性能评价试验。

考察了进水含油量为 30~75mg/L、悬浮物含量为 15~35mg/L 条件下，动态膜跨膜压差和通量以及出水水质随时间变化趋势（图4-4-27和图4-4-28）。动态膜运行

10h，跨膜压差保持在 0.01～0.02MPa，通量稳定在 510～530L/（m²·h），出水中含油量 5～15mg/L，悬浮物含量 2～5mg/L，试验效果良好。

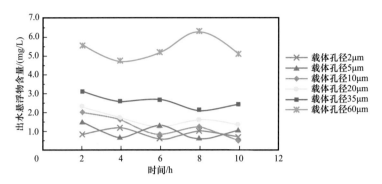

图 4-4-26 涂膜过程中渗透侧出水悬浮物含量

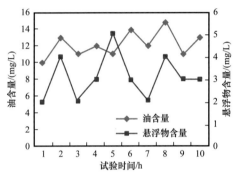

图 4-4-27 出水水质随时间变化   图 4-4-28 跨膜压差和通量随时间变化

4）动态膜过滤稠油开采污水

（1）稠油浓度对动态膜分离性能的影响。

考察了涂膜跨膜压差为 0.02MPa、运行跨膜压差为 0.1MPa、涂膜颗粒粒径为 45μm（过孔径为 45μm 筛）、金属载体孔径为 35μm、涂膜温度为 20℃、处理含稠油污水时温度为 60℃、涂膜液体积为 20L、涂膜液浓度为 1g/L 的条件下，不同稠油浓度对动态膜渗透通量的影响（图 4-4-29）。从稠油浓度与动态膜渗透通量实验数据中可看出，当稠油浓度从 50mg/L 增大到 150mg/L 的过程中，膜通量从 11683L/（m²·h）降低至 10074L/（m²·h）。这是由于随着稠油浓度的增大，动态膜的孔道更易被稠油堵塞，造成通量下降。同时也可以看到，产水油含量也从 3mg/L 增大到 12mg/L，这是由于随着稠油浓度的增大，稠油透过动态膜的量增加，造成产水油含量增大。

（2）分离压差对动态膜稠油分离性能的影响。

考察了涂膜跨膜压差为 0.02MPa、涂膜颗粒粒径为 45μm（过孔径为 45μm 筛）、金属载体孔径为 35μm、涂膜温度为 20℃、处理含稠油污水时温度为 60℃、涂膜液体积为 20L、涂膜液浓度为 1g/L 的条件下，不同分离压差对动态膜渗透通量的影响（图 4-4-30）。当分离压差从 0.05MPa 增大到 0.1MPa 的过程中，膜通量从 4824L/（m²·h）

上升至 10657L/（$m^2 \cdot h$），而在分离压差从 0.1MPa 增大到 0.15MPa 的过程中，膜通量又降低至 10614L/（$m^2 \cdot h$）。这可能是由于跨膜压差过大，导致污染物迅速堆积在膜表面，使污染层厚度过大，水透过阻力变大；此外，由于跨膜压差的增大，使膜表面的污染物浓度增加，浓差极化现象更加严重，也会导致水透过性下降。而在分离压差为 0.1MPa 的条件下，水透过的推动力和阻力达到相对平衡的状态。从图 4-4-30 中也可以看到，分离压差为 0.1MPa 与 0.15MPa 时相比，油含量有一定的下降，这也说明污染物在膜表面形成了较厚的凝胶层，水与污染物更难穿过膜表面。实验确定最佳分离压差为 0.1MPa。

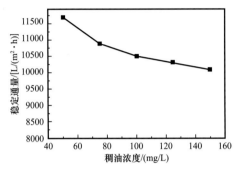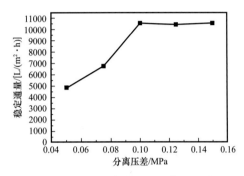

图 4-4-29　不同稠油浓度下膜通量对比　　　图 4-4-30　不同分离压差下膜通量对比

（3）稠油开采污水温度对动态膜分离性能的影响。

考察了涂膜跨膜压差为 0.02MPa、运行跨膜压差为 0.1MPa、涂膜颗粒粒径为 45μm、金属载体孔径为 35μm、涂膜温度为 20℃、涂膜液体积为 20L、涂膜液浓度为 1g/L 的条件下，不同稠油污水温度对动态膜渗透通量的影响（图 4-4-31）。从图 4-4-31 中可以看到，当稠油开采污水温度从 40℃增大到 50℃的过程中，膜通量从 11735L/（$m^2 \cdot h$）上升至 12113L/（$m^2 \cdot h$），而在稠油开采污水温度从 50℃增大到 80℃的过程中，膜通量又降低至 9843L/（$m^2 \cdot h$）。这可从两方面解释：一方面，由于温度升高，乳化液黏度减小，传质系

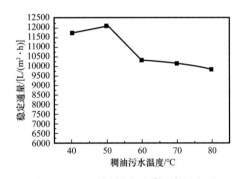

图 4-4-31　不同稠油开采污水温度下膜通量对比

数增大，浓差极化现象减弱，导致通量升高；另一方面，随着温度的升高，水包油型乳状液易发生破乳，使油滴尺寸变小，更容易进入动态膜层中，导致渗透液中油含量升高、油滴在膜表面形成的浓差极化层逐渐增厚，渗透通量将降低。温度在一定范围内增大时，黏度减小导致的通量增大占主导；温度增大到一定值后，破乳导致油滴变小使通量减小作用占主导。实验确定最佳稠油开采污水处理温度为 50℃。

使用高岭土进行动态膜涂膜实验并考察动态膜纯水通量，确定最佳涂膜工艺条件：高岭土粒径为 45μm，金属膜载体平均孔径为 35μm，涂膜液浓度为 1.0g/L，制备压差为 0.02MPa，涂膜液温度为 60℃；在该条件下制备的动态膜，纯水通量为 13928L/（$m^2 \cdot h$）。

研究表明，过滤速度 8000L/（m²·h）、分离压差 0.10MPa、水温 50℃为最佳处理条件。

2. 气浮—动态膜耦合预处理工艺

1）气浮过程优化

（1）优选气浮设备。

优选紧凑旋流气浮装置（Compact Floatation Unit，CFU），该装置结合了气浮、旋流技术，形成了效率高、结构紧凑的新型气浮设备。该设备利用微气泡发生装置，产生微小气泡（平均粒径 30μm 左右），在设备内特殊的旋流场作用下，和细微污染物结合，减小了密度，增加了粒径，提高了分离效率，起到高效分离的效果。

气浮分离原理主要是利用微气泡发生装置在污水中通入大量高度分散的微气泡（通常需要投加混凝剂或浮选剂），使之作为载体与悬浮在水中的颗粒（油滴）或絮状物黏附，形成整体密度小于水的浮体，依靠浮力作用一起上浮到水面，形成浮渣后去除，来达到水中固体与液体、液体与液体分离的净水方法。气浮分离包括三个过程，即气泡产生、气泡与悬浮物（颗粒或油滴）附着、气泡带着悬浮物（颗粒或油滴）上升到液面聚结后去除。由于微米级的气泡对油滴悬浮物有很好的黏附作用，粒径小于 10μm 的油滴可以通过黏附聚集在微气泡周围，形成较大的黏附体，从而具有一定的破乳作用，降低了乳化水的分离难度。同时可以免去或少用药剂。

产生气泡的方法包括曝气法、溶气法和电解法。曝气法产生的气泡粒径较大（＞100μm），溶气法产生的气泡粒径为 20～100μm，电解法产生的气泡粒径为 10～60μm。由于曝气法气泡较大，黏附能力较差，电解法能耗大，溶气法是最佳的选择，图 4-4-32 和图 4-4-33 是紧凑型旋流气浮装置的工艺流程图和装置照片。该装置由供料泵、溶气泵和气浮分离罐及相关仪表组成，对于一台处理量为 5m³/h 的气浮设备，橇块的尺寸仅为 1.9m×2.7m×2.5m，设备净重 0.8t，相比于传统的气浮设备，无论是占地尺寸还是设备重

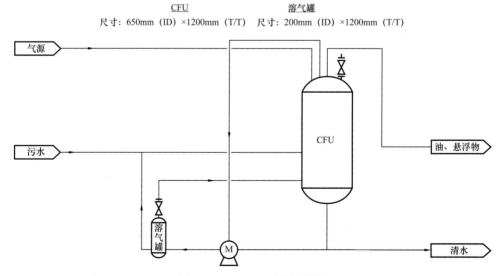

图 4-4-32　CFU 工艺流程图

量都有极大的优势。图 4-4-34 和图 4-4-35 为 CFU 的主罐结构图和 CFD 模拟图,从图中可以清晰地看出流体在气浮罐中的流动方式。

图 4-4-33　CFU 装置图

图 4-4-34　CFU 工艺模拟

图 4-4-35　CFU 计算流体动态模拟(CFD)

图 4-4-36 至图 4-4-38 分别为 CFU 装置中容器罐出口产生的微气泡采样和微气泡的微观图片以及微气泡的平均粒径分布图,可以看出,通过溶气泵的溶气可以释放出大量气泡,气泡的粒径主要分布在 30μm 左右,属于微纳米气泡的范畴。

(2)气浮中试试验。

为了考察紧凑型旋流气浮装置处理稠油热采污水的处理效果和效率,在胜利油田孤东采油厂东四联合站进行了中试试验,试验进行了回流比、溶气水中气液比以及加药量的优化试验。

① 回流比对气浮装置除油效果的影响。

试验首先在固定处理量为 5.0m³/h、不加药剂、溶气流量为 200L/h、排浓比在 2.0% 的条件下,进行了回流比的优选试验。表 4-4-8 为不同回流比下气浮装置的除油效果,从表中可以看出，在处理量不变的条件下增加回流比，出水含油量有减小趋势，除油率有增大趋势，但过大提高回流比，出水含油量有增大趋势。因此，需要确定合适的回流比，当回流比为15%时除油效率最高，可达80%以上。

图 4-4-36　溶气罐出口产生微气泡采样

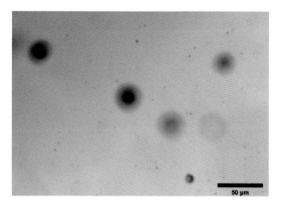

图 4-4-37　微气泡微观图片

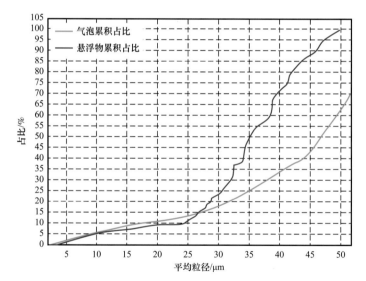

图 4-4-38　微气泡和悬浮物粒径分布图

表 4-4-8　不同回流比下气浮装置的除油效果

回流比 /%	平均含油量 /（mg/L）		除油率 /%
	进水	出水	
6.2	228.4	57.1	75
10.7	189.7	43.8	76.9
14.3	207.6	35.5	82.9
21.5	234.5	51.6	78

② 溶气水中气液比对气浮装置除油效果的影响。

根据现场试验观察，当采用更高的溶气量时，制备的溶气水微气泡表观浓度更高。现场中试试验在固定处理水量为 $5.0m^3/h$、不加药剂、回流比为 15%、排浓比为 2.0% 的条件下，考察了不同溶气水中气液比下气浮装置的除油效果，结果见表 4-4-9。

由表 4-4-9 可以看出，在气浮装置处理量不变的条件下提高溶气水中气液比，除油率有所提高；当气液比升高到 2.0∶10 时，现场观察到溶气水中大气泡数量增多，同时出水含油量相对有增大趋势。由此可以得出，过大地增大气液比，并不利于细小油滴的黏附去除，会导致出水含油量有所增加，适宜的气液比为 1.2∶10。

表 4-4-9　不同溶气水中气液比下气浮装置的除油效果

气液比	平均含油量 /（mg/L）		除油率 /%
	进水	出水	
0.4∶10	178.5	49.3	72.4
0.8∶10	204.7	47.5	76.8
1.2∶10	189.5	39.9	78.9
1.6∶10	234.2	50.8	78.3
2.0∶10	237.8	53.7	77.4

③ 不同加药量对气浮装置除油效果的影响。

现场中试试验中选择投加 PAC 絮凝剂、PAM 助凝剂以及 PE2157 油溶性反相破乳剂三种药剂，考察了在固定处理量为 $5.0m^3/h$、气液比为 1.2∶10 的条件下，不同加药量和加不同药剂的除油效果对比。加药后试验效果见表 4-4-10。

表 4-4-10　不同药剂不同加药量的除油效果

药剂	加药量 /（mg/L）	回流比 /%	排浓比 /%	平均含油量 /（mg/L）		除油率 /%
				进水	出水	
PE2157	60	14.2	2.4	217.2	26.2	88.4
	100	14.2	2.4	245.7	17.9	92.7
PAC	150	16.7	3.7	207.9	25.8	87.6
	200	16.7	3.7	189.5	25.7	86.4
PAC+PAM（10∶1）	150	15.5	3.6	234.2	22.5	90.4
	200	15.5	3.6	227.4	24.5	89.2
PE2157+PAC（1∶1）	80	14.8	2.57	193.6	16.5	91.5
	120	14.8	2.64	214.6	16.7	92.2

从表4-4-10可以看出，投加药剂后，气浮装置的出水除油率明显有所提高，其中加入PE2157油溶性反相破乳剂与絮凝剂PAC相比，加药量小，并具有更好的除油效果；PAC投加量增大时出水效果较好，但同时会产生更多的絮状悬浮物，增加排浓量，会增加后续处理负荷。综合考虑气浮装置出水含油量和除油率，选择PE2157+PAC的加药方式更佳合理。

2）气浮—动态膜耦合预处理工艺设备开发

气浮—动态膜耦合预处理工艺含稠油污水通过气浮装置前处理，脱除大部分的油及悬浮物后进入动态膜系统进一步处理，出水达到普通注水或进膜精细过滤入口技术要求。动态膜产生的浓液及反洗液进入气浮装置循环处理，图4-4-39为实际试验设备三维设计图。

图4-4-39　气浮—动态膜耦合预处理三维设计

3）动态膜处理渤海油田某终端处理厂油田采出水中试试验

表4-4-11为金属动态膜处理渤海油田某终端处理厂油田采出水的水质情况。试验限定了$3m^3/h$的产水量，在稳定膜通量的条件下，根据跨膜压差的变化来考察膜的性能及稳定性。从图4-4-40和图4-4-41中可以看出，膜污染周期为24h，跨膜压差从0.10MPa左右逐渐上升至0.18左右。当跨膜压差超过0.14MPa时，膜的污染已经比较严重了，需要去除金属载体表面的膜层并重新涂膜。

表4-4-11　渤海油田某终端处理厂油田采出水水质分析

项目	数值
油含量 /（mg/L）	15～129
悬浮物固含量 /（mg/L）	23～73
粒径中值 /μm	5.8～10.9

图4-4-42和图4-4-43分别是动态超滤膜进行的原水和产水油含量和悬浮物固含量变化图。从图中可以看到，原水的油含量和悬浮物固含量波动较大，产水的油含量和悬

浮物固含量随着原水的油含量和悬浮物固含量增大或减小进而增大或减小，具有正相关的关系。金属动态膜油的截留率大于53.8%，悬浮物截留率大于43.5%。值得注意的是，当原水油含量为129mg/L时，油的截留率为70.5%；而当原水悬浮物固含量为73mg/L，悬浮物截留率为64.4%。这说明金属动态膜表面具有较大的孔道，在油含量和悬浮物固含量较低的情况下，油和小粒径的固体悬浮物会通过孔道透过膜；而在油含量和悬浮物固含量较高的情况下，动态膜上形成的凝胶层较厚，堵塞了部分大孔径的孔道，在一定程度上阻止了油和悬浮物通过膜层，进而截留率上升。从中可以看到，动态膜单独使用对污水中污染物的去除有一定效果，但是并不能达到进入超滤处理单元的要求，需要在进入动态膜之前对污染物进行初步处理。因此，使用气浮装置对污水进行初步处理是十分必要的。

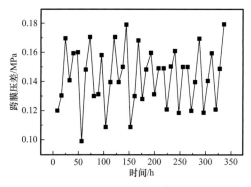

图4-4-40 跨膜压差随运行时间的变化

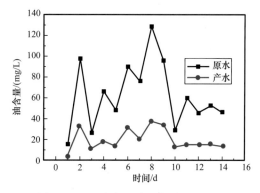

图4-4-41 油含量随运行时间的变化

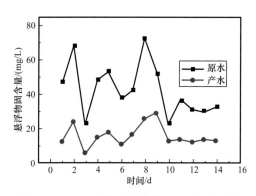

图4-4-42 悬浮物固含量随运行时间的变化

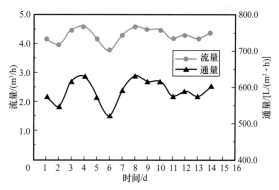

图4-4-43 流量和通量随运行时间的变化

效率高的紧凑旋流气浮装置（CFU），回流比为15%，排浓比为2.0%，气液比为1.2∶10，选择PE2157+PAC（1∶1）的加药方式时具有最好的出水水质；并对气浮—动态膜耦合装置进行了中试试验的研究。经过30天长周期稳定性试验，现场稠油黏度（50℃）为3739mPa·s，稠油密度（20℃）为965kg/m³，原水油含量为120mg/L，悬浮物固含量为90mg/L，产水油含量小于3mg/L，悬浮物固含量小于4mg/L。说明原水经过气浮—动态膜耦合处理，产水水质良好，达到进入精细过滤单元的水质要求。

3. 抗污染陶瓷基超滤膜精细过滤技术

1）抗污染陶瓷基超滤膜材料

（1）优选载体，进行载体的制备与表征。

无机膜在工业应用过程中要求膜有较高的渗透通量和小的阻力，而且还要求膜具有较小的孔径及均匀的孔径分布，以达到高的分离选择性。因此，在实践中绝大多数无机陶瓷基膜均制成多层不对称结构，在大孔径的支撑体上负载一层或多层小孔径的分离控制膜层。支撑体作为无机膜的基体，对于膜层的制备和无机膜在使用中的稳定性都有重要影响。要制备性能良好的陶瓷基功能膜，必须先有高质量的支撑体。因此对多孔支撑体的评价除了对多孔支撑体的抗压和抗弯强度、耐酸碱腐蚀性、热性能等有较高的要求外，更重要的是多孔支撑体的孔隙率、孔径大小及其分布、渗透通量等。

优选 α-Al$_2$O$_3$ 为主要原料，采用挤出成型法制备支撑体。分别以淀粉、甲基纤维素、糊精、炭黑作致孔剂，甘油作为润滑剂，二氧化硅、氧化镁、铝粉、氢氧化铝作烧结助剂。考察多种因素对支撑体的影响，优化了原料粒度、添加剂种类与用量、混合时间、挤出压力与速度、干燥温度与时间、烧成温度与时间、升温速率等工艺条件，在 1760℃ 烧结制备出通道尺寸为 4mm、孔径为 30～50μm 的多通道陶瓷基膜支撑体。

① 孔隙率的测定。

a. 将干燥试样在天平上准确称量，精确到 0.01g，记为 m_1。

b. 将试样放入干净烧杯并置于真空干燥器中，抽真空至剩余压力小于 1kPa，保持 15min，然后通过干燥器上的贮水瓶放入蒸馏水，至完全覆盖试样，再抽气至试样上无气泡出现时即可停止。

c. 将上述饱和试样小心地用丝线悬挂在带溢流檐的注满蒸馏水的容器内，称量饱和试样在水中的质量，精确到 0.01g，记为 m_3。

d. 从水中取出饱和试样，用饱含水的多层纱布，将试样表面过剩水分轻轻擦掉，迅速称量饱和试样在空气中的质量，精确到 0.01g，记为 m_2。

e. 孔隙率可表示为：$q=\dfrac{m_2-m_1}{m_2-m_3}$。

② 纯水通量的测定。

用自制设备测定支撑体的纯水通量，采用恒压连续过滤装置测定液体在一定温度和压力下的渗透通量。

$$J_w=\frac{V}{At}$$

式中　J_w——渗透通量，m³/（m²·h）；

　　　V——一定时间内液体透过总量，kg；

　　　A——膜的有效面积，m²；

　　　t——过滤时间，h。

③ 微观形貌分析。

用扫描电子显微镜（SEM）观测支撑体的微观结构，如图 4-4-44 所示，载体管如图 4-4-45 所示。

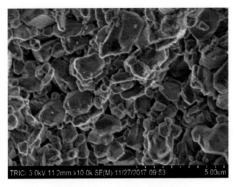

图 4-4-44　SEM 表面形貌

图 4-4-45　载体管图片

④ 抗弯强度的测定。

按照 GB/T 1965—1996《多孔陶瓷弯曲强度实验方法》国家标准，选取膜试样，调节材料试验机支座之间的距离为 100mm，把试样放在支座上，以 10N/s 的速度施加负荷直至试样破坏，读出破坏时的负荷值 F，以此表示膜的弯曲强度。

⑤ 耐酸碱腐蚀性的测定。

按照 GB/T 1970—1996《多孔陶瓷耐酸、碱腐蚀性能测试方法》国家标准，试样经酸或碱介质腐蚀后的强度损失率及质量损失率，是指试样在 20% 硫酸或盐酸的溶液和 10% 氢氧化钠的溶液中微煮沸 1h 腐蚀后的强度和质量损失情况。

⑥ 孔径分布的测定。

支撑体的孔径大小和孔径分布的测定采用气体泡压法。气体泡压法是利用毛细管作用原理测定膜的孔径。浸润剂表面张力影响所测孔径的大小。支撑体性能测试见表 4-4-12。

表 4-4-12　支撑体性能

平均孔径 /μm	孔隙率 /%	纯水通量 /[m³/（m²·h）]	抗弯强度 /MPa	耐酸性 /%	耐碱性 /%
22	46.8	6.2	30	>99	>99

采用 α-Al₂O₃ 为主要原料，采用挤出成型法制备载体，按照国家各项标准对优选的载体进行检测，平均孔径为 22μm，孔隙率达到 46.8%，纯水通量超过 6.2m³/（m²·h），抗弯强度达到 30MPa，耐酸性和耐碱性都超过 99%。

（2）陶瓷基超滤膜的制备与表征。

采用溶胶—凝胶法在载体的表面形成均匀连续堆积的固态粒子，再对载体表面固态粒子进行烧结，制备陶瓷基超滤膜，此种方法具有工艺简单、操作方便、易实现工业化的特点。用通道尺寸为 4mm 的 19 通道陶瓷基管作为支撑体，用具有良好稳定性、分散性和流动性的悬浮液作为涂膜液，采用浸涂法在支撑体上成膜。涂膜液以一定的流速通过支撑体内壁，在多孔支撑体毛细管力的作用下，在支撑体表层形成一层具有一定厚度的陶瓷基湿膜，湿膜经干燥和高温烧结后，就得到具有一定厚度、孔隙率、孔径和孔径分布的非对称陶瓷基膜。采用自主研发的浸涂制膜设备，筛选涂膜液中加入的改性功能基团，优化温度、时间、流场等条件因素，改进合成工艺，研究表明：

① 当悬浮液一定时，浸浆开始膜厚随浸浆时间的延长而增加，当浸浆时间超过一定时间后，膜厚将随浸浆时间的延长而降低。

② 随着膜厚度增大，膜的平均孔径变小，膜的孔径分布变宽。

③ 在实验条件下，随着烧结温度的提高，膜的孔隙率、平均孔径增大。

④ 当悬浮液粒子的大小在合适的范围内时才能得到连续的涂层，经烧结后得到的膜层完整性和均匀性都较好；在制膜时应尽可能选用表面平整光滑、孔径分布较窄、表面润湿性能较好的支撑体。

⑤ 用低黏度热浸渍的涂膜方法，可提高 1.5mm 支撑体通道表面前驱体涂膜的均匀度和光洁度。

⑥ 掺杂钇稳定的 ZrO_2 制备出的微纳二元复合结构的功能膜层，相比纯 ZrO_2 制备的膜层具有更好的亲水疏油性能，抗污染能力更强，孔径更均匀、更小。

（3）陶瓷基超滤膜室内性能评价。

图 4-4-46 为陶瓷基超滤膜在 92℃下，进水含油量 25mg/L、悬浮物含量 21mg/L、恒流量 208L/（$m^2 \cdot h$）处理含稠油污水，跨膜压差随时间的变化关系，从图中可以看出，出水油含量为 1.8mg/L，悬浮物含量为 0.12mg/L，在 92℃条件下处理 140h 跨膜压差数值较小，膜性能稳定，表明抗污染性能良好。

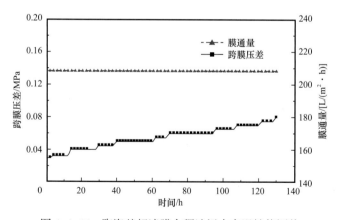

图 4-4-46　陶瓷基超滤膜含稠油污水高温性能评价

（4）陶瓷基超滤膜清洗再生技术。

实验条件：① 控制膜面流速为 3~4m/s；② 清洗时，关闭产水侧阀门，保持清洗温度为 60℃；③ 研究不同清洗方式对膜清洗效果的影响。

实验方案：膜污染不可避免，这是由于含油污水组成复杂，污水中还有大量的油滴、微粒、聚合物、蜡质及胶体等杂质，在过滤过程中会吸附、沉积在膜表面或膜的孔道内，造成陶瓷基膜设备即使在最优操作条件下运行，膜通量的衰减仍伴随着整个膜过滤过程。错流过滤和反冲洗操作可以在一定程度上减缓浓差极化、清除部分吸附在膜表面的沉积物质及吸附或堵塞于膜孔的杂质，减缓膜污染的发生，但仍有杂质吸附在膜表面或堵塞在膜孔道中，膜通量得不到完全恢复，确实存在一部分通过物理方法不易清除的不可逆阻力。这时，只有采用化学清洗方法才能彻底清洗膜，恢复膜通量。而且此装置中陶瓷基超滤膜与其他有机膜相比具有可耐强酸、强碱、耐高温等特点，因此可以采用化学方法进行清洗。常用的化学清洗剂主要有：

① 强酸可以使污染物中一部分不溶性物质变为可溶性物质；

② 强氧化剂或强碱清除油脂和蛋白、藻类等生物物质的污染；

③ 螯合剂可与污染物中的无机离子络合生成溶解度大的物质，减少膜表面和孔内沉积的盐和吸附的无机污染物；

④ 表面活性剂主要清除有机污染物；

⑤ 除蜡剂具有对蜡质污垢的乳化能力以及对油污的清洗能力，可清除污染物中的各种蜡垢、油污。

在陶瓷基超滤膜处理采出水的运行过程中，通过监测跨膜压差的变化作为膜清洗的指标，当跨膜压差达到 0.08MPa 以上时，表明膜已污染到一定程度，不适合再继续运行，需对膜进行清洗，不同水质特点的采出水对膜污染的情况不同，需采取不同的陶瓷基超滤膜清洗方式。如果是不含大分子聚合物、蜡质与胶体污垢的采出水，只是含油污水和结垢污染了陶瓷基超滤膜，可采用碱洗和酸洗两种清洗方法结合起来的联合清洗方式。如用清水清洗后通量恢复效果不佳后，可首先用 1%（质量分数）含量的碱性清洗剂清洗60min，再用清水冲洗后用 1%（质量分数）含量的酸性清洗剂继续清洗 60min，可使膜通量恢复至原始通量的 98% 以上。如果采出水中还含有大分子聚合物、蜡质与胶体污垢污染了陶瓷基超滤膜，需要添加专用中性清洗剂进行清洗，才能使膜通量有效恢复，专用中性清洗剂的用量为 150～200mg/L。针对不同污染情况，采用以上清洗方式清洗膜通量恢复情况如图 4-4-47 和图 4-4-48 所示。

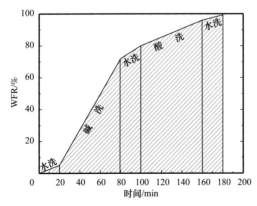

图 4-4-47　碱洗酸洗方式膜通量恢复情况
WFR= 处理后膜通量 / 原始通量

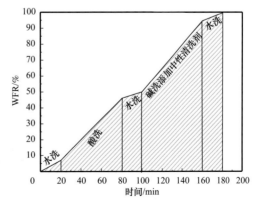

图 4-4-48　中性清洗剂膜通量恢复情况
WFR= 处理后膜通量 / 原始通量

2）超滤工艺

（1）工艺设计。

采用错流过滤工艺，由循环泵推动料液在膜组件内平行于膜面流动，并由供料泵提供跨膜压差作为过滤推动力。设备使用的陶瓷基超滤膜过滤精度为30～40nm，小于膜孔径的水分子及颗粒物通过膜孔成为透过液，大于膜孔径的颗粒物被截留，料液流经膜表面时产生的剪切力把膜面上滞留的颗粒及污染物带走。适当选择合适的膜面流速可以减缓膜污染速度，延长膜的清洗周期，实现生产水精细处理设备连续运行。

该膜系统集成在线清洗（CIP）单元。该清洗单元具有如下优点：在线自动控制，操作简便，效率高；清洗液在设备中密闭运行，安全性高；集成了清洗液无害化循环处理工艺，不产生新的废液。

（2）工艺设备的开发。

抗污染陶瓷基超滤中试装置设计工艺已经成熟，自动化水平高，系统运行采用了PLC控制。该PLC系统具有减轻劳动负荷、提高操作可靠性、防止因误操作造成膜损坏、可以适时地进行不同方式或多种方式联合的清洗、延长膜寿命等特性，完全满足试验要求。另外，将中试装置设计安装于集装箱内，更加便于海上、陆地等各试验现场要求（图4-4-49和图4-4-50）。

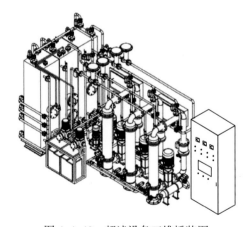 

图4-4-49 超滤设备三维橇装图　　　　图4-4-50 超滤设备实物图

（3）含油污水处理试验。

采用溶胶—凝胶法技术在优选的载体上制备超滤膜，并对制备的陶瓷基超滤膜进行改性，研制出抗稠油污染型陶瓷基超滤膜材料。进行陶瓷基超滤膜工艺的设计与优化，并建造陶瓷基超滤膜工艺设备，利用自主开发的工艺设计包完成处理量为5m³/h的中试装备建造，并分别在渤海油田和南海油田相关平台进行试验，取得良好的试验效果（图4-4-51至图4-4-53）。采用陶瓷基超滤膜精细过滤设备处理旅大32-2油田含油污水（原油20℃密度962～963kg/m³，50℃黏度744.16～1186.40mPa·s），分别选取不同现场工艺段含油污水进行处理试验（表4-4-13）。不同工艺段含油污水经过陶瓷基超滤膜精细处理，油含量均小于2mg/L，悬浮物含量均小于1mg/L；设定跨膜压差达到0.08MPa作为单次膜处

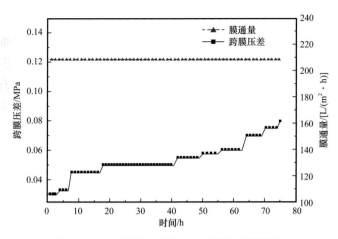

图 4-4-51　处理气浮出口含油污水试验结果

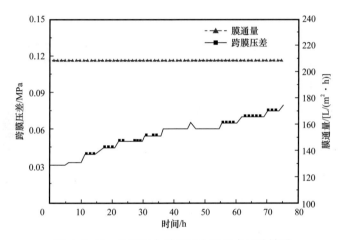

图 4-4-52　处理双介质出口含油污水试验结果

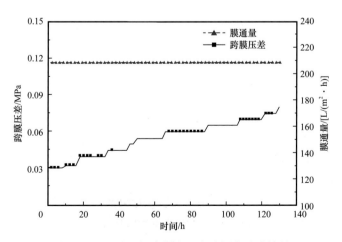

图 4-4-53　处理超滤器出口含油污水试验结果

理终点，气浮出口含油污水膜处理运行周期为75h，双介质出口含油污水膜处理运行周期为110h，超滤器出口含油污水膜处理运行时间达到124h。

表 4-4-13 各工艺段含油污水水质指标

检测项目	气浮出口含油污水	双介质出口含油污水	超滤器出口含油污水
含油量 /（mg/L）	60～80（最高值94）	15～20（最高值35）	10～15（最高值35）
悬浮物 /（mg/L）	40～50	15～20	10～15

4. 防垢高效蒸发技术和设备开发

污水中矿物质含量高，经过预处理—精滤处理后，仍达不到热采锅炉用水标准，需要通过蒸发脱除。采用传统蒸发设备结垢严重、蒸发效率低，需要开发出防垢高效蒸发技术，引入气体可明显抑制蒸发时加热壁面上的泡核沸腾，并且溶剂的汽化过程主要发生在气液两相流的气液接触界面上。此外，还发现在这个过程中，传热得到了增强。把该技术应用到蒸发容易形成沉积的溶液，引入载气可使湍流增强，可减少蒸发器加热壁上的结垢。还可增加传热膜系数，强化传热面积，实现蒸发器的轻量化、小型化，相比于传统的蒸发设备占地面积更小、运行费用和能耗更低、公用工程配套少、工程总投资少，设备工艺简单，自动化程度高，运行稳定。

1）结垢过程

（1）实验装置及实验流程。

实验装置流程图如图4-4-54和图4-4-55所示，它是根据动态热阻法测垢原理而设计的测垢单元。实验研究的是流体向上流动时在竖直换热面上的结垢情况，其流体流道为一竖直矩形流道，因此安装实验装置必须要保证矩形流道竖直。

（2）实验方法和实验溶液。

每次实验均采用恒热流操作，并控制溶液流速、流体主体温度保持恒定。实验用模拟精细过滤器产水以分析纯氯化钙和碳酸氢钠配制而成。实验开始时，在储液槽注入大约60L的水，启动离心泵进行循环，循环液体积流率由转子流量计计量并控制恒定，控制实验段电加热功率恒定以提供恒热流，调节槽内加热器和冷却器使溶液温度稳定在设定值上，本实验中溶液进口温度皆控制在313.3K左右。监测实验段圆柱台实验件上测温热电偶的指示，当系统初步稳定后，加入称量好的碳酸氢钠再运行1～2h，确保清洁时稳定状态的达成，然后迅速向储液槽中加入预先称量好的氯化钙，搅拌均匀，开始计时并记取相应的实验数据。每隔1h取样分析，测一次溶液的pH值。实验过程中及时调整所控制参数使其稳定，以消除参数波动的影响。每次实验结束时，排掉系统内的溶液，换成清水严格清洗。然后拆开实验段，取出紫铜实验件，以稀盐酸加缓蚀剂快速清洗表面的沉积物，再用水冲洗表面残留的少许酸液，用金属清洗剂擦洗表面，最后用脱脂棉沾无水乙醇和丙酮擦洗，确保表面清洁并不被破坏，烘干后以备下次实验使用。

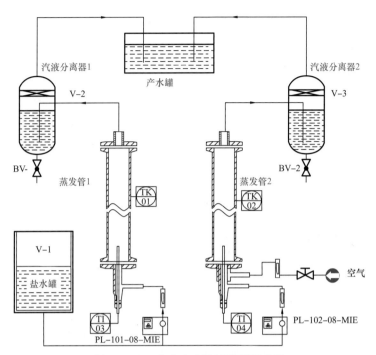

图 4-4-54　室内实验装置流程示意图

图 4-4-55　室内实验装置

　　实验采用碳酸钙作为溶质。碳酸钙有方解石、文石和无定形体三种存在方式，这三种盐的溶解度都随着温度的增加而降低。因此在加热表面附近，碳酸钙溶液的饱和浓度将会减小，当溶液浓度超过平衡浓度时，碳酸钙结晶将会产生并在加热表面形成垢。由于 $CaCO_3$ 晶体难溶于水，实验用 $CaCl_2$ 和 $NaHCO_3$ 来配制主体溶液，通过它们溶解于水中以导致碳酸钙在加热表面结垢。溶液中溶解的 CO_3^{2-} 主要以 HCO_3^- 形式存在。

HCO$_3^-$ 在加热表面附近发生如下的平衡反应：

$$2HCO_3^- \rightleftharpoons H_2O + CO_2（aq）+ CO_3^{2-}$$

形成的 CO_3^{2-} 和 Ca^{2+} 扩散到表面并在加热表面沉积。

在 $CaCO_3$ 沉积的研究中，通常要考虑到体系 H_2O-CO_2 的平衡。知道了溶液的 pH 值、总碱度和碳酸根离子的电离常数，就可以计算出 CO_3^{2-} 的浓度：

$$[CO_3]^{2-} = TA - [OH^-] + [H^+] / (2 + [H^+] K_2)$$

其中，TA 是溶液的总碱度，其值为：$TA = [HCO_3^-] + 2CO_3^{2-} + [OH^-] - [H^+]$

K_2 是 CO_2 在水中的第二电离常数，被定义为：$K_2 = [CO_3^{2-}][H^+] / [HCO_3^-]$

（3）结垢机理实验。

① 流速的影响。

许多研究试图确定流速对强迫对流传热过程中污垢形成的影响。高流速有时能减少沉积，但有些情况下却加速了污垢的形成。临近加热壁面的层流内层对结垢特征有很大的影响。流速对内层厚度的影响较大，其内层溶液的温度和过饱和度与主体溶液是不同的。加热壁面的结垢机理可能受内层的分子扩散控制，也可能受加热表面的化学反应控制，或者是这两种机理同时起作用。在不同流速下，保持初始表面温度恒定是通过调节加热热通量来实现的，通过调节热流密度而保持表面温度不变，考察了流速对结垢速率的影响。图 4-4-56 至图 4-4-58 为流速对结垢的影响图，每个图都是在初始表面温度、初始的溶液浓度（$CaCl_2$ 和 $NaHCO_3$ 浓度均为 1.5g/L）及其他操作条件相同的情况下进行的实验考察。在每个实验过程中，由于主体浓度、流速、主体温度等均控制不变，而又对每次实验来讲，皆在恒热流下进行，因此垢层表面温度在整个实验过程中基本恒定不变，与表面清洁时的温度相等。在此种条件下，结垢的沉积速率近似不变。

图 4-4-56 至图 4-4-58 中污垢随时间的变化曲线显示出渐近的趋势，说明有污垢的脱除现象存在。流速对结垢过程的影响一般表现为两个方面的作用：一方面，流速的增大能加快溶液中成垢离子向换热表面的扩散，使结垢加剧；另一方面，随着垢层的生长，污垢表面的粗糙度在增加，垢层所受到的流体剪切力也在增大，使其增长受到抑制。由于流体作用可导致垢质的脱除，因此随着时间的增长，污垢热阻呈现出渐近的趋势。由图 4-4-56 至图 4-4-58 可知，随流速的增大，$CaCO_3$ 结垢速率增大，说明扩散对结垢过程有较大的影响。而在图 4-4-57 中，低流速时，结垢速率初期增加快，后期增加慢，但在较高流速情况下，结垢速率后期增加速度也较大。这说明在较高流速下，$CaCO_3$ 的结垢不是受扩散控制的，高流速时结垢为反应控制，低流速时 $CaCO_3$ 的结垢为扩散控制。污垢随时间的变化曲线显示出渐近的趋势，说明有污垢的脱除现象存在，图 4-4-56 至图 4-4-58 中基本体现了随着流速的增加，结垢速率增大的趋势，这说明流速对结垢的影响表现为对沉积的影响大于对脱除的影响。在污垢实验中出现污垢热阻随主体流速增大而增大的规律，这可能是因为 $CaCO_3$ 垢较为坚硬，不容易脱除，流速对脱除的作用小于对扩散的作用。

② 表面温度的影响。

因实验采用恒热流操作，结垢过程中垢层表面的温度是基本恒定不变的。为了研究结垢机理，图4-4-59中绘出了在相同初始浓度和主体温度下，流速为1.8m/s、1.4m/s和1.0m/s时，初始表面温度与实验结束时污垢热阻的关系。由图可以看出，在流速保持不变的情况下，表面温度升高，结垢速率增大。流速为1.8m/s和1.4m/s时污垢热阻随初始表面温度变化较大，而流速为1.0m/s时污垢热阻随初始表面温度变化较小。由此可见，在流体流速较高时，表面温度对结垢速率的影响较大；而在流速较低时，表面温度对结垢速率的影响较小。这说明低流速时，$CaCO_3$的结垢为扩散控制；高流速时，结垢为反应控制。相关文献显示，在流速小于1.0m/s时，也发现$CaCO_3$的结垢为扩散控制。研究人员在研究换热面上$CaCO_3$在过冷流动沸腾下的结垢规律时也发现，当流速较低时，初始表面温度对结垢速率的影响较小；当流速增大时，初始温度对结垢速率的影响较大。因此低流速时，$CaCO_3$的结垢为扩散控制；高流速时，结垢为反应控制。

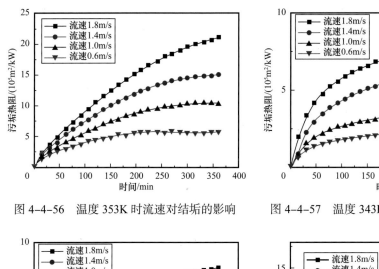

图4-4-56 温度353K时流速对结垢的影响 　　图4-4-57 温度343K时流速对结垢的影响

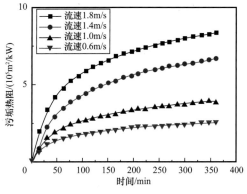 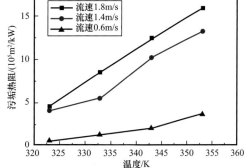

图4-4-58 温度333K时流速对结垢的影响 　　图4-4-59 表面温度对结垢的影响

③ 主体浓度的影响。

过饱和度是污垢形成的最主要的因素。当CO_3^{2-}和Ca^{2+}浓度积超过它们的溶解值，$CaCO_3$晶体便沉积并形成结晶垢。图4-4-60显示了溶液初始主体浓度对$CaCO_3$结垢的影响，图中流体流速及初始表面温度相同。由图可知，随着溶液浓度的增大，结垢速率先是增大，待增大至一定浓度时，结垢速率下降。Watkinson和Miarenz及Chemouzbov等也发现了类似的规律。这是因为随着溶液浓度的增大，沉积推动力增大，使结垢速率增大：但当溶液中 $CaCO_3$ 的浓度增至一定程度后，$CaCO_3$ 会因过饱和而结晶析出，产生的晶粒又可作为籽晶，使大量的 $CaCO_3$ 在溶液中二次成核结晶析出，结果使到达壁面的成垢离子减少，壁面上 $CaCO_3$ 的结垢速率相应降低，污垢热阻减少。

④悬浮粒子对结垢的影响。

在 $CaCl_2$ 和 $NaHCO_3$ 的浓度都为 1.5g/L，溶液主体流速和初始表面温度相同的情况下，溶液分别通过使用 20μm 及 5μm 的过滤器和取消过滤器进行污垢实验，结果如图 4-4-61 所示。从图中可以看出，溶液不经过过滤的污垢实验，其结垢速率要小于溶液经过过滤的结垢速率，其实验结束时污垢热阻为过滤情况下的 56.2%。分析溶液不过滤和过滤的差别，在于不经过滤的溶液中存在大量的 $CaCO_3$ 悬浮粒子。不过滤溶液污垢实验的污垢热阻反而小，是由于这些悬浮粒子与垢质成分相同，可以作为晶种使垢质结晶析出，从加热表面上转移到溶液主体中，从而降低垢质成分在溶液中尤其是加热表面附近处的过饱和度，有效减缓了加热面的结垢过程。相关文献由实验也发现了 $CaCO_3$ 悬浮粒子的存在降低了 $CaCO_3$ 污垢的沉淀速率并且减少了沉淀的生成。DanBramosn 等分别研究了 $CaCO_3$ 和 $CaSO_4$ 悬浮粒子对其结垢的影响，发现 $CaSO_4$ 悬浮粒子对结垢的作用与 $CaCO_3$ 相反，能增强沉淀过程。他们认为这主要与 $CaCO_3$ 和 $CaSO_4$ 结垢机理不同有关，$CaCO_3$ 的结垢属于壁面结晶，而 $CaSO_4$ 的结垢属于粒子沉淀。

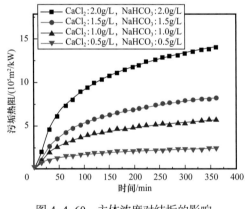 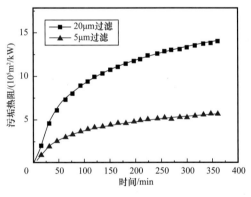

图 4-4-60　主体浓度对结垢的影响　　　　图 4-4-61　悬浮粒子对结垢的影响

⑤引入载气后的结垢实验。

实验保持引入载气前表面温度和溶液主体浓度相同，在不同液速下考察引入不同量的载气对污垢形成的影响。一般来说，引入载气的实验结束时污垢热阻要较不引入载气情况下小，载气引入量越大，污垢热阻减小的越多。引入载气污垢减少的机理将在后面进行分析。图 4-4-62 为不同液速下引入载气对污垢作用大小的对比图。由图可知，在液速较大的情况下，随着引入载气量的增加，污垢热阻降低趋势较大，而在较小液速下，随着引入载气量的增加，引入载气污垢热阻降低的趋势较小，这可能与污垢的形成机理有关。在较大液速下，污垢形成是反应控制，受表面温度影响较大，而载气的引入主要作用就是减小了加热壁面的温度。在液速较小的情况下，污垢形成是扩散控制，其主要受液速的影响，加热壁面温度对其影响较小。

图 4-4-63 为不同温度下污垢热阻随引入载气流速变化影响的趋势图。由图可分析出，引入载气前表面温度增加，引入载气对污垢热阻的影响趋势增大。引入载气前表面温度较高时，载气对壁面温度影响较大，这是由载气对对流传热的增强所导致。由于在较高流速下，结垢受反应控制，当初始壁面温度变化较大时，载气对污垢的作用就比较显著。

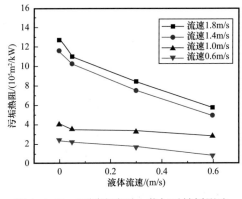

图 4-4-62 不同流速引入载气对结垢影响

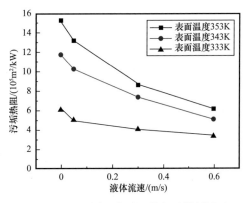

图 4-4-63 不同温度引入载气对结垢影响

2）防垢高效蒸发装置长周期中试试验

防垢高效蒸发装置进水模拟抗污染无机超滤膜精细过滤产水，水中油含量为 2mg/L，悬浮物固含量为 0.8mg/L，硬度为 100mg/L（以 $CaCO_3$ 计）。产水量设定为 $1m^3/h$，开展 90 天长周期稳定中试试验。从图 4-4-64 中可以看出，蒸发装置在前 20 天连续试验，产水量在 0.97～1.01m^3/h 上下波动；从 20～50 天的连续试验中，蒸发管管壁结垢导致产水量相比于初始状态缓慢下降，但稳定在 0.96m^3/h 左右，出现了平台期；50～90 天，由于系统内结垢继续加剧，产水量继续缓慢下降，最终产水量下降至 0.89m^3/h。图 4-4-65 为长周期运行高效蒸发装置的产水水质，可以看到产水硬度最大值为 0.082mg/L，完全符合 SY/T 0027—2007 锅炉进水标准。

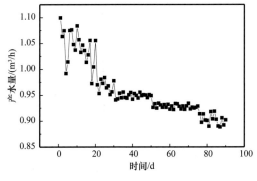

图 4-4-64 长周期产水量变化曲线

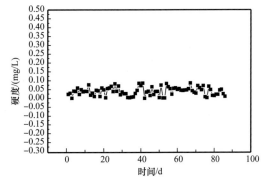

图 4-4-65 长周期产水硬度变化曲线

第五节　海上稠油热采技术矿场试验与应用

一、热应力补偿器及耐高温弹性水泥浆体系的应用

1. 热熔式套管热应力补偿器应用情况

研制的热熔式套管热应力补偿器已在旅大 5–2 北 I 期开发钻完井基本设计中应用，用于防控套损问题。2 口定向井设计采用了热熔式井下热应力补偿器。

（1）应用案例基本概况。

旅大 5–2 北油田位于渤海辽东湾海域。油田范围内平均水深 32.0m。旅大 5–2 北油田 I 期开发方案要点如下：

新建一座导管架平台：设置 HXJ225T 修井机；

共计 28 口井：生产井 26 口（24 口水平井 +2 口定向井），水源井 2 口；

26 口生产井全部采用蒸汽吞吐热采开发；

推荐采用 HYSY92 系列（922）钻完井 + 修井机注热、修井作业；

导管架钻完井 + 组块钻完井组合模式。

定向井数据：平均井深 2053m，最大井深 2258m。

井身结构：

水平井：24in 导管 $+13\frac{3}{8}$in 套管 $+9\frac{5}{8}$in 套管 $+8\frac{1}{2}$in 裸眼；

定向井：24in 导管 $+13\frac{3}{8}$in 套管 $+9\frac{5}{8}$in 套管。

（2）具体应用设计。

综合井口抬升、套损等分析，旅大 5–2 北油田 I 期开发井口抬升及套损控制措施见表 4–5–1。

表 4–5–1　旅大 5–2 北油田 I 期开发井口抬升控制措施

井名	A1H—A24H	A25/A26
井数，口	24	2
生产套管	TP110H、47PPF、优质螺纹	TP110H、47PPF、优质螺纹
井口预拉力 /tf	90～110（以不提离井底为约束条件）	150（以不提离井底为约束条件）
地锚	无	推荐下入
热应力补偿器	不下入	推荐下入（补偿位移＞600mm，热熔式，耐温＞350℃）
热采套管头	热采专用套管头：$9\frac{5}{8}$in 预留空间 50cm，$13\frac{3}{8}$in 预留空间 20cm	
隔热	E 级隔热油管 + 环空注氮	
固井返高	$13\frac{3}{8}$in 及 $9\frac{5}{8}$in 套管返高至井口，水泥浆体系见固井设计	

2. 耐高温弹性水泥浆体系应用情况

耐高温弹性水泥浆体系在旅大 5-2 北 Ⅰ 期开发钻完井基本设计中应用，用于 $9^5/_8$in 油层套管固井工程方案设计（表 4-5-2）。

表 4-5-2　旅大 5-2 北油田固井设计数据表

$13^3/_8$in 套管	水泥浆返高	热采井：领浆返至井口，尾浆至少返至套管鞋以上 150m； 水源：领浆返至泥线，尾浆至少返至套管鞋以上 150m
	水泥类型	热采井：采用抗 350℃高温弹性水泥浆体系； 水源：采用低温早强防气窜水泥浆体系
$9^5/_8$in 套管	水泥浆返高	热采井：领浆返至井口，尾浆至少返到最上一个油层顶部以上 150m； 水源：领浆返至上层套管鞋内不少于 100m，尾浆至少返到水层顶部以上 150m
	水泥类型	热采井：抗 350℃高温弹性水泥浆体系； 水源：采用低温早强防气窜水泥浆体系
	水泥浆密度	领浆密度 1.40g/cm³；尾浆密度 1.90g/cm³
	附加量	如电测环空容积，附加不小于 20%；如无电测，按钻头直径计算的环空容积附加量应不小于 40%，套管内不附加
	固井方法	单级固井

注意事项：

（1）各层套管的水泥浆返高在满足标准的基础上应确保封固断层或薄弱地层，具体可根据实钻情况调整。

（2）实际实施过程中可根据地层承压能力试验结果，适当调整固井水泥浆密度及各段水泥浆返高，保证既封固好油气层，又不压漏地层，提高固井质量。

（3）固井时注意控制固井施工参数，防止固井过程中压漏地层。

（4）合理选择添加剂体系，保证水泥石的抗高温性能，确保后期热采过程中的长期完整性。

（5）考虑到水泥石体积收缩，凝固后封固界面下降等因素，可在固井后环空回注常规密度水泥浆，提高井口固井质量。

（6）合理加放扶正器，保证套管居中度，可在底部每两根套管加 1 个刚性扶正器，利用扶正器将套管"嵌"在水泥石中，提升附着力。

各层套管固井水泥浆性能要求见表 4-5-3 和表 4-5-4。

表 4-5-3　$13^3/_8$in 套管固井水泥浆性能要求

项目	领浆	尾浆
密度 /（g/cm³）	1.40	1.40
失水量（6.9MPa，30min）/mL	<300	<150

项目	领浆	尾浆
游离液 /%	<1.4	<1
24h 抗压强度 /MPa	>7	>7
初始稠度 /Bc	≤15	≤15
100Bc 稠化时间 /min	210～270	120～180
流动度 /cm	≥21	≥21

注：对于热采井，48h 抗压强度宜大于 14MPa，且在 350℃ 条件下 7 天抗压强度不衰退。

表 4-5-4 $9\frac{5}{8}$in 套管固井水泥浆性能要求

项目	领浆	尾浆
密度 /（g/cm³）	1.40	1.90
失水量（6.9MPa，30min）/mL	<150	<50
游离液 /%	<1.4	<0.4
24h 抗压强度 /MPa	>12.0	>14.0
初始稠度 /Bc	<30	<30
100Bc 稠化时间 /min	270～330	210～270
流动度 /cm	≥21	≥21

注：对于热采井，48h 抗压强度宜大于 14MPa，且在 350℃ 条件下 7 天抗压强度不衰退。

二、多轮次吞吐热采井口及井下封隔器现场试验

1. 耐高温井口装置现场应用

耐高温井口装置于 2020 年 5 月在孤东采油厂 G0GD9P27 热采井中安装使用，实施蒸汽复合吞吐措施，经过几个月的生产，耐高温井口装置压力正常，阀门无漏气现象，各密封件无损坏和泄漏，满足油田的正常生产要求，现场应用如图 4-5-1 所示。

图 4-5-1　G0GD9P27 井井口装置现场图

2. 高温悬挂封隔器现场应用

高温悬挂封隔器于 2019 年 12 月至 2020 年 4 月在旅大 21-2 油田 B 平台试验成功 1 口井，推广应用 9 口井，作业过程中下入顺利、井下压力及密封测试均符合现场要求，满足油田后续热采生产要求，现场安装应用如图 4-5-2 所示。

3. 承压保护短节应用情况

承压保护短节已安装于旅大 21-2 油田 B 平台 B5H 热采井井口装置内。双通道耐高温井口装置已安装于孤东采油厂 G0GD9P27 热采井，在实施蒸汽复合吞吐措施后，经过三个多月的生产，耐高温井口装置压力正常，阀门无漏气现象，目前该井正在见效高峰期。

三、生产水处理现场试验设备建造和集成工艺试验

图 4-5-2　高温悬挂封隔器下井

1. 中试设备建造和试验

（1）气浮—动态膜耦合预处理中试装置。

含稠油污水进气浮装置处理（图 4-5-3），脱除 90% 的油及部分悬浮物，然后至动态膜系统进一步处理（图 4-5-4），产水达到普通注水或进膜精细过滤器指标要求。在动态膜的过滤过程中，膜污染虽然得到控制但依然存在，当跨膜压差增大到一定数值时，对动态膜进行反洗，含油、含固反洗液进气浮装置处理。在过滤过程中动态膜有效减少了滤液中油、微粒对载体的污染，因而使膜清洗容易且清洗间隔时间延长。建造的气浮—动态膜耦合预处理中试装置，设计处理量为 5m³/h，整套装置以橇块的形式建造，装置中主体设备质量和占地面积分别为 2.5t 和 6.3m²，处理每吨水的能耗为 2.6kW·h。

图 4-5-3　气浮装置

图 4-5-4　动态膜装置

（2）抗污染无机超滤膜精细过滤中试装置。

抗污染陶瓷基超滤中试装置设计工艺自动化水平高，系统运行采用了 PLC 控制。该 PLC 系统具有减轻劳动负荷、提高操作可靠性、防止因误操作造成膜损坏，可以适时

地进行不同方式或多种方式联合的清洗、延长膜寿命等特性，完全满足试验要求。另外，将中试装置设计安装于集装箱内，更加便于海上、陆地等各试验现场的运输和操作要求（图 4-5-5 和图 4-5-6）。建造的抗污染陶瓷基超滤膜中试装置最大处理量为 5m³/h，中试装置中膜主体设备的质量和占地面积分别为 1.35t 和 1.68m²，处理每吨水的能耗为 1.2kW·h。

图 4-5-5 无机超滤膜装置外观

图 4-5-6 无机超滤膜装置内容结构

（3）防垢高效蒸发中试装置。

该设备在传统蒸发器的基础上引入载气蒸发技术（图 4-5-7），该技术一方面可以减缓设备结垢，另一方面通过引入载气可使湍流增强，因而增加传热膜系数，强化传热面积，实现蒸发器的轻量化、小型化，相比于传统的蒸发设备占地面积更小、运行费用和能耗更低、公用工程配套少、工程总投资少，设备工艺简单，自动化程度高，运行稳定。建造的防垢高效蒸发中试装置处理量为 1m³/h，中试装置中主体设备的质量和占地面积分别为 3.8t 和 6.2m²，相比于传统的蒸发设备清洗周期延长 50%，清洗费用可以降低 30%。

图 4-5-7 防垢高效蒸发装置

2. "三段式"高效工艺技术现场中试试验

孤东采油厂油品性质如下：稠油黏度为 3739mPa·s（50℃），稠油密度 965kg/m³（20℃），凝点 17℃，含蜡量 16.5%，胶质含量 10.7%。热采生产水水质指标见表 4-5-5。

表 4-5-5 孤东采油厂稠油热采生产水水质指标

内容名称	含油量 / mg/L	悬浮物含量 / mg/L	悬浮物粒径中值 / μm	Ca^{2+} 含量 / mg/L	Mg^{2+} 含量 / mg/L	TDS/ mg/L	pH 值
指标	246	165	4.8	723.5	166.2	20355	6.5

现场试验工艺流程：中试试验工艺流程如图4-5-8所示，试验来水取至现场三相分离器，首先经过的气浮—动态膜耦合预处理单元实物如图4-5-9所示，经过预处理单元处理过的产水进入抗污染陶瓷基超滤膜精细处理单元（图4-5-10），最后经过防垢高效蒸发单元的处理，达到稠油热采锅炉补水水质标准，该装置各段出口的水质状况如图4-5-11所示。

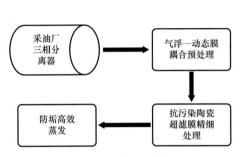

图 4-5-8　现场试验流程

图 4-5-9　气浮—动态膜装置

图 4-5-10　超滤和高效蒸发装置

图 4-5-11　产水水质照片

"新三段式"高效工艺技术集成在孤东采油厂东四联合站进行中试试验。油田联合站稠油（20℃密度965kg/m³，50℃黏度3739mPa·s）开采污水以3m³/h的流量依次通过气浮—动态膜预处理单元、抗污染陶瓷基超滤膜精细过滤单元，最终经过防垢高效蒸发单元进行处理，产水量为1m³/h，在为期36天的试验过程中，各单元设备运行稳定，产水水质稳定，试验效果达到预期，具体情况如下：

（1）油田联合站内稠油热采生产含油量为36～246mg/L，悬浮物含量为45～168mg/L，电导率为45000μS/cm；

（2）气浮—动态膜耦合预处理单元，金属基动态膜的产水通量为550～600L/（m²·h），产水含油量为5～10mg/L，产水悬浮物含量为2～4mg/L；

（3）抗污染陶瓷基超滤膜精细过滤单元，产水通量为250～300L/（m²·h），产水含油量达到0.2～1.8mg/L，产水中悬浮物含量小于1mg/L；

（4）防垢高效蒸发单元，产水含油量 0.2～1.5mg/L，悬浮物含量小于 1mg/L，总硬度为 0～0.09mg/L，总硅为 5～45mg/L，可溶性固体为 100～6500mg/L。

四、稠油催化改质降黏中试现场试验

1. 稠油连续催化改质的现场试验

设计并制造了一套 $1m^3/d$ 的稠油连续催化改质试验装置，在辽宁抚顺中试试验场地进行了稠油催化改质降黏中试试验。试验的原料油运动黏度范围为 3474～11484mm²/s，分别考察了 340～360℃反应温度区间内的催化改质效果，结果表明改质降黏率大于 80%。分析改质前后的实沸点蒸馏数据，原料油经过 360℃催化改质后 10% 馏出温度最高可降低 118℃，轻质化效果明显。通过比较相同反应条件下催化改质试验油和无催化剂参与的空白试验油的实沸点蒸馏数据，发现催化改质油 500℃前的轻馏分质量分数比空白实验油要多 10 个百分点以上，由此证实了催化剂在改质过程中的作用。

2. 中试试验装置设计

稠油催化改质装置工艺流程如图 4-5-12 所示。中试装置主要包括原油罐、催化剂罐、两级预热炉、反应器以及改质油冷凝器等。工艺流程简述如下：

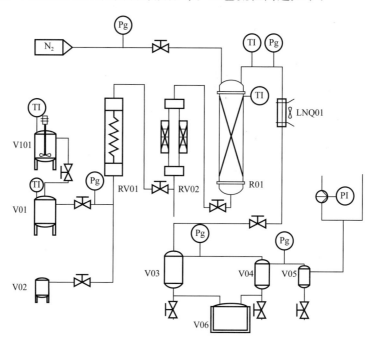

图 4-5-12　稠油催化改质装置工艺流程图

V01—原料油罐；V02—轻油罐；V03—热高分罐；V04—热低分罐；V05—瓦斯气净化罐；V101—调和反应罐；
V06—产品罐；RV01—预热炉；RV02—加热炉；R01—反应器；LNQ01—冷凝器

催化改质稠油原料根据试验要求进行组分调和，将试验需要的各种原料和催化剂按比例送入 V101 调和反应罐，在常压操作条件下设定调和温度进行加热保温（控制温度<150℃），打开搅拌器调节搅拌转速，搅拌操作时间 30min 以上，调和原料满足稠油催化改质中型试验要求。

将 V101 中调和好的满足稠油催化改质中型试验要求的原料送入原料中间缓冲计量罐 V01 中，通过过滤器和阀进入柱塞计量泵后泵入稠油原料预热炉 RV01。稠油原料在预热炉 RV01 中被加热到 300～340℃，随后进入加热炉 RV02，在加热炉 RV02 中原料被加热到催化改质需要的温度 340～400℃。

由加热炉 RV02 来的达到催化改质温度的稠油原料进入催化改质反应器 R01，在伴热保温的条件下反应 30～60min，达到催化改质要求。

催化改质后产品由催化改质反应器 R01 进入冷凝器 LNQ01，冷却到一定温度后进入一级冷凝冷却分离罐 V03，一级冷凝冷却分离罐 V03 内有冷却盘管和水封夹套，控制冷却温度在 80～120℃，冷却后油品经标定计量操作后进入产品储罐 V06。

一级冷凝冷却分离罐 V03 内未冷却的轻质油气进入二级冷凝器 LNQ02，经过二次冷凝后进入二级冷凝冷却分离罐 V04，V04 带有水封冷凝夹套进一步将轻质油品冷却到 50℃以下，然后轻质油品经标定计量操作后进入产品储罐 V06。

二级冷凝冷却分离罐 V04 中未冷却瓦斯气体经过背压阀进入瓦斯气体净化罐 V05，经过洗涤净化后的瓦斯气体通过阻火器进入湿式计量表计量焚烧后排空。

3. 中试试验装置现场实景

中试试验装置制造安装过程，以及部分试验装置的实景全貌如图 4-5-13 所示。

图 4-5-13　中试装置现场全景图

4. 中试试验效果分析

根据试运行结果，随着温度的升高，改质效果更佳。无论是高黏原料油还是低黏原料油在 350℃催化剂改质条件下已经能够达到 70% 的降黏率。在 360℃时，低黏原料油催化改质降黏率可达 87.9%，高黏原料油催化改质降黏率为 85.3%。

1）运行温度对黏度的影响

如图 4-5-14 所示，高黏原料油降黏率略低于低黏原料油，这是由于原料油属于调和油，沥青和润滑油中的轻质组分较少。高黏原料油沥青质含量较高，增大了改质降黏的难度。升高反应温度对于黏度的影响还与返混有关。当反应温度升高到一定程度，液相进料变成气液两相混合进料，在进入反应器底部后，气相增强了反应器底部湍动，形成返混，根据室内连续改质实验，存在返混是有利于改质反应的。

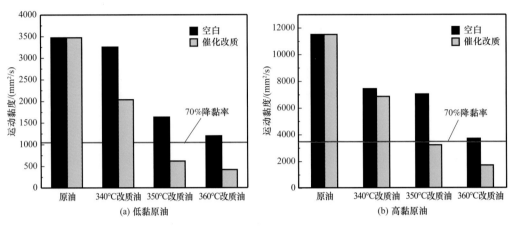

图 4-5-14　温度对黏度的影响

2）运行温度对馏程的影响

从图 4-5-15 可以看出，经过催化剂改质后，低黏原料油和高黏原料油都发生了明显轻质化。选择 10% 馏出温度做对比可以发现，低黏原料油经过 360℃ 催化改质后 10% 馏出温度降低 118℃，而高黏原料油 10% 馏出温度降低 34℃，差别很大。这是由于高黏原料油沥青质含量更高，改质更困难。对比低黏原料油和高黏原料油，催化改质对馏程的影响趋势大致相同，不同点在于低黏原料油轻质化程度相对更高。

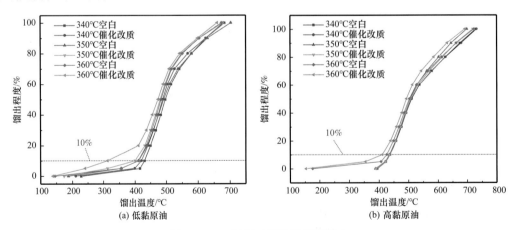

图 4-5-15　温度对原油馏程的影响

3）改质油切割轻馏分回掺稠油降黏分析

用中试的催化改质油和切割获得的轻馏分分别对原料油进行掺稀。原料油 50℃ 运动黏度为 7938.87mm²/s，掺稀改质油 50℃ 运动黏度为 685.15mm²/s。轻馏分 50℃ 运动黏度＜100mm²/s（低于检测下限）。表 4-5-6 结果表明，使用轻馏分掺稀，20% 的掺入量可使原料油的运动黏度降至293.61mm²/s，完全可以实现井筒掺稀和平台快速脱水要求（图4-5-16和图4-5-17）。

表4-5-6　中试现场掺稀试验

样品	50℃运动黏度 /（mm²/s）	降黏率/%
5% 改质油 + 原料油	6998.08	11.85
10% 改质油 + 原料油	6289.62	20.78
15% 改质油 + 原料油	5620.53	29.21
20% 改质油 + 原料油	4556.90	42.61
25% 改质油 + 原料油	3848.50	51.53
30% 改质油 + 原料油	3613.50	55.93
5% 轻质油 + 原料油	2908.34	63.37
10% 轻质油 + 原料油	1097.72	86.10
15% 轻质油 + 原料油	786.71	90.10
20% 轻质油 + 原料油	293.61	96.31

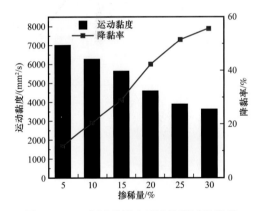

图4-5-16　中试现场改质油掺稀试验结果　　　图4-5-17　中试现场轻质油掺稀试验结果

五、海上稠油热采开发模式总结

海上稠油热采先导试验从2008年开始，已开展了13年生产试验，积累了一定开发经验，"十三五"期间，初步形成热采方案设计技术，优化并编制不同类型油藏不同开发模式的全生命周期开发方案，初步形成海上稠油热采全生命周期高效开发模式。

1. 地质油藏方案模式

海上高黏稠油主要有三种地质模式，第一类地质模式是有一定厚度和分布的单砂体油藏，如南堡35-2油田、旅大27-2油田、旅大21-2油田，南堡35-2油田地质模式如

图 4-5-18 所示。第二类地质模式是油层层数多，单层厚度有限的多砂体组合油田，油田总油层厚度比较大，如图 4-5-19 所示的锦州 23-2 油田地质模式。第三类地质模式是厚层或巨厚层底水油藏，图 4-5-20 为旅大 5-2 北巨厚层底水油藏模式。

针对上述三种地质模式，采用不同形式的油藏开发模式。第一种类型地质模式为单砂体纯油区且有一定厚度，采用水平井开发；第二种类型地质模式为多砂体组合，发挥定向井开发多层的优势，采用定向井分段合采开发模式；第三种类型地质模式为厚层底水油藏，也采用水平井开发。

单砂体和多砂体边水油藏从经验效益和地质油藏特点考虑，初期先吞吐开发，一般 8 轮次后考虑蒸汽驱或火驱接替，蒸汽驱接替技术还可考虑化学辅助增效技术，采用的接替方式有待吞吐经验和驱替技术先导试验经验再进一步优化（图 4-5-21）。

对厚层底水油藏，吞吐后考虑 SAGD 接替开发，如果水体大且稠油无法形成封水带，则可考虑侧钻开发。

吞吐用热流体可采用蒸汽或多元热流体，一般地层原油黏度大于 1000mPa·s 时，采用蒸汽热采技术的开发效果较采用多元热流体热采技术的开发效果略好。

2. 采油工程热采模式

由于海上采油生产特点，陆上常用抽油机形式的采油方式不适合海上。海上的采油方式主要为电潜泵和射流泵。目前主要热采采油方式为电潜泵两趟管柱采油，开展了射流泵热采试验，但射流泵排量有限，驱替时生产受限。此外，正在研发新型电潜泵采油技术，所以目前设计采用的热采采油工艺模式主要有 4 种。第一种是电潜泵两趟管柱

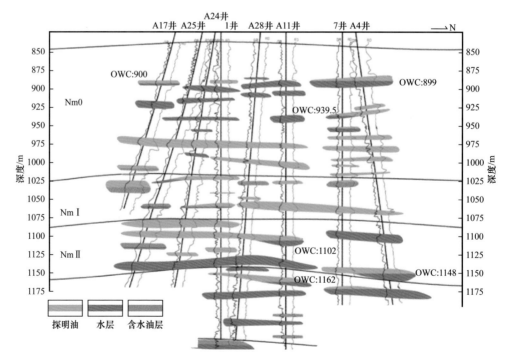

图 4-5-18　南堡 35-2 油田油藏剖面图

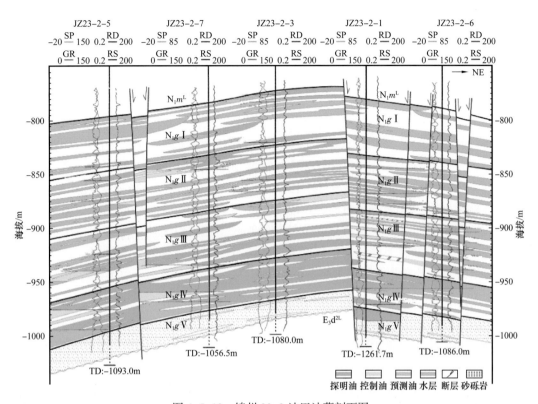

图 4-5-19　锦州 23-2 油田油藏剖面图

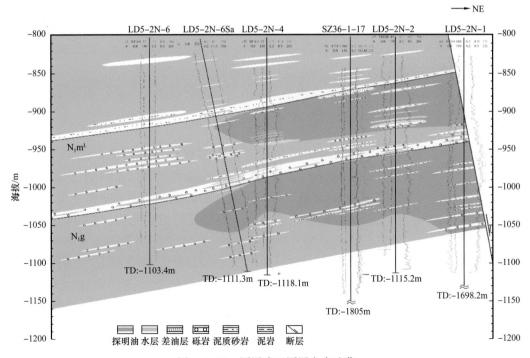

图 4-5-20　厚层或巨厚层底水油藏

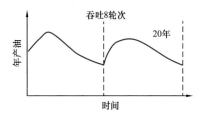

图 4-5-21 产量模式剖面示意图

模式，一直采用电潜泵；第二种是吞吐时采用射流泵，驱替时采用电替泵模式；第三种是高耐温新型电潜泵；第四种是一直采用射流泵，驱替时液量适当控制。

3. 海洋工程热采模式

由于海上热采处在试验和扩大时间，南保 35-2 油田是在原平台上改造开展多元热流体热采试验。旅大 27-2 油田在原平台增加蒸汽热采设备开展试验，旅大 21-2 为海上首个整体平台热采试验，结合前期开发方案设计经验，目前海洋工程热采模式有 3 种。第一种是平台冷采联合模式，该模式在旧采油平台开展热采试验，高黏稠油储量较小时可采用；第二种是固定平台热采模式，一般为中型平台，可以是独立的热采平台，也可以是热采平台和冷采平台联合模式；第三种是小型海上移动注热新模式，考虑开发风险和分摊开发投资，一个小型海上移动热采装置可开发几个需热采小型稠油油田。

六、海上油田热采方案和热采接替方案设计与矿场应用

1. 南堡 35-2 油田热采接替方案

1）南区油田概况

南堡 35-2 油田南区受构造南部边界大断层控制，位于鼻状构造的"鼻端"部位，呈北西—南东走向，由 NB35-2-5 井和 NB35-2-2 井所在的两个局部高点组成，内部次生断层较少，构造相对简单，呈向南部边界大断层逐渐升高的半背斜构造形态。

南堡 35-2 油田南区油层主要分布在明下段，其中 Nm0、Nm I 为主要含油油组，占整个南区储量的 92.0%，吞吐后转驱热采方案设计砂体位于 Nm0 油组。南区主要含油层为明下段，在岩性剖面上为正韵律沉积特征，依据岩心、化验分析、测井曲线形态资料，可划分出四种沉积微相，即点砂坝、决口扇、天然堤和泛滥平原。点砂坝是南区主要的沉积类型。

2）南区开发历程

南堡 35-2 油田南区初期采用天然能量开发，表现出产能低（定向井平均产能 $10.0 \sim 18.0 m^3/d$，水平井平均产能 $30.0 \sim 35.0 m^3/d$），采油速度低（0.3%），预测采收率低（5%）。为解决油田开发存在的矛盾，完善井网，提高油田的采油速度及采收率，根据油田的地质、油藏特点，结合陆上相似稠油油田开发的成功经验，并根据热采先导试验井情况，2009 年开展了热采整体方案设计。在南区三个主力砂体部署 18 口热采调整井，动用主力砂体纯油区储量 $1100.00 \times 10^4 m^3$（井控储量 $61.00 \times 10^4 m^3$），水平井井距 $200.0 \sim 250.0 m$，水平段长度优化为 $200.0 \sim 250.0 m$。预测到 2028 年，吞吐 15 轮次，南区累计产油量为 $264.0 \times 10^4 m^3$，与基础方案相比，累计增油量达 $135 \times 10^4 m^3$，南区地质储量采出程度能提高到 13.6%。从 2010 年到 2017 年，实际实施了 13 口井，剩余 5 口井工程实施难度大未实施，正常热采投产 11 口井（由于钻后地质油藏的局部复杂化，B38H、B37H 没有正常投产），B28H、B43H 受油水界面变化影响进行了第一轮热采吞吐后改为

注弱凝胶开发。

整体热采方案共实施 11 口热采调整井，截至 2019 年 12 月底，已有 11 口井完成第一轮吞吐，6 口井完成第二轮吞吐，4 口井完成第三轮吞吐。整体热采方案实施后，高峰日产油量提高到 600m³（冷采阶段为 213m³），采油速度由热采前的 0.2%/a 提高到 0.5%/a，南区开发效果得到明显改善。

3）多元热流体开发存在的问题

（1）气窜影响产能：南堡 35-2 南区 6 井区自 2013 年开始第二轮次多元热流体吞吐发生气窜，影响程度弱—强，受气窜影响井 16 井次，共计影响产油 7324m³。

（2）增油潜力小：南堡 35-2 南区 6 井区三轮次多元热流体吞吐后采出程度达 19.9%，地层压力和生产压差降低。地层压力由 9.2MPa 下降至 5.1MPa，生产压差由 5.3MPa 下降至 3.0MPa，通过模拟计算，三轮次多元热流体吞吐后，继续多元热流体吞吐增油潜力小。

（3）工艺拓展困难：2013 年自 B36M 井在第二轮次多元热流体吞吐发生气窜后，第二轮次多元热流体吞吐井在注热流体期间采用泡沫、凝胶调堵，第三轮次多元热流体吞吐中采取两井同注、温敏凝胶调堵、降低环空注氮气，依然未达预期。

（4）经济性逐渐变差：根据数模分析，三个轮次多元热流体吞吐平均单井累计增油量由 $0.7×10^4m^3$ 减少至 $0.12×10^4m^3$，经济性逐渐变差。

4）蒸汽驱油藏工程方案

推荐转驱井网为排状井网，B36M+B42H1 转驱井网波及体积和动用储量最大，推荐 B36M+B42H1 作为注热井。依据目前井网对应关系及采出程度统计结果（B36M 井采出程度 33%，B42H1 井采出程度 10%），建议 B36M 井先转驱，综合考虑汽窜、累计产油量等因素适时转注 B42H1 井（图 4-5-22）。

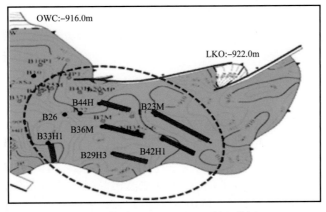

图 4-5-22　B36M、B42H1 转驱井网

结合目前热采设备（湿蒸汽锅炉／过热蒸汽锅炉）实施条件，确定第一阶段推荐 B36M 井单井注入，蒸汽注入速度 280m³/d，井底注入干度 0.5，采注比 1.0～1.2；第二阶段高峰蒸汽注入速度 350m³/d，井底注入干度 0.8，采注比 1.2～1.6，受效水平井单井产液量 80～110m³/d；第三阶段推荐 B36M 井和 B42H1 井两井同注，其中 B36M 井注入速度 300m³/d，B42H1 井注入速度 200m³/d，井底注入干度 0.8，采注比 1.3，受效水平井单井

产液量 100～170m³/d。

开发指标：在 2020 年 6 月 30 日开始注热条件下，蒸汽驱方案预测到 2033 年，累计产油量 106.00×10⁴m³，累计增油量 27.83×10⁴m³，采出程度 40.1%。

第一阶段注汽时间为 2020 年 6 月 30 日至 2020 年 11 月 15 日，有效期 9 个月，有效期内增油量 7300m³。

5）实施情况

（1）注汽情况。

2020 年 6 月 28 日开始注蒸汽，设计注汽速度 280t/d，井口注汽干度不低于 85%，每月时率不低于 85%。截至 2021 年 5 月 27 日，实际累计注汽 41519t，高峰日注汽量 280t，注汽平均时率 52%（图 4-5-23）。

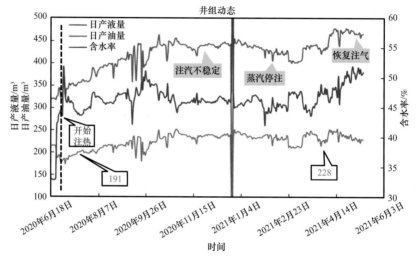

图 4-5-23　南堡 35-2 蒸汽驱井组生产动态

影响因素：前期燃料切换、盘管结焦、水质等问题导致熄火停炉；中期新锅炉调试和水源井影响停注 3 个月；近期受管线刺漏影响。目前已恢复注汽，日注汽量 250t，井口温度约 300℃。

（2）井组生产特征及见效情况分析。

注汽前受效井组日产液 342m³，目前日产液 466m³，增加了 124m³；注汽前日产油 191m³，目前井组日产油 228m³，增加了 37m³；注汽前含水率 44%，目前含水率 61%，稍有上升。

前期蒸汽驱井组产液量和产油量增量由提频引效和蒸汽驱能量补充共同作用影响；后期蒸汽正常注入后，蒸汽驱能量补充作用逐渐明显（4 口井井口温度和流温上升），逐步体现出见效特征。

2. 旅大 21-2 油田高黏稠油热采整体开发及接替方案

1）油田概况

旅大 21-2 油田位于辽东湾南部海域、辽中凹陷南洼旅大 22-27 反转构造带上，处于郯庐走滑断裂东支的转折端，走向由南北向转为东西向，紧邻辽中、辽东生油凹陷。中央断层将旅大21-2油田分为西块和东块。

旅大21-2油田主要含油层系为新近系馆陶组和古近系东营组东一段、沙河街组沙三段。馆陶组自上而下划分为N_1g I 油组、N_1g II 油组、N_1g III 油组、N_1g IV 油组、N_1g V 油组和N_1g VI 油组共6个油组。全油田只有LD21-2-1D井和LD21-2-3井钻穿东一段。东一段自上而下划分为E_3d_1 I 、E_3d_1 II 和E_3d_1 III 油组。

2）储层物性

旅大21-2油田新近系明下段、馆陶组岩心分析平均孔隙度34.2%，平均渗透率3268.0mD，具有特高孔隙度、渗透率储层特征。东一段岩心（壁心）分析平均孔隙度25.4%，测井分析平均孔隙度25.5%，平均渗透率575.7mD，以中高孔隙度、渗透率储层为主。沙河街组岩心分析平均孔隙度22.4%，平均渗透率17.2mD，以中孔隙度、低渗透率储层为主。馆陶组储层呈特高孔隙度、渗透率特征，层内非均质性较弱，砂体连通性好，砂层平面分布比较均质。东一段储层横向分布稳定，对比关系较好，砂层平面分布比较均质。LD21-2-3井与LD21-2-1D井沙河街组储层特征差异较大，沙河街组储层平面非均质性较强。

旅大21-2油田主力含油层位馆陶组油藏类型以块状底水油藏为主。其中，西块馆陶组原油黏度2908mPa·s，属于特殊稠油油藏；东块馆陶组原油黏度309mPa·s，属于普通稠油油藏。东一段和沙三段油藏类型以带边水的层状构造油藏为主，东一段原油黏度191mPa·s，为中浅—中深层普通稠油油藏，沙三段原油黏度3.3~3.6mPa·s，为中深层稀油油藏。

3）热采开发方案

（1）开发方式与采油方式。

旅大21-2油田西块馆陶组原油性质为普二类稠油，N_1g I 油组原油性质为特稠油，需进行热采开发。根据研究成果，在黏度大于1000mPa·s时，蒸汽吞吐比多元热流体吞吐开发效果略好。因此，西块馆陶组稠油油藏开发方式选择蒸汽吞吐。由于热采井井底流压较低，气油比低，含水率较高，螺杆泵受耐温性能的约束，无法满足举升需求，因此推荐电潜泵与井筒降黏的举升方式。

（2）热采井型与配产。

热采示范区开发动用单元1D井区的N_1g IV 油组和N_1g V 油组，采用水平油井进行开发。旅大21-2油田热采井采用蒸汽吞吐热采方式，热采井产能倍数参考旅大27-2油田热采实际开发效果进行类比，旅大27-2油田热采高峰产量是常规开发稳定产量的4.2~5.1倍，本油田设计产量时热采倍数取4.0倍。生产压差考虑边水、底水油藏差异，边水油藏取3.0MPa，底水油藏取2.5MPa。旅大21-2油田热采井各井区合理单井配产产量为：西块N_1g I 油组水平井产量周期平均产量为35m³/d，高峰产量为70m³/d；N_1g IV 油组、N_1g V 油组水平井产量周期平均产量为45m³/d，高峰产量为90m³/d。

（3）热采开发方案。

由于缺少海上油田厚层边水及底水稠油油藏热采开发经验，同时考虑到目前海上油田尚无多轮次吞吐开发经验，热采防砂等技术存在诸多不确定性。选择旅大 21-2 油田西块馆陶组进行热采规模化开发示范。考虑热采井防砂管柱有效性，推荐 4 周期后热采井在周边进行侧钻，共生产 8 周期作为热采推荐方案。第一批设计部署 10 口热采井，其中 $N_1g\text{Ⅳ}$ 油组边水油藏部署 9 口热采井，$N_1g\text{Ⅴ}$ 油组底水油藏部署 1 口热采井试采厚层底水油藏。于 2021 年 3 月 7 日依次投产热采井，高峰年产油 $16.28 \times 10^4 m^3$，第一批井吞吐 4 周期累计产油 $66.44 \times 10^4 m^3$，第二批井吞吐 4 周期累计产油 $40.89 \times 10^4 m^3$，8 周期共累计产油 $107.33 \times 10^4 m^3$，按照热采动用厚度界限的采出程度为 11.54%。

4）实施效果

受断层复杂的影响，钻后水平井长度较钻后水平段长度较油田开发方案（ODP 方案）变短。目前所有井已完成注汽并转入生产，大部分井第 1 周期注汽量超过设计指标。

目前 B1H、B4H、B8H 井高峰日产油量达到 105～120 m^3，超过 ODP 设计的 90 m^3/d，生产状况良好。其中 B1H 井第一周期生产 9 个月，累计产油超过 $2 \times 10^4 m^3$，超过国内类似油田热采水平（图 4-5-24）。

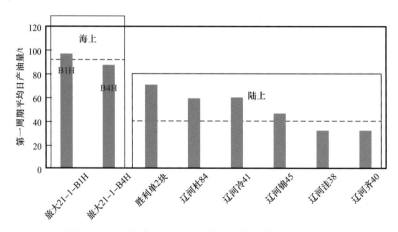

图 4-5-24　旅大 21-2 油田热采平台投产及产能情况

第五章 海上稠油配套高效开发钻采技术

针对海上稠油开发中存在的单井产能低、钻完井成本高以及后期含水率高等问题，开展了高效滑动导向钻井技术、钻井液减排技术、油井出砂调控技术、水平生产井稳油控水技术、注水井智能测调分注及增注技术等研究，形成了一套高效、低成本、环保的海上稠油油田开发钻采技术体系，为海上稠油油田高效开发提供了有力的技术支持。

第一节 高效滑动导向钻井技术

针对常规滑动导向钻井技术中工具面易漂移、人工调整工具面效率低、深井钻压／扭矩传递慢导致工具面控制难等问题，研发一种高效滑动导向钻井系统，通过多体动力学和控制仿真计算结果与实钻工具面角、井眼轨迹的对比分析，实时调整顶驱转角和钻压实现工具面动态调整和井眼轨迹闭环控制，进而实现自动化、智能化滑动导向钻井。

高效滑动导向钻井系统研发的核心是对全井段钻柱系统动力学特性的深入理解和高效控制算法及策略的制定。研究滑动导向钻井系统动力学仿真技术，有助于更加准确地描述大长细比钻柱在充满钻井液的狭长井眼内复杂的受力、变形和运动状态，进而实现对钻柱系统动力学、运动学特性的定量计算分析，为控制算法开发和控制策略制定提供依据。研究滑动导向钻井自动控制方法，有助于大大减小控制系统大惯量、非线性、长延时的特点对工具面动态控制和轨迹闭环控制的不利影响，从而可通过动态调整顶驱转角和钻压更加有效、精确地控制处于地下上千米深的井下动力钻具工具面及井眼轨迹。

本节分三个部分进行阐述，即滑动导向钻井系统动力学仿真技术、滑动导向钻井自动控制方法及其矿场试验与应用。

一、滑动导向钻井系统动力学仿真技术

井下动力钻具滑动导向钻井系统的多体动力学仿真技术，以刚体单元、Lagrange 几何精确梁单元（赵治华，2013）和 ALE 几何精确梁单元三类典型单元为基础（Liu et al.，2018），结合钻柱—井壁接触碰撞模型、钻头—岩石作用模型、井眼在钻头破岩作用下的延伸模型（王宁羽，2014），建立全井段滑动导向钻井系统动力学模型和分段 BHA 简化模型。

1. 系统建模方法

取全局坐标系 XYZ 原点在井口中心 O 位置，各轴指向与井眼轨道坐标系 NEH 保持一致。在多体动力学框架下，滑动导向钻井系统中的组成和约束如图 5-11 所示。

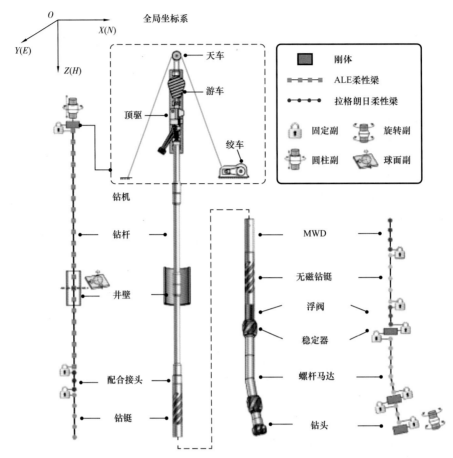

图 5-1-1 滑动导向钻井系统动力学模型示意图

（1）将井上驱动系统整体建模为刚体，采用圆柱副约束模拟起升系统和旋转系统控制，驱动系统与钻柱顶端固连连接。

（2）将钻柱系统中的细长部分，如钻杆、加重钻杆、钻铤、BHA 细长部分，采用柔性梁单元建模；短粗、刚性大的部分，如稳定器、钻头，用刚体单元建模。

（3）井眼建模为刚性圆管，通过布置在钻柱单元上的接触检测点进行接触状态判断和接触力计算；接触检测计算时考虑钻杆、加重钻杆本体与接头直径的差异。

（4）螺杆马达结构较为复杂，简化建模时将螺杆马达的旁通阀总成、防掉总成和马达总成简化为一根柔性梁，上端与钻柱末端相固连，下端与带有稳定器的传动轴总成（刚体）固连。两者呈一定角度进行固连，模拟螺杆马达的弯角。钻头通过柱铰链与传动轴总成相连，同时施加由钻井泵排量控制的角速度约束，模拟螺杆马达对钻头的转速驱动作用。

（5）钻头与岩石相互作用机理复杂，单独进行建模。

（6）钻井液简化为一维不可压缩流体，不考虑钻柱运动对钻井液流动的影响，考虑钻井液对钻柱的浮力、正压力、黏滞力。

全井段滑动导向钻井系统动力学模型如图 5-1-1 所示。

2. 螺杆马达动力学模型

对螺杆马达最重要的功能——驱动钻头旋转的功能进行简化建模，考虑螺杆马达中力和力矩的传递、螺杆马达与井壁的接触、螺杆转子转动，忽略螺杆钻具内部的接触碰撞，以及流体起旋对螺杆钻具转子定子的扭矩作用，将螺杆马达的旁通阀总成、防掉总成、马达总成、万向轴总成建模为柔性梁，含有近钻头稳定器的传动轴总成部分建模为刚体，钻头与传动轴总成通过柱铰相连（图 5-1-2）。基于马达的硬转速特性，通过施加角速度约束驱动钻头旋转，钻头角速度 ω_b 等于螺杆马达的输出转速 ω_m：

$$\omega_m = \omega_b = \frac{2\pi\eta_v nq}{60V} \tag{5-1-1}$$

式中　ω_b，ω_m——钻头角速度和螺杆马达的输出转速，rad/s；

η_v——马达容积效率；

n——泵冲，冲 /min；

q——钻井泵每冲程排量，L/ 冲；

V——螺杆马达每转排量，L/r。

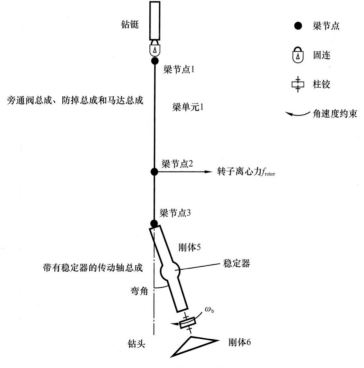

图 5-1-2　螺杆马达简化模型

3. 钻头—岩石作用模型

钻头与井底接触时，使用钻头整体受力模型：

$$f_b = (f_{b,x}, f_{b,y}, f_{b,z})^T = f_{WOB} + f_{SOB} \tag{5-1-2}$$

与井底的接触正压力建模为刚性球与井底平面的接触，井底平面为以井底切线方向为法线且过井底的平面，计算钻头嵌入井底平面的深度，使用 Hertz 接触模型计算其受力，即得钻压 f_{WOB}。与井壁侧面的接触力建模为刚性球与三维曲面的接触，使用 Hertz 接触模型计算钻头侧向力 f_{SOB}。

钻头受到井底的扭矩，记钻头嵌入地层受到的正压力称为钻压 f_{WOB}，基于干摩擦理论（Kamel et al., 2014；Pennestri et al., 2016），钻头接触井底平面时受到的扭矩 T_{b}，计算公式如下：

$$T_{\text{b}} = \mu \left\| f_{\text{WOB}} \right\| \cdot \frac{2}{3} \cdot R_{\text{b}} \cdot \left[\tanh\left(\omega_{\text{b}}\right) + \frac{b_1 \omega_{\text{b}}}{b_2 \omega_{\text{b}}^2 + 1} \right] \tag{5-1-3}$$

式中　T_{b}——钻头接触井底受到的扭矩，N·m；

　　　ω_{b}——钻头转速，rad/s；

　　　μ——摩阻系数；

　　　f_{WOB}——钻压，N；

　　　b_1，b_2——地层参数；

　　　R_{b}——钻头半径，m。

钻头与井底接触时，不断敲击、切削井底，使岩屑不断脱落并随钻井液从环空返出，这一复杂破岩过程得到了大量研究，井眼的延伸即为钻头破岩的累积结果。本书采用钻头整体受力和破岩模型，将破岩速度建模为钻压和地层参数的函数。

钻头破岩模型将该过程分为 3 个阶段：第一阶段，钻头与井底接触力小于临界接触力 f_{c} 时，钻头缓慢切削井底，岩石破碎速度缓慢，井眼缓慢向前延伸；第二阶段，钻头与井底接触力达到临界接触力 f_{c} 而未达到 f_{c}'，钻头嵌入井底深度增大，岩屑快速崩落，且钻头破岩速度与接触力的增加近似呈线性关系；第三阶段，钻头与井底接触力超过 f_{c}'，钻头嵌入井底深度继续增大，此时情况较为复杂，钻头破岩速度可能增大或减小，甚至钻头停转、破岩停止。钻井过程中，正常情况下应在第二阶段钻进以保证钻进过程安全稳定且尽量提高效率，因此本书仅对第二阶段进行建模，研究正常钻进过程中的钻进情况。

尽管钻头被设计用来向前钻进，但钻头也切削侧向的井壁。记钻头局部坐标系中临界接触力为 $\boldsymbol{f}_{\text{c}}$：

$$\boldsymbol{f}_{\text{c}} = \left(f_{\text{c}, \xi}, \ f_{\text{c}, \eta}, \ f_{\text{c}, \varsigma} \right)^{\mathsf{T}} \tag{5-1-4}$$

式中　$f_{\text{c}, \xi}$——沿钻头轴向 ξ 的临界力；

　　　$f_{\text{c}, \eta}$，$f_{\text{c}, \varsigma}$——沿钻头轴线两个正交方向 η 和 ς 的临界力。

瞬时钻头破岩速度为：

$$\boldsymbol{v}_{\text{B}} = -\boldsymbol{A}_{\text{B·G}} \begin{bmatrix} 1 & & \\ & c_{\eta} & \\ & & c_{\varsigma} \end{bmatrix} \left(\boldsymbol{A}_{\text{G·B}} \begin{bmatrix} f_{\text{b}, x} \\ f_{\text{b}, y} \\ f_{\text{b}, z} \end{bmatrix} - \begin{bmatrix} f_{\text{c}, \xi} \\ f_{\text{c}, \eta} \\ f_{\text{c}, \varsigma} \end{bmatrix} \right) / K \tag{5-1-5}$$

式（5-1-5）即为描述钻头破岩的三维钻速方程。式中，负号表明井眼延伸方向沿井底岩石受力方向，其与钻头受力方向相反。$A_{G \cdot B}$ 是从全局坐标系到钻头局部坐标系的坐标转换矩阵，$A_{B \cdot G}$ 是从钻头局部坐标系到全局坐标系的坐标转换矩阵，K 是沿轴向钻进能力系数，c_η 和 c_ς 是 η 和 ς 方向速度系数，通常 $c_\eta = c_\varsigma$。

4. 分段 BHA 简化模型

为了提高计算效率，在全井段滑动导向钻井系统模型的基础上添加分段点，将模型切分为钻杆模型与 BHA 模型（陈家琦，2021）。一般情况下，分段点取为钻杆末端位置，确保 BHA 部分有足够长度，使得切分对 BHA 导向能力计算不产生影响或影响可忽略不计。切分后取其中的 BHA 部分作为仿真研究对象建立 BHA 模型（图 5-1-3）。

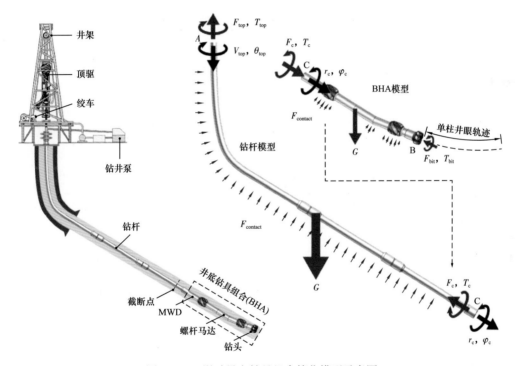

图 5-1-3　滑动导向钻具组合简化模型示意图

由于钻具导向能力主要由 BHA 的特性、钻具控制量、地层情况决定，因此使用全井段模型计算 BHA 模型的控制量，并用 BHA 模型计算钻进过程。

将钻机控制量施加于全井段钻具组合模型，并读取分段点的状态量，直至分段点轴力、转角稳定之后，停止全井段仿真。上述计算过程的输入量为大钩速度 v_{top}、顶驱转角 θ_{top}；输出量为分段点轴力 F_c、分段点转角 θ_c。

$$\left[F_c, \ \theta_c \right] = f \left(v_{top}, \ \theta_{top} \right)$$

将全井段模型计算所得的分段点状态量作为 BHA 模型的控制量输入 BHA 模型，控制 BHA 模型进行滑动导向钻进，直至完成目标钻进距离后停止仿真。上述过程的输入量为分段点轴力 F_c、分段点转角 θ_c、目标轨迹钻进距离 ΔL_{tar}；输出量为仿真轨迹主法线角

ω_{sim}、仿真轨迹曲率 κ_{sim}、仿真轨迹钻进距离 ΔL_{sim}。

$$[\omega_{\text{sim}},\ \kappa_{\text{sim}},\ \Delta L_{\text{sim}}] = f(F_{\text{c}},\ \theta_{\text{c}},\ \Delta L_{\text{tar}})$$

螺杆马达驱动钻头旋转限制了仿真计算效率，为了进一步提高计算效率，将钻头转速做了简化。钻头转速主要影响钻进时钻头所受地层反扭矩，所以在计算反扭矩时使用钻头的虚拟转速。

5. 系统方程与求解算法

由于采用广义坐标描述单元的力学状态，刚体和柔性体的动力学可以用统一的方程描述——受约束离散多体系统的微分—代数方程（DAE 方程）

$$\begin{cases} \dfrac{\mathrm{d}}{\mathrm{d}t}\left(\dfrac{\partial T}{\partial \xi}\right)^{\mathrm{T}} - \left(\dfrac{\partial T}{\partial \xi}\right)^{\mathrm{T}} + \left(\dfrac{\partial V}{\partial \xi}\right)^{\mathrm{T}} - Q + C_{\xi}^{\mathrm{T}}\lambda = 0 \\ C(\xi,\ \xi,\ t) = 0 \end{cases} \quad (5\text{-}1\text{-}6)$$

其中 ξ 为广义坐标，λ 为约束方程对应的拉氏乘子，T 为总动能，V 为总势能，Q 为广义力，C 为约束方程。方程中 ξ 和 λ 都是未知量。

DAE 方程可采用隐式变步长向后差分格式作为积分格式（Backward Differential Formulation，BDF）对其进行求解（Hairer et al., 1996），因此在 t_{n+1} 时刻的广义坐标与广义速度的关系可以通过积分阶数 s 计算相应的积分系数 d_i，并与已经求得的之前 s 个时刻的积分变量线性组合，其求解流程如图 5-1-4 所示。

二、滑动导向钻井自动控制方法

根据高效滑动导向钻井系统工具面动态控制与井眼轨迹闭环控制需求，提出了滑动导向钻井自动控制方法，主要包括 3 部分：工具面反馈控制（钟晓宇，2020）、基于动力学模型的钻井前馈控制（陈家琦，2021）和井眼轨迹闭环控制（程载斌等，2021）。

1. 工具面反馈控制

若要实现工具面的连续自动控制，控制方法应具有较强的稳定性和适应性，且不依赖于控制对象模型，如工程上常用的 PID 控制方法。然而对于钻杆扭转这一动力学过程而言，由于静摩擦的存在，在控制过程初期需要顶驱旋转一个较大的角度来克服静摩擦，即意味着较大的控制参数；而在控制过程末期，由于工具面角响应的迟滞效应，需要减小控制参数使顶驱提前减速甚至停止旋转，否则工具面角很容易出现超调，导致顶驱不得不反转来消除误差，而顶驱反转存在使钻杆脱扣的危险，因此传统的定参数 PID 方法难以实现理想的控制效果。

设计了一种专家 PID 方法进行工具面控制，其关键在于根据工具面角的误差及其变化率大小自动调整控制参数，考虑到实际钻井的工具面控制是一个较长的过程，积分环节容易累加得很大，导致控制失稳，因此积分系数始终置零。控制律具体如下：

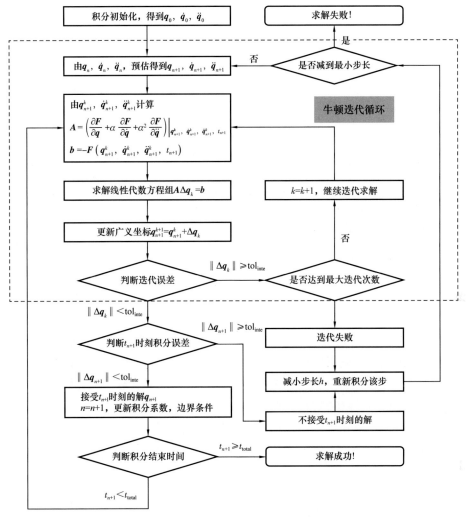

图 5-1-4 动力学方程积分过程基本步骤流程图

$$u_n = \mu_n \left[k_p \left(y_n - \overline{y} \right) + \frac{k_d \left(y_n - y_{n-1} \right)}{\Delta T} \right] \qquad (5-1-7)$$

其中，u_n 和 y_n 分别为第 n 个控制周期的顶驱转角和工具面角，$\overline{y}$ 为目标工具面角，k_p 和 k_d 分别为初始比例系数和微分系数，ΔT 为控制周期，μ_n 为衰减系数。

考虑到控制对象的非线性和参数不确定性，设计了一种模糊滑模控制（FSMC）方法，将模糊控制与滑模控制结合起来，通过设计模糊规则，驱使系统状态逐渐逼近切换平面，并根据切换函数及其导数的状态，自动调整控制器输出大小，大大减少所需设计的控制参数个数，并使控制增益变化更为平缓，从而获得更好的控制效果，从而克服专家 PID 控制算法的缺点。

对于深井 / 水平井这种稳定性冗余、快速性欠缺的控制对象，传统的负反馈控制很难实现工具面的快速调整。为解决这一问题，考虑采用工程上较为少见的正反馈控制，控制原理如图 5-1-5 所示。

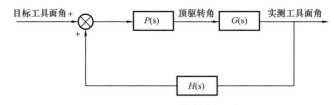

图 5-1-5　正反馈控制环路

根据终值定理，闭环控制系统的稳态值为 1，即无稳态误差。此外，还可以通过调节微分系数 k_d 来减小闭环传递函数的阻尼项，从而提高工具面角控制的响应速度。由于顶驱存在反转限制，因此超调量越小越好，理想情况是系统处于临界阻尼状态附近，则其对应的控制方程为：

$$
\begin{cases}
P(s) = \dfrac{1}{\mu} \\
H(s) = \left(\beta - 2\sqrt{\alpha}\right)s
\end{cases}
\tag{5-1-8}
$$

式中　$P(s)$——微分控制器传递函数；

　　　$H(s)$——正反馈控制器传递函数；

　　　μ——钻柱与井壁摩擦系数；

　　　s——控制器切换函数；

　　　α，β——控制模型参数，单位分别为 s^2 和 s。

2. 基于动力学模型的钻井前馈控制

基于动力学模型的钻井前馈控制理论以钻井多体动力学理论为基础，替代定向井工程师与司钻的作用，实现一段轨迹的自动钻进。选取滑动导向工况下的司钻的实际控制量顶驱转角、大钩载荷作为前馈控制算法所需计算的控制量。

控制流程如图 5-1-6 所示。

3. 井眼轨迹闭环控制

对于钻井系统，其控制输入为井上控制系统的绞车速度和顶驱转角，输出量为井眼轨迹的曲率和主法线角。由于动力学仿真不可避免地存在一些误差和未建模动态，将其视为系统干扰 d，则其传递函数可表示为：

$$
Y = f(X) + d
\tag{5-1-9}
$$

由于有动力学建模误差引起的干扰存在，因此需要对动力学仿真给出的前馈控制信号 $X_{sim} = f^{-1}(Y_0)$ 进行补偿，得到实际的控制信号，即：

$$
X_{ctrl} = X_{sim} + X_{com}
\tag{5-1-10}
$$

式中 X_{ctrl}——实际控制信号；

X_{sim}——前馈控制信号；

X_{com}——反馈补偿控制信号。

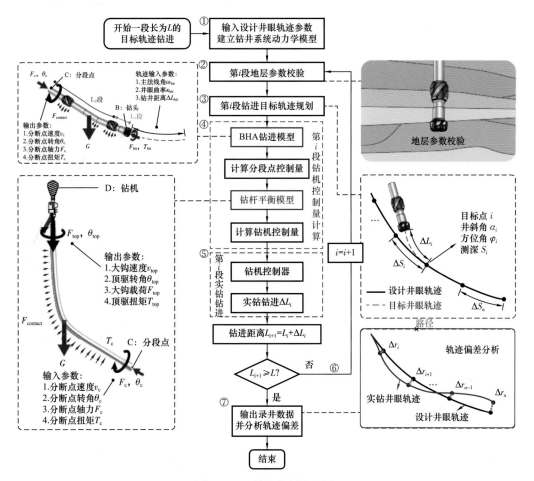

图 5-1-6 前馈控制流程图

滑动导向钻井井眼轨迹闭环控制原理如图 5-1-7 所示。

三、矿场试验与应用

"十三五"期间，形成了高效滑动导向钻井动力学与控制理论及其配套软件成果，并将系列成果应用于生产实践中，取得了良好的效果。工具面计算、控制响应及反馈控制时间小于 10min，控制程序的工具面控制精度为 ±8°，轨迹控制满足现场作业，滑动导向钻井综合提效约 13%（程载斌等，2021）。

以渤海区域的一口定向井应用说明高效滑动导向钻井井眼轨迹控制效果。采用钻井前馈控制计算得到的钻机控制量进行实际钻进，比较实钻轨迹与设计轨迹的偏差，说明井眼轨迹的控制效果。

设计轨迹信息见表 5-1-1。

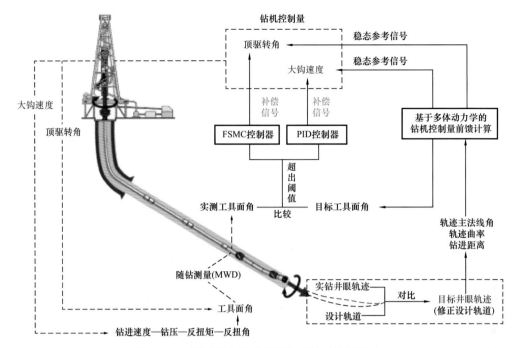

图 5-1-7 滑动导向钻井井眼轨迹闭环控制原理

表 5-1-1 设计井眼轨迹

序号	测深 / m	井斜角 / (°)	方位角 / (°)	垂深 / m	东西位移 / m	南北位移 / m	井眼曲率 / (°)/30m	主法线角 / (°)
1	0.00	0.00	0.00	0.00	0.00	0.00	0.00	0.00
2	509.30	0.00	0.00	509.30	0.00	0.00	0.00	0.00
3	567.71	5.84	347.56	567.61	2.90	−0.64	3.00	347.56
4	1473.79	5.84	347.56	1468.99	92.93	−20.50	0.00	0.00
5	2053.36	52.16	175.08	1979.31	−125.20	−5.96	3.00	−173.00
6	2289.75	52.16	175.08	2124.32	−311.20	10.05	0.00	0.00
7	2420.16	52.16	175.08	2204.32	−413.81	18.88	0.00	0.00
8	2490.16	52.16	175.08	2247.27	−468.88	23.62	0.00	0.00

使用的钻具组合为：12.25in PDC+$9^5/_8$in MOTOR（1.15°）+8in F/V+12in STB+8in Drilog+8in HOC+8in NMDC+8in JAR+5.5in HWDP×14+5.5in DP。

利用前馈控制方法，可得每段仿真的钻机控制量。在给出的钻机控制量下进行实际钻进，可得实钻轨迹。

将实钻轨迹与设计轨迹用柱面图进行表示，如图 5-1-8 所示，可以看到两条轨迹在垂直剖面与水平投影上的形态。

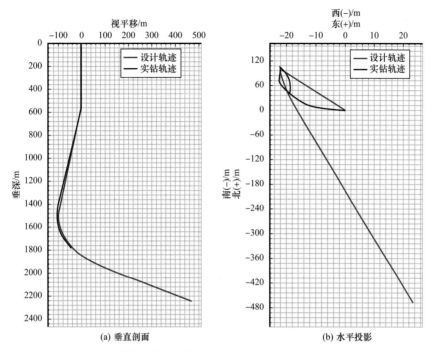

(a) 垂直剖面 (b) 水平投影

图 5-1-8 实钻轨迹与设计轨迹的平面投影图（投影方位 177.12°）

进行偏差分析，实钻轨迹与设计轨迹的曲面投影图和法平面扫描图如图 5-1-9 和图 5-1-10 所示。

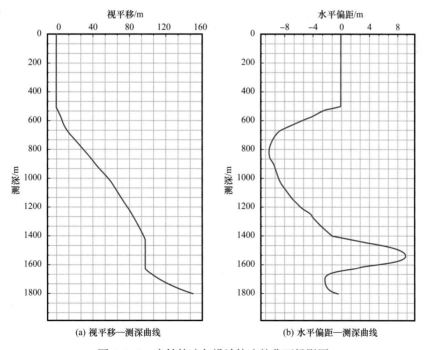

(a) 视平移—测深曲线 (b) 水平偏距—测深曲线

图 5-1-9 实钻轨迹与设计轨迹的曲面投影图

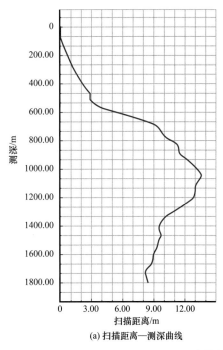
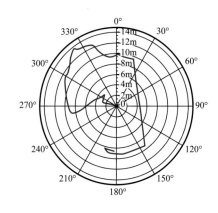

(a) 扫描距离—测深曲线　　　　(b) 法平面扫描图 (图中环向数值为角度，竖线数值为平面扫描距离)

图 5-1-10　实钻轨迹与设计轨迹的法平面扫描图

由曲面投影图（图 5-1-9）可见，应用井段实钻轨迹与设计轨迹的水平偏距绝对值小于 10m。并且采用滑动导向钻井前馈控制方法，井段的水平偏距随着测深逐步缩小，控制效果较好。

由法平面扫描图（图 5-1-10）可见，试验井段实钻轨迹与设计轨迹的扫描距离不超过 10m，且采用滑动导向钻井前馈控制系统，扫描距离随着测深逐步缩小，控制效果较好。

除了初始井斜较小的井段以外，各钻进阶段井眼曲率误差为 ±0.8°/30m，主法线角误差为 ±5°，满足井眼轨迹控制要求。

第二节　钻井液减排技术

海上油田主要的钻井废弃物为废弃的钻井液及钻屑，在生态受限区传统的处理方式为全部回收上岸处理，其回收量大，废弃物处理费用高昂。针对海上油田废弃钻井液需要全部回收处理难题，本着源头治理原则，开发了脱水率高的易脱稳钻井液体系及配套的高效固液分离装置，通过在线减量处理，降低了废弃物回收上岸量。

一、易脱稳钻井液技术

针对海上油气田钻井液环保要求，通过研发替代黏土的纳米—微米基骨架材料，形成一套环境保护性能好、钻井液工程性能稳定和油气层保护好的环保型易脱稳的钻井液体系（蒋卓等，2020），解决了钻井液环保和废弃物处理固液分离难题，通过废弃钻井液减量化达到"零排放"，来实现钻完井液的环保问题。

1. 易脱稳的纳米骨架材料研发

根据黏土在水基钻井液中的作用功能，室内对纳米级材料进行改性，形成具有独特的小尺寸效应和表面效应纳米—微米材料，在液相环境中可以形成类似于黏土胶体的颗粒，其随环境因素的影响表现出不同的稳定性。纳米—微米结构材料是以刚性的纳米材料为骨架，通过功能性基团对其表面进行改性，在液相环境中可以形成类似于黏土胶体的颗粒。纳米—微米结构材料的稳定性主要由表面吸附的活性功能基团控制，在活性环境下，分子链上的活性功能基团游离，分子充分伸展，在静电斥力的作用下形成微凝胶，稳定体系流变性，控制失水，来保证钻井液的工程性能；惰性环境下，活性功能基团发生卷曲，分子呈紧致收缩状态，凝胶结构破坏，体系脱稳。在钻井液体系中通过纳米—微米结构材料替代影响固液分离的传统钻井液材料黏土，可以实现废弃钻井液的快速脱稳，解决废弃钻井液处理中固液分离难题，从而减少废弃钻井液的回收处理量。

纳米骨架材料以无机纳米粒子为胶核，通过表面活性剂反应处理形成纳米分散悬浮液；该悬浮液与天然高分子聚合物水溶液、共聚反应单体及交联剂，在引发剂条件下引发聚合反应，形成水溶性好、分子量适当的聚合物纳米—微米材料。

室内评价对研究的纳米—微米结构材料 NMS 的粒径与黏土胶体粒径进行了对比分析。实验液相环境选用海水，在海水中加入按质量比配制的不同泥浆，然后在 25℃ 条件下静置养护 24h 后，通过激光粒度进行粒度测试分析，具体实验评价见表 5-2-1。

表 5-2-1　粒径分布情况

材料	粒径范围 /μm	平均粒径 /μm
0.5% 纳米—微米结构剂	0.25～9.43	1.86
0.5% 纳米—微米结构剂 +0.5% 聚合物	0.83～126.07	50.03

从粒径分析情况来看，研究的纳米—微米结构剂的粒径分布情况基本接近黏土与护胶材料组成的胶体粒径分布情况，具备同样的尺寸大小，可以取代黏土，为钻井液提供良好的封堵能力，在井壁上形成致密滤饼，防止井壁坍塌和防漏，润滑防卡。

实验研究对比评价了有土相和无土相条件下钻井液体系性能变化情况（表 5-2-2）。

基本配方：海水 $+0.15\%Na_2CO_3+0.2\%NaOH+0.5\%$ 纳米—微米材料 $+0.5\%$ 包被剂 HMP$+2\%$ 降滤失剂 HFL-2$+2\%$ 封堵剂 HBJ-3$+5\%$ 抑制剂 KCl$+2\%$ 润滑剂 HSM，重晶石加重至 $1.2g/cm^3$。

表 5-2-2　钻井液性能评价

配方	热滚条件	AV[①]/ mPa·s	PV[②]/ mPa·s	YP[③]/ Pa	YP/PV[④]/ Pa/（mPa·s）	Φ_6[⑤]/Φ_3[⑥]	FL$_{API}$[⑦]/ mL	FL$_{HTHP}$[⑧]/ mL
0.5%NMS	热滚前	31	19	12	0.63	6/5		
	热滚后	26	17	9	0.51	4/3	4.2	10.4

① 表观黏度；② 塑性黏度；③ 动切力；④ 动塑比；⑤ 六转读数；⑥ 三转读数；⑦ 滤失量；⑧ 高温高压滤失量。

从以上实验数据来看，加入少量的纳米—微米材料表现出良好的增黏、控制失水的效果，钻井液性能稳定，可以达到现场用膨润土作用效果，同等条件下基本不会影响钻井液体系成本。

2. 易脱稳环保型钻井液体系研究

通过大量实验探索确定易脱稳环保型钻井液体系配方为：海水+0.2%NaOH+0.15%Na$_2$CO$_3$+0.5% 纳米骨架材料+0.5% 包被剂 HMP+1.5% 降滤失剂 HFL-2+2% 封堵剂 HBJ-3+2.0% 润滑剂 HSM+2.0% 抑制剂 HPG，重晶石加重至 1.14g/cm³，性能评价见表 5-2-3。

表 5-2-3 钻井液体系性能评价

体系	热滚条件	AV/mPa·s	PV/mPa·s	YP/Pa	Φ_6/Φ_3	FL$_{API}$/mL	FL$_{HTHP}$/mL
易脱稳钻井液	热滚前	23	13	10	5/4		
	热滚后	21.5	12	9.5	4/3	4.2	10.2

注：热滚温度80℃，16h；测试温度50℃。

（1）室内研究针对易脱稳环保型钻井液体系进行了常温中压砂床实验，实验配方及结果如下。

实验配方：海水+0.2%NaOH+0.15%Na$_2$CO$_3$+0.5% 纳米骨架材料+0.5% 包被剂 HMP+1.5% 降滤失剂 HFL-2+2% 封堵剂 HBJ-3+2.0% 润滑剂 HSM+2.0% 抑制剂 HPG，重晶石加重至 1.14g/cm³。

实验结果见表 5-2-4 和图 5-2-1。

表 5-2-4 封堵性能评价

渗透压力/MPa	渗透时间/min	渗透深度/cm	滤失量/mL
0.7	30	2.0	0

图 5-2-1 钻井液侵入情况

从实验结果可以看出，易脱稳环保型钻井液体系有很好的封堵性能；在常温中压条件下，钻井液的侵入量非常低，滤失量为零。

（2）室内研究针对易脱稳环保型钻井液体系进行了高温高压砂床实验，实验配方及结果如下：

实验配方：海水+0.2%NaOH+0.15%Na$_2$CO$_3$+0.5% 纳米骨架材料 NMS+0.5% 包被剂 HMP+1.5% 降滤失剂 HFL-2+2% 封堵剂 HBJ-3+2.0% 润滑剂 HSM+2.0% 抑制剂 HPG，重晶石加重至 1.14g/cm³。

低渗砂床用80%（60~80目）和20%CaCO$_3$（300目）

（砂床的渗透率约 50mD）。

高渗砂床用 80%（40～60 目）和 20%（60～80 目）砂子模拟（砂床的渗透率约 2000mD），在 HTHP 失水仪上开展实验。

实验结果表明，当封堵剂加量为 5% 时，钻井液侵入深度约为 2.6cm，表层滤饼厚度为 2～3mm。当封堵剂加量为 2% 时，钻井液侵入深度约为 3.1cm，表层滤饼厚度为 2～3mm。

从以上实验数据可以看出，易脱稳环保型钻井液体系有很好的封堵性能；在高温高压条件下，针对不同渗透率砂床，钻井液的侵入量都非常低，滤失量为零。

根据渤海区块储层渗透率情况，室内研究选择了不同渗透率的人造岩心进行了储层保护性能评价（表 5-2-5）。评价程序是按照中国石油天然气行业标准 SY/T 6540—2002《钻井液完井液损害油层室内评价方法》执行的，采用高温高压动态失水仪模拟钻井条件下以及岩心渗透率梯度测试仪对易脱稳环保型钻井液体系的储层保护效果进行评价。

表 5-2-5　储层保护性能评价

岩心号	19-16	19-17	19-18
气测渗透率 /mD	872.15	128.31	39.27
岩心长度 /cm	5.36	5.82	6.25
岩心直径 /cm	2.52	2.52	2.52
煤油测渗透率（K_0）/mD	168.42	22.65	3.68
反向污染钻井液	易脱稳钻井液	易脱稳钻井液	易脱稳钻井液
污染后反排煤油渗透率 K_1/mD	105.37	20.1	3.19
渗透率恢复值（K_1/K_0）/%	62.56	88.74	86.68
切片 0.5cm 煤油渗透率（K_2）/mD	152.11	20.97	3.25
切片 0.5cm 渗透率恢复值（K_2/K_0）/%	90.32	92.58	88.32

从以上实验数据可知，不同渗透率岩心通过易脱稳钻井液体系污染后，中低渗透率岩心，渗透率恢复值基本可以达到 85% 以上；高渗透率岩心通过去除表面封堵层后，渗透率恢复值达到 90% 以上，说明该体系具备良好的储层保护能力。

3. 固液分离的生化开关技术研究

针对易脱稳环保型钻井液体系来说，由于钻井液中黏土矿物被纳米骨架材料取代，所以易脱稳环保型钻井液废弃物脱稳机理包括以下两个方面：

（1）活性调节脱稳：提供惰性离子，使纳米—微米结构材料分子链发生卷曲，破坏形成的微凝胶结构，降低钻井液黏度，体系整体结构脱稳。

（2）生物降解脱稳：经过生物作用，降解研发的易降解的钻井液处理剂（降滤失剂、包被剂、封堵剂等），使钻井液体系进一步脱稳。

根据废弃钻井液脱稳评价方法，结合现场施工作业的机械设备情况，室内研究选择离心评价方法，通过离心脱水的方式来评价固液分离效果。

（1）根据易脱稳环保型钻井液体系构建机理，评价了较常用的氧化类和无机金属阳离子类的破胶剂对易脱稳环保型钻井液体系的破胶脱稳效果（表5-2-6），具体实验情况如下。

表5-2-6 固液分离效果评价

类型	处理剂	加量/（mg/L）	pH 值	离心率/%	浊度/NTU	分离液状态
空白		0	8～9	41.25	1879	乳白色浑浊液
氧化类	Ca（ClO）$_2$	3000	8～9	43	1762	乳白色浑浊液
	H$_2$O$_2$	3000	8～9	45	1563	乳白色浑浊液
	NaClO	3000	8～9	45.75	1422	乳白色浑浊液
pH 调节类	HCl	3000	5～6	57.5	1576	乳白色浑浊液
	H$_2$SO$_4$	3000	5～6	54.5	1687	乳白色浑浊液
	氨基磺酸	3000	6～7	55	1532	乳白色浑浊液
	NaOH	3000	9～10	28.75	1867	乳白色浑浊液
	Na$_2$CO$_3$	3000	8～9	30	1796	乳白色浑浊液
金属离子类	FeCl$_3$	3000	7～8	46.75	431	浅黄色浑浊液
	Fe$_2$（SO$_4$）$_3$	3000	7～8	45.5	456	浅黄色浑浊液
	Al$_2$（SO$_4$）$_3$	3000	7～8	43.75	521	浅黄色浑浊液
	聚合氯化铝	3000	7～8	45	365	浅黄色浑浊液
	ZnCl$_2$	3000	8～9	31.25	567	浅黄色浑浊液
	MgCl$_2$	3000	8～9	29.5	632	浅黄色浑浊液

实验配方：海水+0.15%Na$_2$CO$_3$+0.2%NaOH+1.0% 纳米骨架材料 NMS+0.5%HMP+2%HFL-2+2%HBJ-3+2%HSM+5%KCl，重晶石加重至 1.14g/cm^3。

实验中破胶剂加量为钻井液的 3%（体积分数），离心转速 2000r/min，离心 10min。

从以上实验数据可知，酸性破胶材料的固液分离效果最好，但后期分离液相中多为没有分解的有机高分子材料，分离液相浊度高，不利于后期液相重复利用。金属离子类破胶材料中的金属阳离子作用效果，较氧化剂破胶脱稳效果要好；后期固液分离生化开关材料，可以从酸性破胶、金属离子絮凝进行研究。

模拟现场配浆及污染后的钻井液体系，并进行生化处理剂加量优化，评价结果见表5-2-7、表5-2-8 和图5-2-2。

.

表 5-2-7 钻井液性能评价

体系	AV/mPa·s	PV/mPa·s	YP/Pa	YP/PV/Pa/(mPa·s)	Φ_6/Φ_3	漏斗黏度/s	FL$_{API}$/mL
基浆	24.5	13	11.5	0.88	5/4	51	4.5
基浆+3%劣质土	27	14	13	0.93	8/6	55	4.5

注：测试温度为常温。

表 5-2-8 固液分离评价

破胶剂组成	pH值	浊度值/NTU	COD/mg/L	脱水率/%	含水率/%
基浆	9.0	641	18430	73.1	46.4
基浆+1%BIO-3	6.0	401	12416	71.8	52.2
基浆+1.5%BIO-3	4.6	386	12998	75.6	46.9
基浆+2.0%BIO-3	3.5	434	13192	75.6	46.6
基浆+2.5%BIO-3	3.0	452	14162	74.4	46.5

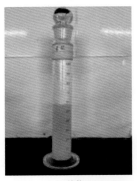  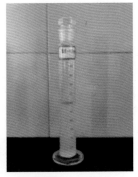

(a) 基浆　　(b) 基浆+1% BIO-3　　(c) 基浆+1.5% BIO-3

(d) 基浆+2.0% BIO-3　　(e) 基浆+2.5% BIO-3

图 5-2-2 分离后液相情况

（2）模拟现场配 2L 易脱稳环保型钻井液，体系配方如下：

海水 +0.2%NaOH+0.15%Na$_2$CO$_3$+0.5% 纳米骨架材料 +0.3% 包被剂 HMP+1.5% 降滤失剂 HFL-2+1.0% 封堵剂 HBJ-3+1.0% 润滑剂 HSM+0.5% 抑制剂 HPG+3% 劣质土，重晶石加重至 1.14g/cm^3。

从以上实验数据可知，模拟现场要求进行体系配方调整，可以达到现场开钻要求；进一步系统优化生化处理剂 BIO-3 加量后，加量在 1.5% 条件下，分离效果最好，并且分离液相浊度有所下降，pH 值有所提高，便于后期处理、重复利用。

二、小型橇装固液分离技术

小型化橇装固液分离设备（李振卫等，2021）是针对海上平台作业空间小特点，引入管道絮凝技术，缩短絮凝时间，减少大罐体积；采用长径比高速离心机提高连续脱水效率；集成橇装设计，节约空间，方便运输；针对易脱稳钻井液及海上现有钻井液，优化设计加药系统和优选了混凝剂。其中小型化集中体现为：

化学强化单元：长 × 宽 × 高 =5000mm×2100mm×2300mm；

机械脱水单元：长 × 宽 × 高 =6000mm×2100mm×3351mm；

罐体单元：长 × 宽 × 高 =6000mm×2400mm×3025mm；

根据现场需要组合系统，占地面积 23～52m^2；

总装机功率 65kW，其中离心机主电动机 37kW，辅助电动机 11kW。

1. 设备选型与流程设计

1）不同机械脱水装置比选

对于废弃钻井液处理而言，固液分离技术是废弃钻井完井液治理的关键技术之一。常用的机械脱水方式有板框压滤、带式压滤、离心脱水和螺旋榨式脱水，四种脱水机械设备的性能及能耗对比见表 5-2-9。

表 5-2-9　四种脱水机械设备的性能及能耗对比

项目	带式压滤机	离心脱水机	板框压滤机	螺旋榨式脱水机
进泥含固率 /%	3～5	2～3	1.5～3	0.8～5
脱水污泥含固量 /%	20	25	30	25
运行状态	可连续运行	可连续运行	间歇式运行	可连续运行
操作环境	开放式	封闭式	开放式	封闭式
脱水设备布置占地	大	紧凑	大	紧凑
冲洗水量	大	少	大	很少
实际设备运行需换磨损件	滤布	易损件	滤布	基本无
噪声	小	较大	较大	基本无
设备费用	低	较贵	贵	较贵
能耗 /（kW·h/t 干固体）	5～20	30～60	15～40	3～15

依据表 5-2-9 中四种脱水机械设备的性能及能耗比较结果，对于基地选用带式压滤机进行机械分离，橇式移动选择离心脱水机进行分离比较合适。

2）设计原则

（1）固液分离设备耐高温、耐腐蚀，电气设备、仪器仪表防护等级：IP55，绝缘等级：F。

（2）絮凝方式采用 SK 静态管道絮凝器。

（3）处理量＞5m³/h；橇装占地面积＜50m²。

（4）橇装化、自动化设计。

（5）离心机：变频；长径比≥4；工作转速≥2800r/min；分离因数≥2268。

（6）工作方式：24h 连续工作。

通过絮凝剂 A 制备系统配制溶液以及药品 B 制备系统配制溶液，再通过絮凝剂 A、絮凝剂 B 投放系统将配制好的絮凝剂 A、絮凝剂 B 溶液分别打入离心机进液管道中，与离心机供液泵管道中的钻井液交汇。在静态管道混合器中药品溶液与钻井液充分混合反应后进入离心机转鼓内；在离心机转鼓高于 2500G 离心机力的作用下，将混合液分离为固相和清液两部分；固相进入沉渣收集槽，排出到外部岩屑收集罐或吨袋内，清液则进入集液罐，通过集液罐上安装的中转泵将清液转运至存液罐内，最终通过存液罐上安装的外排泵将清液外输，如图 5-2-3 至图 5-2-5 所示。

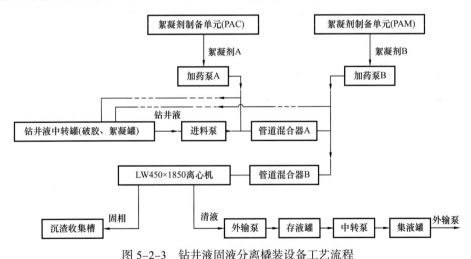

图 5-2-3　钻井液固液分离橇装设备工艺流程

2. 混凝剂筛选

1）无机混凝剂筛选

取废弃钻井液 PEC 300mL，与海水（3%NaCl 水溶液）按 $V_{PEC} : V_{海水} = 1 : 1$ 混合，酸化破胶，无机混凝剂投加量为 1000mg/L，无机混凝剂的浓度为 10%，有机絮凝剂投加量为 10mg/L，有机絮凝剂的浓度为 0.1%，观察溶液混凝情况及 COD_{Cr} 去除率，实验结果见表 5-2-10 和图 5-2-6。

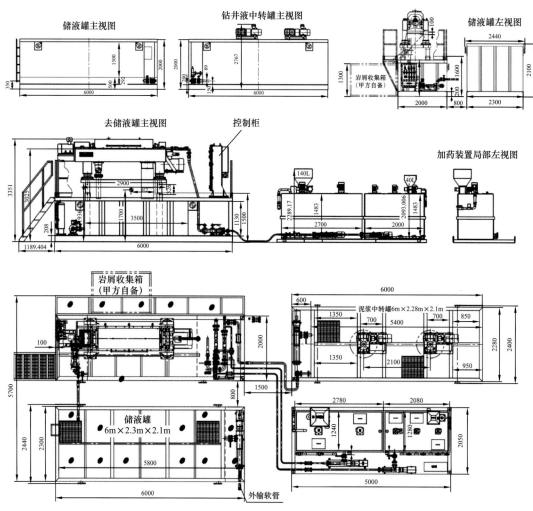

图 5-2-4　钻井液固液分离橇设备布置图

图 5-2-5　钻井液固液分离橇设备

表 5-2-10 无机混凝剂筛选实验结果

编号	无机混凝剂	原水样	进水 COD_{Cr}/mg/L	出水 COD_{Cr}/mg/L	COD_{Cr} 去除率/%	现象
1	PAC		93600	25786.9	72.4	溶液为淡黄色，浑浊，有絮体产生但不多且絮体分散
2	PFS		93600	22307.3	76.2	溶液为浅黄色，透明度较好，絮体较大且很集中
3	$Al_2(SO_4)_3$	高黏度，黑褐色的固液混溶体系	93600	27184.0	71.0	溶液为黄色，浑浊，絮体少且分散
4	$FeCl_3$		93600	25456.0	72.8	溶液为黄色，较透明，絮体较集中
5	PAFC		93600	25254.4	73.0	溶液为无色，透明度较好，絮体较多较大

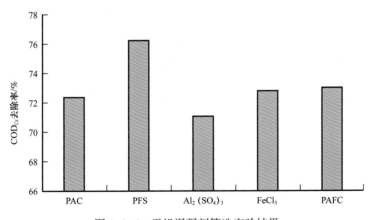

图 5-2-6 无机混凝剂筛选实验结果

由实验的现象和 COD_{Cr} 去除率可知，PEC 体系较适合铁系的无机絮凝剂，溶液透明度较好，絮体大、分散、易过滤，但混凝液的外观为浅黄色，综合考虑，选 PFS 为混凝剂，进行下一步的研究工作。

2）无机混凝剂投加量的影响

取废弃钻井液 PEC 400mL，与海水（3%NaCl 水溶液）$V_{PEC}:V_{海水}=1:1$ 混合，酸化破胶，无机混凝剂的浓度为 10%，有机絮凝剂投加量为 10mg/L，有机絮凝剂的浓度为 0.1%，观察无机混凝剂投加量及 COD_{Cr} 去除率，实验结果见表 5-2-11 和图 5-2-7。

随着无机混凝剂加量的增加，COD_{Cr} 的去除率逐渐升高，当加量为 3000mg/L 时出现拐点，当加量再继续增大 COD_{Cr} 去除率升高的幅度逐渐趋于平缓，因此无机混凝剂的最佳加量为 3000mg/L。

表 5-2-11　无机混凝剂投加量的影响

编号	无机混凝剂	PFS/ mg/L	进水 COD$_{Cr}$/ mg/L	出水 COD$_{Cr}$/ mg/L	COD$_{Cr}$ 去除率 / %
1	PFS	1000	93600	30789.4	67.1
2		1500		28854.3	69.2
3		2000		27058.9	71.1
4		2500		24999.1	73.3
5		3000		22569.3	75.9
6		3500		22314.5	76.2
7		4000		22200.2	76.3

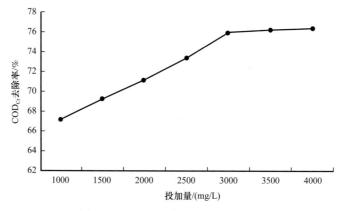

图 5-2-7　无机混凝剂投加量的影响

3）有机絮凝剂筛选

取废弃钻井液 PEC 100mL，与海水（3%NaCl 水溶液）V_{PEC}：$V_{海水}$ =1：1 混合，酸化破胶，无机混凝剂 PFS 投加量为 3000mg/L，无机混凝剂的浓度为 10%，有机絮凝剂投加量为 10mg/L，有机絮凝剂的浓度为 0.1%，观察溶液絮凝情况及 COD$_{Cr}$ 去除率，实验结果见表 5-2-12。

表 5-2-12　有机絮凝剂的筛选

编号	有机絮凝剂	进水 COD$_{Cr}$/ mg/L	出水 COD$_{Cr}$/ mg/L	COD$_{Cr}$ 去除率 / %	现象
1	YCJ-1	93600	22386.9	75.1	溶液淡黄色，透明度较好，絮体多、集中
2	YCJ-496		22267.9	77.8	溶液淡黄色，透明度较好，絮体多、集中
3	YCJ-498		22284.0	78.2	溶液淡黄色，透明度较好，絮体多、集中

由表 5-2-12 可知，YCJ-1、YCJ-496、YCJ-498 有机絮凝剂的效果差不多，考虑到 YCJ-496、YCJ-498 价格较 YCJ-1 高，从成本考虑本实验选择 YCJ-1 作为有机絮凝剂。

4）有机絮凝剂投药量的影响

取废弃钻井液 PEC 300mL，与海水（3%NaCl 水溶液）V_{PEC} ∶ $V_{海水}$ = 1 ∶ 1 混合，酸化破胶，无机混凝剂 PFS 投加量为 3000mg/L，无机混凝剂的浓度为 10%，有机絮凝剂 YCJ-1 的浓度为 0.1%，考察有机絮凝剂 YCJ-1 加量及 COD_{Cr} 去除率，实验结果见表 5-2-13。

表 5-2-13　有机絮凝剂投加量的影响

编号	有机絮凝剂投加量/mg/L	进水 COD_{Cr}/mg/L	出水 COD_{Cr}/mg/L	COD_{Cr} 去除率/%	现象
1	2		25557.3	72.7	溶液淡黄色，透明度较好，絮体多且集中
2	5		24062.1	74.3	溶液淡黄色，透明度较好，絮体多且集中
3	10		22025.4	76.5	溶液淡黄色，透明度较好，絮体多且集中
4	15	93600	23002.3	75.4	溶液淡黄色，透明度较好，絮体多且集中
5	20		25602.3	72.6	溶液淡黄色，透明度较好，絮体多且集中
6	25		27916.2	70.2	溶液淡黄色，透明度较好，絮体多且集中

随着有机絮凝剂投加量的增加，COD_{Cr} 的去除率逐渐上升，当投加量为 10mg/L 时去除率最高，投加量继续增加去除率逐渐降低，因此选用 10mg/L 作为有机絮凝剂的最佳投加量。

5）pH 值对混凝效果的影响

取废弃钻井液 PEC 400mL，与海水（3%NaCl 水溶液）V_{PEC} ∶ $V_{海水}$ = 1 ∶ 1 混合，无机混凝剂 PFS 加量为 3000mg/L，无机混凝剂的浓度为 10%，有机絮凝剂 YCJ-1 的浓度为 0.1%，加量为 10mg/L，观察溶液的 pH 值对混凝效果及 COD_{Cr} 去除率的影响，实验结果见表 5-2-14。

由表 5-2-14 可知，pH 值为 6～10 时混凝效果较好。考虑到 PEC 体系的 pH 值为 6～8，可以在不调节 pH 值的情况下直接混凝，可以选用 pH 值为 6～8 为混凝条件，但过滤（布氏漏斗）较困难。

6）絮凝沉降时间的影响

取废弃钻井液 PEC 150mL，与海水（3%NaCl 水溶液）V_{PEC} ∶ $V_{海水}$ = 1 ∶ 1 混合，酸化破胶，无机混凝剂 PFS 加量为 3000mg/L，无机混凝剂的浓度为 10%，有机絮凝剂 YCJ-1

的浓度为 0.1%，加量为 10mg/L，调节 pH 值为 6～8，观察絮凝沉降时间对过滤效果及 COD_{Cr} 去除率的影响，实验结果见表 5-2-15。

表 5-2-14　pH 值对混凝效果的影响

编号	pH 值	进水 COD_{Cr}/mg/L	出水 COD_{Cr}/mg/L	COD_{Cr} 去除率/%	现象
1	2		26208	72.0	溶液浅黄色，透明度不好，絮体较大
2	3		26159.6	72.1	溶液浅黄色，透明度不好，絮体较大
3	4		25459.2	72.8	溶液浅黄色，透明度不好，絮体较大
4	5		25178.9	73.1	溶液浅黄色，透明度不好，絮体较大
5	6	93600	24083.8	74.3	溶液浅黄色、浑浊，透明度较好，絮体较大
6	8		22789.2	75.7	溶液浅黄色，透明度很好，絮体大且很集中
7	9		22012.3	76.5	溶液浅黄色，透明度很好，絮体大且很集中
8	10		21715.2	76.8	溶液浅黄色，透明度好，絮体大且很集中
9	12		23825.6	74.5	溶液浅黄色，透明度好，絮体较大且很集中

表 5-2-15　絮凝沉降时间的影响

编号	时间/min	进水 COD_{Cr}/mg/L	出水 COD_{Cr}/mg/L	COD_{Cr} 去除率/%	现象
1	10		22298.5	76.2	絮体较大，悬浮于上部
2	15		22023.4	76.5	絮体较大，悬浮于中上部
3	20	93600	21900.3	76.6	絮体较大，悬浮于中部
4	25		21896.8	76.6	絮体较大，悬浮于中部
5	30		21895.8	76.6	絮体较大且很集中沉于底部

由表 5-2-15 可知，絮凝沉降时间对 COD_{Cr} 的去除率没有影响，但沉降时间延长，絮体较大，便于自然沉降分离，若为机械分离，时间影响不大。

三、矿场试验与应用

2017 年 4 月至 2020 年 12 月期间，易脱稳新型环保钻井液技术在陆地油田和海上油田 12 口井中开展了现场应用。应用过程中环保钻井液的流变性好，性能稳定、抑制性能强、携岩能力强、井壁稳定效果好，电测井径规则，满足现场不同井区的水平井施工需要。同时，环保钻井液以天然材料改性为主，经检测该体系材料和现场钻井液色浅、无毒、易生物降解、重金属含量低，其污染物满足污水排放、污泥农用标准，具有较好的环保性能。

从现场应用情况来看，研究的环保钻井液体系环保性能优良，可以控制石油勘探开发过程中对生态环境造成的污染，减少后续作业中造成的环境纠纷和经济损失等不良后果，在石油勘探开发以及后续的废弃物处理都具有广阔的推广与应用前景，可以促进石油勘探开发的可持续性发展。下面仅以埕北油田应用案例为例，来说明易脱稳钻井液的固液分离效果。

埕北油田位于渤海西部海域，油田范围内平均水深 16.0m，常年最高气温 40℃，最低气温 −19℃。B6H1 井为生产井，目的层为东营组，设计井深 2634.7m，最大井斜 90°，上部井段及着陆井段采用改进型 PEC 钻井液体系钻进，水平段采用 EZFLOW 钻井液体系钻进。

依托海洋石油 281 平台为载体，采用易脱稳钻井液体系、换土 PEC 钻井液体系，完成废弃钻井液减量处置试验。根据现场施工情况，室内研究制定了相关的施工流程，具体如图 5-2-8 所示。

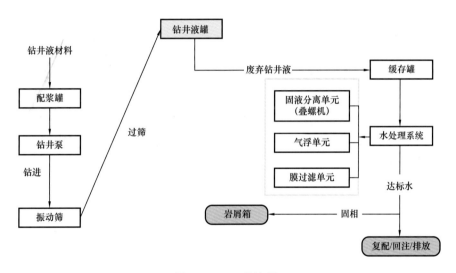

图 5-2-8　工艺流程

为最大限度降低对现场作业的影响，现场试验方案为易脱稳钻井液和纳米骨架材料代替膨润土浆的 PEC 各配 $30m^3$，在 $12\frac{1}{4}$in 和 $8\frac{1}{2}$in 钻进中过程中替入，返出后进行固液分离评价（表 5-2-16）。

表 5-2-16　固液分离评价

应用井	钻井液类型	现场处理量 / m^3	处理效率 / m^3/h	体积脱水率 / %
CB-B10H1	易脱稳钻井液	10	5.30	65.74
CB-B10P1	膨润土 PEC	6	6.55	57.37
CB-B10P1	PEC	5	6.32	48.65

根据项目考核指标要求，本次现场试验的结果基本满足项目设计要求，本次实验脱水率为 65.74%；固液分离装置处理效率考核指标为 5m³/h，实际处理效率在满足脱水率的条件可以达到 6.55m³/h，达到项目立项之初设置的目标。

从环保型易脱稳钻井液在海上 CB-B 平台 CB-B10H1 和 CB-B10P1 两口调整井中现场试验情况来看，研究的易脱稳环保型钻井液体系性能可以满足现场施工要求，并且可以和现有应用成熟的 PEC 体系进行任意比例互换，不影响相关性能；同时，后期固液分离处理工艺简单，脱水率不小于 50%，达到项目指标要求，脱水率较常规钻井液体系提高 17 个百分点。

固液分离橇装设备配合传统钻井液 PEC、EZFLOW 现场应用 2 次，能够实现改进型 PEC 钻井液和 EZFLOW 钻井液固液分离，设备处理量为 5m³/h，处理后固相平均含水率分别为 61.7% 和 61.2%（表 5-2-17 和图 5-2-9）。

表 5-2-17　小型化橇装固液分离设备处理效果

序号	井名	钻井液类型	含水率 /%	处理量 /m³/h	脱水率 /%
1	CB-B6H1	PEC	61.8	7	60.0
2	CB-B6H1	PEC	62.0	7	58.6
3	CB-B6H1	PEC	61.7	5	62.0
4	CB-B6H1	PEC	61.7	5	62.0
5	CB-B6H1	PEC	61.5	5	58.0
6	CB-B6H1	PEC	61.6	5	60.0
7	CB-B6H1	PEC	61.4	5	64.0
8	CB-B6H1	PEC	61.7	6	58.3
9	CB-B13H1	EZFLOW	61.8	7	60.0
10	CB-B13H1	EZFLOW	62.0	7	58.6
11	CB-B13H1	EZFLOW	61.7	5	62.0
12	CB-B13H1	EZFLOW	61.7	5	62.0
13	CB-B13H1	EZFLOW	61.5	5	58.0
14	CB-B13H1	EZFLOW	61.6	5	60.0
15	CB-B13H1	EZFLOW	61.4	5	64.0
16	CB-B13H1	EZFLOW	61.7	6	58.3

(a) "一开"废弃钻井液固液分离后的水和固相

(b) "二开"废弃钻井液固液分离后的水和固相

图 5-2-9　改进型 PEC 废弃钻井液固液分离效果

第三节　油井出砂调控技术

针对单一砂体储层，建立了一套五因素防砂方式设计方法。针对渤海湾砂泥岩互层特点的储层，建立了一套考虑净毛比、井斜角等因素的防砂方式优化设计方法。结合地面出砂监测技术，实现油井出砂调控。

一、油井防砂优化技术

1. 单砂体储层防砂方式优选方法

对我国海上油田三大海域 20 个油田进行了储层特性及防砂方式的统计，国内海上油田粒度中值 90% 集中在 50～250μm 之间；国内海上油田非均匀系数 80% 集中在 3～10 之间；国内海上油田黏土矿物总含量 90% 集中在 5%～20% 之间。根据粒度中值及非均匀系数的范围，可以将整个统计图划分成五个区域，不同区域对应不同的防砂方式。归纳如下：粒度中值 $d_{50}<100\mu m$，属于细粉砂地层，防砂难度大，基本属于砾石充填防砂；$d_{50}>250\mu m$，属于中、粗砂地层，均可采用优质筛管防砂；$100\mu m<d_{50}<250\mu m$，属于中

细砂地层。根据非均匀系数 U_C 将该区域细分为三个区间：$U_C<5$，采用优质筛管防砂；$U_C>10$，采用砾石充填防砂；$5<U_C<10$，属于混合区域，该范围既有砾石充填防砂又有优质筛管防砂，需要进一步分析其影响因素。通过对防砂筛管堵塞机理的实验研究，认为蒙脱石含量7%、10%，细粉砂含量10%、20%是防砂方式选择的重要边界条件（表5-3-1）。综上提出了一种新型多因素防砂方式选择图版（图5-3-1）。

表 5-3-1 海上油田储层特性与防砂方式统计表

海域	油田名称	开采层位	粒度中值 / μm	U_C	黏土矿物总含量 / %	蒙脱石相对含量 / %	产能较好防砂方式
渤海湾海域	PL19-3	明化镇组	160～230	1～3	19.1～45	5	优质筛管
	NB35-2	明化镇组	140～240	3～20	10～45	60	砾石充填
	SZ36-1	东下段	70～250	3～20	13.8	40	砾石充填
	KL3-2	明化镇组	50～210	5～10	13.1	58	砾石充填
		馆陶组	100～400	13～25	16.5	10	优质筛管
	BZ29-4S	明化镇组	70～180	4～11	12.6	68.7	砾石充填
	BZ29-4	明化镇组	40～80	5～14	16.4	55	砾石充填
	BZ34-6/7	东营组、沙河街组	180～400	2～7	6.6	10.7	优质筛管
	BZ35-2	东营组、沙河街组	400～900	2～8	10.3	30.5	优质筛管
	BZ34-1	明化镇组	85～253	3～15	10.2～20.3	10	优质筛管
	BZ28-2S	明化镇组	73～213	3～5	13.2	65	砾石充填
南海西部文昌油田群	WC13-2	珠江组一段	120	3～9	17.3	40	优质筛管
	WC13-6	珠江组一段	85～120	4～12	6～10	80	优质筛管
	WC15-1	珠江组一段	149	3～8	10	75	优质筛管
	WC19-1	珠江组二段	135～148	4～10	10	70	优质筛管
	WC8-3	珠江组一段	149	3～8	8	70	优质筛管
	WC14-3	珠江组一段	130	3～6	15.2	35	优质筛管
南海西部涠洲油田	WZ11-1N	流一段	100～600	5～18	5～10	70	优质筛管
		涠三段	50	2～9	4～8	10	砾石充填
	WZ11-1E	角尾二段	130～240	5～25	13～23	80	砾石充填
		角尾三段	150～400	2～5	1～4	80	优质筛管
南海东部	PY4-2	珠江组稠油藏	240～350	3～8	9.4～9.7	2	优质筛管
	PY5-1	珠江组稠油藏	260～400	3～8	8.1～15	3	优质筛管

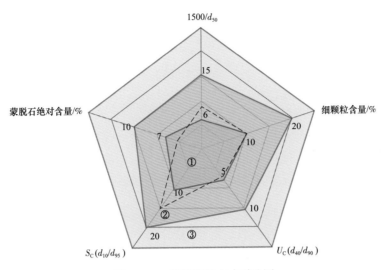

图 5-3-1　新型防砂方式雷达图

新型图版共划分为三个区域，不同区域分别对应以下防砂建议：

（1）当某油田的总权数落在区域①，直接选择优质筛管进行防砂设计；

（2）区域②需使用模糊数学方法进行评估。

（3）砾石充填防砂是区域③的最佳选择。

应用模糊数学原理建立其选择的技术评价模型，为防砂方案决策提供科学手段，量化因素模糊集合的隶属函数的表示方法分为以下四种情况：

（1）适应条件范围为（B_X，$+\infty$）的情形：

$$A(\mu)=\begin{cases}1, & \mu>B_X \\ \left[1+\left(\dfrac{\mu-B_X}{\mu}\right)^2\right]^{-1}, & \mu \leqslant B_X\end{cases}$$

（2）适应条件范围为（$-\infty$，B_D）的情形：

$$A(\mu)=\begin{cases}1, & \mu>B_D \\ \left[1+\left(\dfrac{B_D-\mu}{\mu}\right)^2\right]^{-1}, & \mu \leqslant B_D\end{cases}$$

（3）适应条件范围为（B_X，B_D）的情形：

$$A(\mu)=\begin{cases}1, & B_Z \leqslant \mu \leqslant B_D \\ \left[1+\left(\dfrac{\mu-B_Z}{\mu}\right)^2\right]^{-1}, & \mu \leqslant B_X \\ \left[1+\left(\dfrac{B_D-\mu}{\mu}\right)^2\right]^{-1}, & \mu \leqslant B_D\end{cases}$$

式中　μ——隶属度函数变量。

（4）适应条件范围为（$-\infty$，$+\infty$）的情形：

$$A（\mu）=1$$

式中　$A（\mu）$——隶属度函数；

　　　B_X——三分段中的小界限；

　　　B_D——三分段中的大界限。

以上是传统模糊数学原理建立的技术评价模型，针对我国海上疏松砂岩的出砂特点，做出合理的防砂方案，本次研究对传统评价模型进行修正如下：

（1）$b<b_{min}$：

$$A（b）=k_1\left[1-\left(\dfrac{b-b_{min}}{b_{min}}\right)^2\right]^{-1}$$

（2）$b_{min}<b<b_{max}$：

$$A（b）=k_1\left[1-\left(\dfrac{b-b_{min}}{b_{max}-b_{min}}\right)^2\right]（k_1-k_2）$$

（3）$b<b_{max}$：

$$A（b）=k_2\left[1+\left(\dfrac{b-b_{max}}{b_{max}}\right)^2\right]^{-1}$$

式中　$A（b）$——隶属度函数；

　　　b_{min}——三分段中的小界限；

　　　b_{max}——三分段中的大界限；

　　　k_1，k_2——修正系数。

权重系数表示某因素对某防砂方法的影响程度，通过权重系数可以调节各因素在防砂方法选择中的重要性。所有因素的权数之和为100。对于特定某一防砂方法，对其影响较大的因素的权数较高，反之较低，几乎没有影响的因素的权数可以设为0。根据层次分析法并借鉴陆上油田经验及专家打分评定，确定各参数的权重系数如下。

粒度中值d_{50}、细颗粒含量、非均匀系数U_C、分选系数S_C及蒙脱石绝对含量5个因素的权重系数通过专家打分方式确定，一共咨询了该领域的10位国内外专家学者，给出了五因素的权重系数。统计结果见表5-3-2。

表5-3-2给出专家对各防砂参数所占比例数据，为了更客观地反映各参数在防砂方式中权重比例，采用专家排序法对表中数据进行排序（表5-3-3）。排序规则：最重要的因素记为1，排在最前面，次重要的指标记为2，…（对于因素排序相同的情形，如1个第一名，2个第二名，1个第四名，1个第五名的情形，这时因素排列相同的两个第二名的秩均取为2.5）。假设有n个因素，请m个专家来排序，其结果为一个m行n列的数表，

其数字为 1，2，…，n。每一个因数排在第几位的序号数叫做该因素的秩。把 m 个专家对该因素所评定的秩加起来所得数叫该因素的秩和，用 R 来表示。第 j 个因素的秩和用 R_j 表示。若用 d_j 表示第 j 个因素的权重，则权重的计算公式：

$$d_j = \frac{2\left[m(1+n) - R_j\right]}{mn(1+n)} \qquad (j=1,2,\cdots,n)$$

表 5-3-2　防砂方式选择五因素专家打分表

序号	打分情况				
	d_{50}	细颗粒含量 /%	U_C（D_{40}/D_{90}）	S_C（D_{10}/D_{95}）	蒙脱石绝对含量 /%
1	0.20	0.20	0.15	0.15	0.30
2	0.15	0.25	0.10	0.15	0.35
3	0.20	0.30	0.25	0.10	0.15
4	0.20	0.30	0.10	0.10	0.30
5	0.35	0.15	0.30	0.15	0.05
6	0.10	0.30	0.10	0.20	0.30
7	0.133	0.30	0.133	0.133	0.30
8	0.15	0.25	0.20	0.15	0.30
9	0.30	0.15	0.15	0.10	0.30
10	0.10	0.25	0.18	0.12	0.35

表 5-3-3　防砂方式选择五因素专家打分排序表及权重系数

专家序号	打分排序情况				
	d_{50}	细颗粒含量 /%	U_C（d_{40}/d_{90}）	S_C（d_{10}/d_{95}）	蒙脱石绝对含量 /%
1	2.5	2.5	4.5	4.5	1
2	3.5	2	5	3.5	1
3	3	1	2	5	4
4	3	1.5	4.5	4.5	1.5
5	1	3	2	4	5
6	4.5	1.5	4.5	3	1.5
7	4	1.5	4	4	1.5
8	4.5	2	3	4.5	1

续表

专家序号	打分排序情况				
	d_{50}	细颗粒含量 /%	U_C（d_{40}/d_{90}）	S_C（d_{10}/d_{95}）	蒙脱石绝对含量 /%
9	1.5	3.5	3.5	5	1.5
10	5	2	3	4	1
秩和 R	32.5	20.5	36	42	19
权重系数	0.18	0.26	0.16	0.12	0.28

根据隶属度和权重系数计算防砂方法的综合技术评价指标：

$$V_i = \begin{bmatrix} q_{i1}, & q_{i2}, & q_{i3}, & \cdots, & q_{in} \end{bmatrix} \begin{bmatrix} r_{i1} \\ \vdots \\ r_{in} \end{bmatrix}$$

使用曹妃甸 11—1 等 9 个油田的实际数据进行计算，确定出优质筛管防砂和砾石充填的分界点。新油田在进行防砂方式选择时，使用新型防砂方式选择图版落在图 5-3-1 中②区时，使用地层砂基础数据进行打分计算，高于临界值推荐使用优质筛管，低于临界值推荐使用砾石充填防砂。

2. 砂泥岩互层防砂方式优选方法

针对渤海湾砂泥岩互层小层多、储层分布不均、砂泥岩小层交错分布的特点，进行系统的防砂物理模拟实验研究，评价不同井斜角及净毛比条件下防砂方式对筛管渗透率及产能的影响，建立适合该类储层特点的防砂优化设计方法，并建立一套非均质多层系砂泥岩互层开发井防砂优化设计图版，以达到挖潜增产节约成本的目标（图 5-3-2、图 5-3-3）。

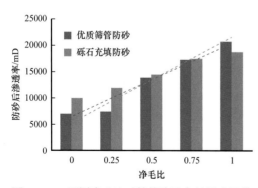 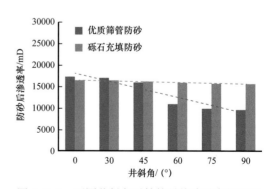

图 5-3-2　不同净毛比对筛管渗透率的影响规律　　图 5-3-3　不同井斜角对筛管最终渗透率的影响

对比两种不同防砂方式渗透率变化趋势，表明净毛比在 0.5 附近为裸眼优质筛管防砂与砾石充填防砂优选分界点，因此在现场防砂方式优选中，可将净毛比为 0.5 作为优质筛管与砾石充填选用的依据之一。同时砾石充填防砂不存在环空坍塌风险，井斜角变化对防砂管与砾石层堵塞影响较小；优质筛管防砂，井斜角 30°～60° 为坍塌加剧区间，井斜角 30° 为裸眼优质筛管防砂与砾石充填防砂优选分界点；可将井斜角 30° 作为优质筛管与砾石充填选用的依据之一。

结合我国渤海湾海域典型砂泥岩储层不同完井方式下产能评价结果，首次引入净毛比与井斜角，结合粒度中值、非均质系数、蒙脱石含量及砂体厚度等参数作为防砂方式优选的重要设计指标，建立了适合砂泥岩互层适度出砂开采条件下的防砂方式优选方法（图 5-3-4）。

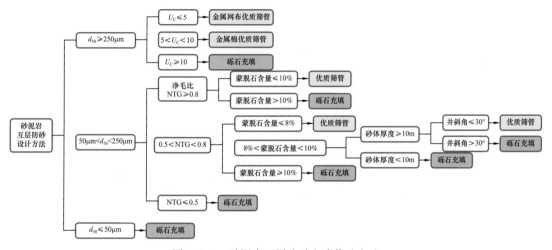

图 5-3-4　砂泥岩互层防砂方式优选方法

（1）d_{50}＜50μm，砾石充填防砂。

（2）50μm≤d_{50}≤250μm：

① 净毛比 NTG≤0.5，砾石充填防砂。

② 净毛比 NTG≥0.8：

a. 蒙脱石含量≤10，优选优质筛管防砂；

b. 蒙脱石含量＞10，优选砾石充填防砂。

③ 0.5＜净毛比 NTG＜0.8：

a. 蒙脱石含量≤8%，优选优质筛管防砂；

b. 蒙脱石含量≥10%，优选砾石充填防砂；

c. 8%＜蒙脱石含量＜10%：

（a）砂体厚度＜50m，优选砾石充填防砂。

（b）砂体厚度≥50m，当井斜角≤30°，优选优质筛管防砂；当井斜角＞30°，优选砾石充填防砂。

（3）d_{50}＞250μm，优质筛管防砂：

① U_C≥5，优选金属棉或金属纤维优质筛管防砂；

② U_C≤5，优选金属网布优质筛管防砂；

③ 5＜U_C＜10，优选砾石充填防砂。

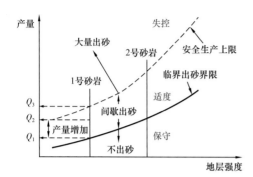

图 5-3-5　油气井出砂量与产量关系示意图

二、地面出砂监测技术

为了保持油田长期稳产，对油井出砂情况进行实时监测，实时地了解油井的出砂情况，据此制定合理的防砂策略，达到更好地控制油井出砂的目的（图 5-3-5）。

（1）保守生产区域：控制油气井产量，保证不出砂，产能未完全释放；

（2）连续出砂区域：产量过大，连续出砂，超出地层和生产设施承受范围；

（3）出砂管理区域：适度出砂，地层和生产设施可承受，产能最大化。

油井出砂在线监测是国际上近年来发展起来的一种实时监测油井出砂的定量研究手段，该技术在国外 Statfjord、Ravenspurn、Murdoch 等油田获得了广泛应用，BP、Shell 等多个石油公司目前已累计安装 6500 多台含砂监测系统，用于监测油井生产过程中的实时出砂状况，取得了显著经济效益，为上述油田的增产、稳产发挥了重要作用（任闽燕等，2012）。国外研究了多种管道含砂量的检测方法，包括声波检测法、ER 检测法、X 射线检测法、光纤声波检测法、声呐检测法，其中较成功且多数油田使用的方法为声波检测法。声波检测法对应的检测传感器分为内置式和外置式 2 种，外置式出砂声波检测传感器易于安装，且不用考虑流动液体对其的腐蚀作用，因此被广泛使用（Ibrahim et al.，2008；Beattie，1993）。

现有的出砂监测研究主要针对气井或稀油开采，稠油出砂监测方面的研究几乎空白。研发了一套适用于稠油油井的实时出砂监测系统，采用非置入式加速度传感器测量砂粒撞击管道产生的振动，通过对信号的滤波、时域分析、频谱分析、功率谱分析，建立信号特征与油井出砂之间的关系，实现对油井出砂量的监测。室内实验和现场试验表明，研制的系统能够在稠油条件下实现较好的出砂量监测。

1. 系统原理与构成

研制的出砂监测系统主要由加速度传感器、电缆、多通道数据采集仪、计算机软件处理系统组成。传感器安装于井口管道弯管下游处，紧贴管道外壁。流体在管内流动，砂粒在经过弯管处时由于运动方向发生变化，将对管道内壁产生撞击作用，导致管道振动。传感器采集振动信号，并将其转换为电信号传送至数据采集仪，经信号放大处理后传送至计算机软件处理系统，进行滤波处理、分析、计算，最后得出出砂量值，如图 5-3-6 所示。

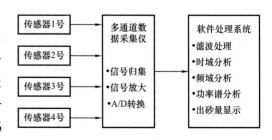

图 5-3-6　出砂监测系统原理

1）高频加速度传感器

试验选用高频加速度传感器感受出砂振动，该传感器具有灵敏度高、信噪比高、质量轻、体积小和工作频率范围大等优点，其工作原理为压电元件在一定条件下受力后产生的电荷量与作用力成正比，每只压电加速传感器内装晶体元件的二阶压电张量是一定的，敏感质量也为常量（魏学业，2006）。因此，压电加速度传感器产生的电荷量与振动加速度成正比。

出砂监测时，传感器直接贴在管道外壁上。为了实现最佳监测效果，传感器安装需遵循一定原则：（1）安装于管道弯角下游2倍管径处。通过FLUENT模拟，得到流体在弯头处的流动情况如图5-3-7所示。可以看出，在弯头后2~3倍管径长度下游处（图中椭圆形范围内），流体的流动速度达到最大，砂粒撞击管壁的速度也最大。传感器安装在此位置，理论上可以感应到最大的振动信号。（2）安装传感器的管道应相对稳定，不允许有明显的振动。

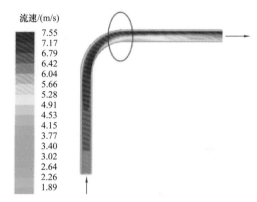

图5-3-7 弯管处流速云图

（3）安装前需清洁管道表面以使传感器紧贴管道，避免两者间夹有涂料、油污等。（4）传感器紧固于管道上后，连接电缆，确保电源能够可靠供电，信号能可靠传输。

2）多通道数据采集仪

高频振动信号由传感器采集，经多通道数据采集仪放大、模数转换后传送到计算机，由信号处理程序对其进行处理。系统中所采用的高速采集卡提供了外触发和软件触发2种触发源，连续采集、后触发采集、延时触发采集和连续触发采集4种采集模式。动态库文件提供了一系列简单的函数，能够帮助用户完成设置和读数操作，实现实时采集并实时处理数据。原理如图5-3-8所示。

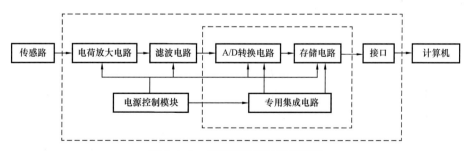

图5-3-8 多通道数据采集仪原理

3）数据采集分析软件

根据对高频振动信号的分析需求，开发了信号采集分析软件，包括信号采集、时域分析、频域分析等模块，能够快速采集处理、实时显示并连续存储监测信号。信号变换采用快速傅里叶变换（胡丽莹等，2011）。时域分析主要有均值计算、均方值计算、方差

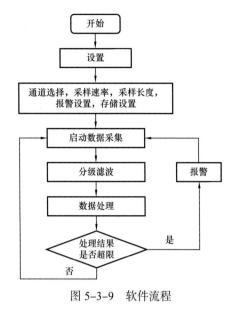

图 5-3-9　软件流程

计算等（葛哲学，2006）。频域分析主要有幅值谱分析、功率谱分析等（李春林等，2011）。滤波器采用 IIR 滤波器，设有带通、带阻、高通、低通。软件主要界面如图 5-3-9 所示。

2. 信号分析处理

系统采集到振动信号之后，必须要对其进行处理分析。原始信号不够直观，且含有大量干扰和无效信息，信号处理就是对原始信号进行必要的转换或加工，去除干扰，从中提取有用的特征信息并直观地展示出来，便于现场应用。

生产中砂粒撞击管道这一过程可等效为振动系统（管道）受到某一强度范围内的随机力的激励作用而产生的动态随机振动。对于随机振动信号最好采用概率和统计方法进行分析，因此采用滤波、时域分析及频域分析等进行信号处理。

1）滤波

采用监测砂粒撞击管壁产生的振动信号这一方法进行出砂监测，其中的普遍难题就是信号干扰，这类信号干扰产生于出砂之外的其他干扰源，例如液体/气体混合物的噪声、机械/结构性噪声，排除这类背景噪声产生的振动信号干扰主要利用振动信号后期数据处理过程中采用的滤波技术及信号的分析方法。

数字滤波处理可以使信号特定的频率成分通过，而极大地衰减其他频率成分，通过计算让物理可实现的实际滤波频率特性逼近理想或给定的频率特性，以达到去除干扰、提取有用信号的目的，可分为软件与硬件实现。滤波设计主要分为低通、高通、带通和带阻 4 种。取 f_{c1} 为低频段的截止频率，f_{c2} 为高频段的截止频率，则 4 种滤波器的特性如下：（1）低通滤波：通频带为 $0\sim f_{c2}$，$>f_{c2}$ 为阻带。（2）高通滤波：与低通滤波相反，通频带为 $>f_{c1}$，$0\sim f_{c1}$ 为阻带。（3）带通滤波：通频带为 $f_{c1}\sim f_{c2}$，其他频率为阻带。（4）带阻滤波：与带通滤波相反，阻带其为 $f_{c1}\sim f_{c2}$，其他频率为通带。不同幅频滤波器特性如图 5-3-10 所示，图中纵坐标 $A_1(f)$ 为滤波器输出与输入的幅度比。

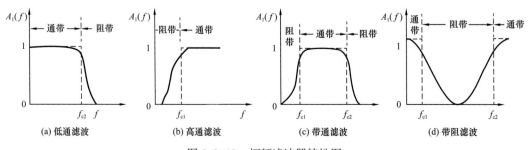

图 5-3-10　幅频滤波器特性图

2）时频分析

作为非平稳信号处理的一个分支，信号时频分析主要利用时间和频率的综合函数对信号进行分析，通过利用时间与频率的联合函数来表示非平稳信号并对其进行处理和分析。

（1）时域分析。

振动信号的时间域分析主要研究振动幅值随时间变化的波形，具有直观、易于理解等特点，是描述振动信号最直接的方法，反映了信号幅值随时间变化的过程。主要包括均值、均方值、方差及概率密度分布等统计信息。均值能够反映随机振动信号变化的中心趋势，均方值为信号平均能量（功率）的表达，方差表征了信号纯动态分量强度，概率密度反映了信号幅值的分布情况。

非平稳信号为一种随机信号，其统计特性随时间发生改变。管道受砂粒撞击所产生的振动信号即为此类信号。其概率密度函数为：

$$\int p(x,\ t)\mathrm{d}x = 1 \tag{5-3-1}$$

式中　x——非平稳信号，m/s^2；

　　　$p(x,\ t)$——概率密度；

　　　t——时间，s。

基于 $p(x,\ t)$ 可得

$$m_x(t) = E[x(t)] = \int x p(x,\ t)\mathrm{d}x \tag{5-3-2}$$

$$D_x(t) = E[x^2(t)] = \int x^2 p(x,\ t)\mathrm{d}x \tag{5-3-3}$$

$$\sigma_x^2(t) = D_x(t) - m_x^2(t) \tag{5-3-4}$$

式中　$m_x(t)$——平均值，m/s^2；

　　　$E[x(t)]$——期望值，m/s^2；

　　　$D_x(t)$——平均值，m/s^2；

　　　$\sigma_x^2(t)$——方差，m^2/s^4。

自相关函数和功率谱密度函数为：

$$R_x(t,\ \tau) = E[x(t+\tau/2)x^*(t-\tau/2)] \tag{5-3-5}$$

$$S_x(t,\ f) = \int R_x(t,\ \tau)\mathrm{e}^{-\mathrm{j}2\pi f\tau}\mathrm{d}\tau \tag{5-3-6}$$

式中　$R_x(t,\ \tau)$——自相关函数；

　　　τ——延迟时间，s；

　　　x^*——x 的复共轭序列；

　　　$S_x(t,\ f)$——概率密度函数；

j——复数；

f——频率，Hz。

（2）频域分析。

振动信号的频率域分析是建立在傅里叶变换基础上的一种信号处理方法，可以表示信号各频率成分的幅值、相位与频率的对应关系。频域分析主要包括傅里叶变换、功率谱密度分析及幅值谱分析。功率谱表示单位频带内信号功率随频率的变化，反映了信号功率在单位频域的分布情况，幅值谱描述了振动的大小随频率的分布。

定义 $f(t)$ 为功率信号，得：

$$R(\tau) = \lim \frac{1}{T} \int f(t) f^*(t-\tau) \mathrm{d}t \qquad (5\text{-}3\text{-}7)$$

$$p(w) = \lim \frac{\left| F_\tau(w) \right|^2}{T} \qquad (5\text{-}3\text{-}8)$$

$$p = \frac{1}{2\pi} \int p(w) \mathrm{d}w \qquad (5\text{-}3\text{-}9)$$

式中　T——周期，s；

f^*——f 的复共轭序列；

$p(w)$——功率谱值，$\mathrm{m}^2/\mathrm{s}^3$；

w——相位；

$F_\tau(w)$——$x(t)$ 的傅里叶变换；

p——平均功率，W。

基于自相关准则，自相关函数可转换为：

$$R(\tau) = \frac{1}{2\pi} \int \left| F_\tau(w) \right|^2 \mathrm{e}^{jw\tau} \mathrm{d}w \qquad (5\text{-}3\text{-}10)$$

式（5-3-10）中，两边均乘以 $1/T$ 并取极限得：

$$R(\tau) = \frac{1}{2\pi} \int p(w) \mathrm{e}^{jw\tau} \mathrm{d}w \qquad (5\text{-}3\text{-}11)$$

$$p(w) = \int R(\tau) \mathrm{e}^{-jw\tau} \mathrm{d}\tau \qquad (5\text{-}3\text{-}12)$$

功率谱曲线 $p(w)$ 所覆盖的面积即为信号的总功率。

3. 室内实验研究

1）实验台架

建立了一套油井出砂监测室内评价装置，该装置是一种基于螺杆泵的大排量出砂监测试验台架，可以模拟不同工况下的标准含砂量，加装单相流体、多相流体后循环多次使用，为工程样机的室内检测实验及系统标定提供可靠、稳定的检测与校准平台（图 5-3-11）。

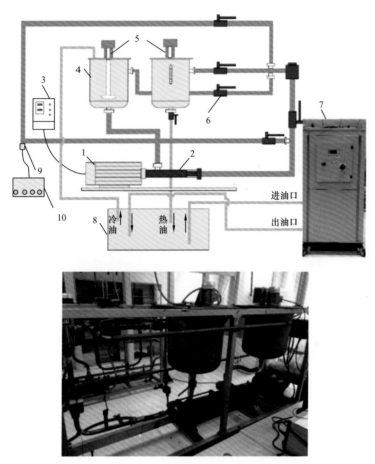

图 5-3-11　油井出砂监测室内评价装置

1—电动机；2—螺杆泵；3—控制柜；4—混砂罐；5—搅拌器；6—阀门；7—恒温控制器；8—液池；

9—传感器；10—数据采集仪

为保证出砂监测室内实验过程中流体在管道中以确定的流速稳定流动，试验台架选用螺杆泵、变频器以及变频电动机来提供循环动力。螺杆泵具有介质适应能力强、流动平稳连续、不破坏输送介质固有结构、可调节、噪声低、适合运输高黏度携砂流体等特点。通过调节变频器的频率控制三相异步电动机的转速，从而改变循环管路中流体的流量，经过测量和标定，得到不同变频器频率对应的管道中流体的流速。

为实现试验过程中砂粒与流体的混合，试验台架提供了两个容量为 90L 的储液罐，可以实现流体的多次循环与单次循环；为保证砂粒在流体中充分混合，在储液罐上安装搅拌器，将砂粒与流体搅拌均匀；储液罐两侧安装有温度计和体积计，温度计可以实时监测罐内流体的温度变化，体积计通过 U 形管与储液罐联通，可以实时观察储液罐内液面高度。

在进行含砂油流出砂监测室内实验时，油品在管道中不断循环，导致油品温度不断升高，油品黏度随之下降，会造成较大的误差。因此，在工程样机的室内检测试验中，控制管道内循环油流温度恒定也是需要考虑的问题之一。选用 LYD-80 型工业冷油机，实现在出砂监测室内实验过程中油品温度保持稳定。

2）实验条件

为测量在不同条件下监测系统的有效性，开展了系列变参数实验：含砂量分别为 0、0.5‰、1‰、1.5‰、2‰；砂粒粒径分别为 60μm、96μm、125μm、150μm、160μm、180μm、212μm、250μm；流速分别为 0.5m/s、1m/s、1.5m/s、2m/s、2.5m/s、3m/s；黏度分别为 1mPa·s、5mPa·s、10mPa·s、30mPa·s、50mPa·s、70mPa·s、250mPa·s。

实验结果表明，监测结果与含砂量、砂粒粒径、流速、流体黏度等有较好的相关性。不同含砂量下出砂监测信号功率谱图（1.5m/s）如图 5-3-12 所示。

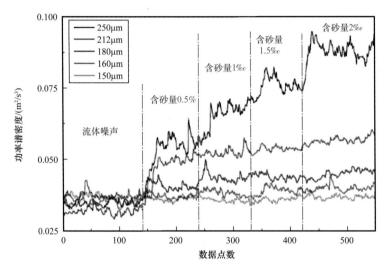

图 5-3-12　不同含砂量下出砂监测信号功率谱图

3）出砂量计算模型

为了明确不同实验条件下出砂信息与出砂监测信号之间的关系，根据出砂监测信号特征分析结果，对出砂信号特征频段 30～50kHz 内的信号进行滤波降噪处理，获得了不同条件下出砂振动信号的相对平均振动能量 $VE_{fluid-sand}$。将出砂监测的振动信号减去该实验条件下的含砂率为零的流体冲击管壁产生的振动信号的平均能量 G_{fluid}，以获得出砂监测信号数值降噪处理结果。为了定量分析并得到准确的出砂量，引入线性校准系数，出砂量计算公式如下所示：

$$q_{sand} = 校准系数 \times \left[VE_{fluid-sand} - G_{fluid}(v) \right] \qquad (5-3-13)$$

式中　q_{sand}——出砂量；

$VE_{fluid-sand}$——出砂振动信号的相对平均振动能量；

G_{fluid}——含砂率为零的流体冲击管壁产生的振动信号的平均能量。

基于系列实验数据，建立了不同黏度、不同流速、不同粒径条件下的校准系数设定图版，用于指导实际现场应用时的快速系统标定（图 5-3-13）。

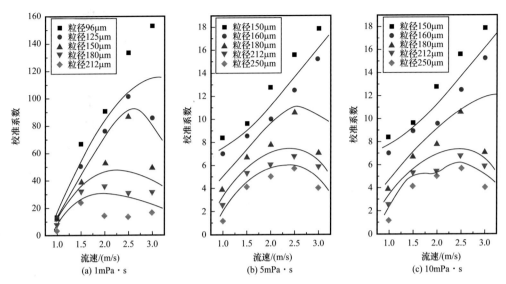

图 5-3-13　不同黏度、不同流速、不同粒径条件下的校准系数设定图版

在出砂监测软件中，选用出砂量作为出砂监测效果评价标准，为了验证出砂量计算模型的准确性，利用该公式对砂粒粒径为 180μm、不同流速下获取的出砂监测信号进行计算，计算结果见表 5-3-4。根据出砂监测计算模型得到的出砂量的结果平均符合率高于85%。

表 5-3-4　含砂量计算模型验证

流体黏度 / mPa·s	流速 / m/s	出砂量 0.5‰		出砂量 1‰		出砂量 1.5‰		出砂量 2‰	
		出砂量计算结果 / ‰	结果符合率 / %	出砂量计算结果 / ‰	结果符合率 / %	出砂量计算结果 / ‰	结果符合率 / %	出砂量计算结果 / ‰	结果符合率 / %
1	1.0	0.4805	96.10	0.8983	89.83	1.4292	95.28	2.2231	88.84
	1.5	0.5415	91.71	1.0391	96.09	1.6781	88.13	2.2415	87.92
	2.0	0.4288	85.77	0.9396	93.96	1.2793	85.28	1.8671	93.35
	2.5	0.4041	80.81	1.0943	90.57	1.2851	85.67	1.8833	94.16
	3.0	0.5170	96.61	0.9611	96.11	1.7066	86.23	2.2072	89.64
5	1.0	0.5724	85.52	0.8827	88.27	1.6013	93.25	2.1727	91.37
	1.5	0.5541	89.18	1.0230	97.70	1.7968	80.21	2.1737	91.31
	2.0	0.5857	82.86	0.9211	92.11	1.7141	85.73	1.7635	88.17
	2.5	0.5319	93.62	1.1444	85.56	1.6276	91.49	1.9208	96.04
	3.0	0.5704	85.92	0.9445	94.45	1.6783	88.11	1.8212	91.06

三、矿产试验及应用

1. 砂泥岩互层防砂优化技术应用

蓬莱油田是一个储量规模大、开发难度高的复杂大的油田。蓬莱油田多区块储层具有以下特点：油层段900～1400m，厚度约为500m，砂泥岩交互，油层净厚度约为145m，单油层较薄，储层段多达50个小层。明化镇组下段储层主要为细—中砂岩。单砂层厚度1～25m，砂岩胶结疏松。馆陶组储层主要为成岩较差的中—极粗砂岩，单砂层厚度从小于1m到大于7m（表5-3-5）。

表5-3-5　蓬莱油田明化镇组储层特点统计

储层特性	储层特性范围
粒度中值	150～250μm，平均200μm
非均质系数	5～10
<44μm 微颗粒含量	10%～20%，平均15%
净毛比	0.4～0.6
生产井型	定向井（井斜角>30°）
泥质含量/%	20

应用涵盖蓬莱油田定向生产井、定向注水井、水平生产井，依据砂泥岩互层防砂方式优选方法：定向井，净毛比>0.5，厚砂体（厚度>10m），推荐优质筛管防砂，薄砂体（厚度<10m），推荐砾石充填防砂；定向井，净毛比<0.5，推荐石充填防砂；定向井，井斜角>30°，易环空坍塌，推荐砾石充填防砂。定向井砾石充填方式的选择原则如下：对于距离断层较近的井，考虑到压裂充填形成的裂缝存在沟通断层的风险，推荐这些井使用高速水充填防砂。经油藏专业预测，部分调整井可能存在水淹层，对于这样的防砂层段，推荐使用高速水充填防砂。周边存在边底水，距离边水距离超过50m的井，防砂设计不考虑边水的影响。距离边水距离较近的井，不采用压裂充填进行防砂。

2. 地面出砂监测技术应用

在渤中34-1A平台等5个油气田进行了28井次的现场出砂监测技术应用，汇总监测结果与实际化验结果进行对比发现，27井次出砂监测结果与化验结果保持一致，总体监测一致性为96%（表5-3-6）。

对于5口实际出砂井开展详细出砂监测精度分析。每口井实际取样化验5次，取前3次作为样本集，拟合得出校正系数后用于后续2次监测值校正，并将校正值与实际化验值比对，得到系统监测准确率。对比5口出砂井化验值与校正后监测值，出砂量数据符合率为85%（表5-3-7）。

表 5-3-6 28 井次监测结果与实际化验结果对比

序号	井号	信号频域幅值 / m^2/s^3	系统监测结果	取样化验含砂量 / %	一致性
1	A1	100	不出砂	0	√
2	A2	100	不出砂	0	√
3	A3	550	出砂	0.0056	√
4	A4	400	出砂	<0.0001	√
5	A5	500	出砂	0.0021	√
6	A6	500	不出砂	0	√
7	A7	450	不出砂	0	√
8	A8	500	不出砂	0	√
9	A9	1000	出砂	<0.0001	√
10	A10	220	不出砂	不出砂	√
11	A11	220	不出砂	不出砂	√
12	A12	220	不出砂	不出砂	√
13	A13	450	不出砂	0	√
14	A14	600	不出砂	0	√
15	A15	450	不出砂	0	√
16	A16	600	不出砂	0	√
17	A17	600	不出砂	0	√
18	A18	600	不出砂	<0.0001	×
19	A19	500	不出砂	0	√
20	A20	600	不出砂	0	√
21	A21	500	不出砂	0	√
22	A22	500	不出砂	0	√
23	A23	500	不出砂	0	√
24	A24	500	不出砂	0	√
25	A25	800	不出砂	0	√
26	A26	600	不出砂	0	√
27	A27	700	不出砂	0	√
28	A28	700	不出砂	0	√

表 5-3-7　5 口出砂井后 2 次化验值与校正后监测值对比

取样次数	A3		A4		A5		A9		A18	
	化验值 / g/s	校正后监测值 / g/s	化验值 / g/s	校正后监测值 / g/s	化验值 / g/s	校正后监测值 / g/s	化验值 / g/s	校正后监测值 / g/s	化验值 / g/s	校正后监测值 / g/s
4	2.6	3.4	0.5	0.5	2.1	1.5	0.5	0.6	0.6	0.7
5	4.5	4.4	1.0	0.9	2.0	1.8	0.5	0.5	0.5	0.3

第四节　水平生产井稳油控水技术

为延缓海上油田水平生产井含水率上升速度，开展了复合型智能控水工具和控水设计方法的研究，研发了一套复合型智能控水工具，并形成了一套控水设计方法，为边底水油藏高效开发提供技术支持。

一、复合型智能控水工具研发

1. 复合型智能控水工具设计

在控水需求日益增长的背景下，作为控水的重要手段，机械控水技术的发展将会更有效地促进采收率的提高，延长油田开发寿命。目前的被动机械控水技术已经相当成熟，并得到大量应用，存在的不足有：（1）控水管柱下入后不能根据各段出水量的变化自动调整节流阻力。海上作业日费高，后期通过修井调整堵水策略的成本较高。（2）对水平井出水位置和出水量的预测准确性依赖性较高（潘豪，2020）。因此，自动机械控水技术成为目前研究的主攻方向。自动控水阀技术因能自动调整、适应能力强、结构相对简单、对找水要求较弱等优势，具有广阔的应用前景。

然而，单独使用被动控水技术（如 ICD）或自动控水技术（如 AICD）都存在一定的缺陷。例如，ICD 存在初期限流、后期不能堵水的问题；AICD 虽然中后期根据流体特征的变化自动抑水，但初期抑锥作用有限。因此，需要开展新型控水工具研究。

1）复合型智能控水工具控水原理

复合型智能控水工具控水原理充分体现了全寿命设计理念，其控水增油作用力求覆盖整个油井的生产周期，根据复合型智能控水工具的特点，该装置的控水机理结合油井的生产周期可划分为两个控水阶段，如图 5-4-1。

第一个控水阶段即油井生产早期，主要通过设计 C-AICD 的固定式流动控制单元的流入孔道数量，控制沿水平段各段的附加压差，来促进油水界面均衡推进，防止早期水窜，实现早期控水的目的。第二个控水阶段即油井生产中后期，由于沿水平段各段的水淹程度不同，主要通过 C-AICD 的可自动调节流动控制单元，根据各段生产段含水率高低（即流体的综合黏度）的不同来自动调整各段流入通道的大小，以控制水淹段流入量，提高非水淹段的流入量。从而在整个生产周期内，实现前期均衡油水界面推进剖面，减少死油区面积，后期大幅降低高含水段流量，来提高单井的采收率。

2）复合型智能控水工具结构

C-AICD 结构主要由过滤单元、固定式流动控制单元和可自动调节流动控制单元三部分组成（图 5-4-2 和图 5-4-3）。固定式流动控制单元由支撑导流盘、可旋转的均衡盘、锁紧及密封装置等组成。可自动调节流动控制单元主要由主体、浮筒、下盖组成。油层中的流体一般经筛管过滤后进入固定式流动控制单元和可自动调节流动控制单元，最后由出油通道进入生产管柱内部后被举升到地面，从而实现完整的智能控水流程。

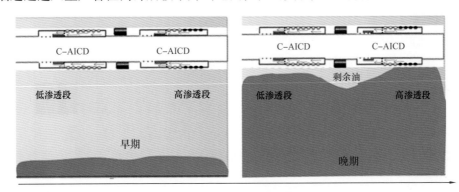

图 5-4-1　控水原理示意图

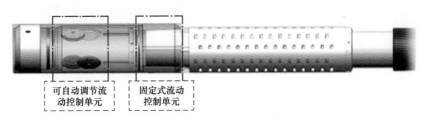

图 5-4-2　C-AICD 工具示意图

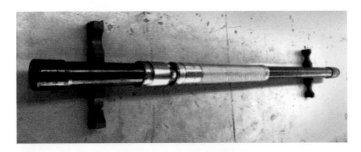

图 5-4-3　C-AICD 整机

2. 复合型智能控水工具部件性能测试

开展 C-AICD 核心部件"可自动调节流动控制单元"的黏度适应性、抗腐蚀、抗堵塞、抗冲蚀测试（潘豪等，2019）。

1）可自动调节流动控制单元抗腐蚀实验

通过浸泡 56h，取样称重，对比测试前后重量变化，最后观察可自动调节流动控制单元内部机构是否出现腐蚀现象（图 5-4-4）。配制盐酸浓度为 20%。对比实验前后的可自动调节流动控制单元的质量，发现实验前后未出现明显的质量偏差。元件表面光洁，未出现腐蚀现象，表明可自动调节流动控制单元具有较好抗腐蚀性。

图 5-4-4　腐蚀试验后的图和结果

2）可自动调节流动控制单元抗冲蚀实验

通过含砂 6%、黏度 70mPa·s、流量 50m³/d 流体进行 15h 的可自动调节流动控制单元冲蚀。实验后，可自动调节流动控制单元内表面无划痕，核心部件保持完好（图 5-4-5 和图 5-4-6）。实验结果表明可自动调节流动控制单元对含砂流体具有良好的抗冲蚀性能。

图 5-4-5　测试平台流压监测系统

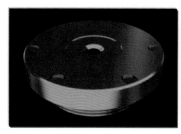

图 5-4-6　冲蚀后元件

3）可自动调节流动控制单元抗堵塞实验

通过含砂 6%、砂粒度 80 目、黏度 70mPa·s、压差 2MPa、流量 26m³/d 流体进行 48h 的可自动调节流动控制单元冲刷。经过 48h 的实验，流量、压力基本稳定。拆开元件发现内部未积砂，如图5-4-7和图5-4-8所示。实验结果表明，可自动调节流动控制单元对含砂流体具有较好的抗堵塞性能。

图5-4-7　测试平台流压监测系统

图5-4-8　抗堵塞测试后的元件

4）可自动调节流动控制单元黏度适应性实验

配制的油黏度系列为10mPa·s、20mPa·s、30mPa·s、40mPa·s，共4级黏度，配液完成后充分搅拌至均匀（图5-4-9和图5-4-10）。基于测试平台，在同一压差下，根据试验数据成果图（图5-4-11）可知，可自动调节流动控制单元的原油流量明显高于清水流量。可自动调节流动控制单元对水的节流效能是油的4倍以上，实现自动限水的要求。

图5-4-9　不同黏度流体配制

(a) 通过改元件后的出油量   (b) 通过改元件后的出水量

图 5-4-10 可自动调节流动控制单元测试实验图

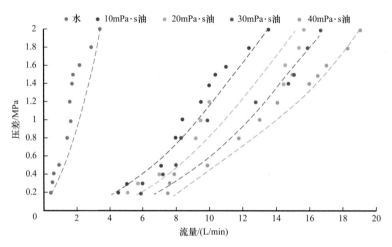

图 5-4-11 可自动调节流动控制单元不同黏度流体流量与压差关系图

3. 控水工具测试平台

控水工具测试平台可实现控水装置基本的流压测试功能，实现控水装置基本的流压测试功能，检验 ICD、AICD、C-AICD 等不同控水工具的抑水增油性能（刘书杰等，2020）。

控水装置计量标定系统主要包括储油箱、储水箱、电磁阀、计量泵（公称压力 0.3MPa，公称流量 50L/min）、静态混合器（公称压力 1.0MPa）、多相混合增压泵（公称压力 3.0MPa，公称流量 85L/min）、溢流阀、质量流量计（质量流量测量范围 0.5～50kg/min、体积流量测量范围 0.5～50L/min）、手动调节阀、循环泵，液压监控系统和专用测试工装等。测试平台已成功运行，完成测试不同类型控水工具达 2000 次以上。

4. 复合型智能控水工具整体控水性能测试

利用流入控制装置性能测试系统，测试 C-AICD（内含 2 个可自动调节流动控制单元，C-AICD 流入孔通道数量为 9 个，孔径为 ϕ3.2mm）在测试水和黏度 20mPa·s、50mPa·s、100mPa·s、150mPa·s 的油的过流量和压差。测试验结果显示，CAICD 过流油量为过流水的 4～6 倍（图 5-4-13 和表 5-4-1）。

图 5-4-12　测试平台实物图

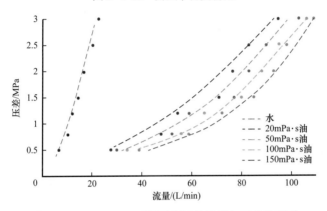

图 5-4-13　C-AICD 不同黏度流体流量与压差关系图

表 5-4-1　C-AICD 不同黏度流体流量与压差实验数据

压差 / MPa	20mPa·s 油流量 / L/min	50mPa·s 油流量 / L/min	100mPa·s 油流量 / L/min	150mPa·s 油流量 / L/min	水流量 / L/min
0.5	25	30	34	39	6.8
0.8	44	52	56	59	10.3
1.2	50	59	65	72	12.2
1.5	62	77	80	85	14.4
2	70	83	88	93	16.6
2.5	76	90	95	98	20.5
3	103	104	106	109	22.6

5. 控水工具控水性能对比测试

利用流入控制装置性能测试系统，测试流入控制装置（ICD、AICD、C-AICD）对油水流动控制效果。

测试基本流程：在相同实验条件下，测量并记录油相、水相和混合相通过时流入控制装置 ICD、AICD、C-AICD 产生的压降和流量数据。第一组测试：水、50mPa·s 油分别通过 ICD 过流阀，记录压力计和流量计数据，统计每组数据的压差和流量。ICD 类型：单个 ICD（孔数：1~6），进口端孔径 3.2mm。

第二组测试：水、10mPa·s 油、30mPa·s 油、50mPa·s 油分别通过 AICD 过流阀，记录压力计、流量计数据，统计每组数据的压差和流量。AICD 类型：单个碟片式 AICD，进口端孔径 4mm。

第三组测试：水、50mPa·s 油分别通过 C-AICD 过流阀，记录压力计、流量计数据，统计每组数据的压差和流量。由于 C-AICD 的组合形式多种，这里只仅选择 3 种类型进行试验：

（1）C-AICD-1 型内含 4 个可自动调节流动控制单元，流入孔通道数量为 1 个，孔径为 ϕ3.2mm。

（2）C-AICD-2 型内含 4 个可自动调节流动控制单元，流入孔通道数量为 4 个，孔径为 ϕ3.2mm。

（3）C-AICD-3 型内含 6 个可自动调节流动控制单元，流入孔通道数量为 4 个，孔径为 ϕ3.2mm。

第一组 ICD 测试结果数据见表 5-4-2，由表可知：（1）相同 ICD 孔数下，压差越大，流量越大；（2）相同条件下，由于水的黏度小，过水流量比过油流量略大。

表 5-4-2　水、油通过不同孔数 ICD 时的压差与流量数据表

压差 / MPa	水流量 /（L/min）			油流量 /（L/min）		
	0.5	0.8	1	0.5	0.8	1
1	8.3	11.68	13.6	6.7	8.8	10
2	16.6	22.36	26.6	11.8	17.02	20.7
3	24	32.44	38.6	15.8	24.44	30.2
4	29.7	41.82	48.7	20	32.28	35
5	34.2	48.08	56	24	34.78	43.5
6	38.6	54.32	63.2	28.3	38.9	46.5

第二组 AICD 测试结果数据见表 5-4-3，由表可知：（1）黏度越大，油相的过流量越大；（2）在相同的压差下，不同黏度的油相过流量是水的 4~10 倍。

第三组 C-AICD 测试结果数据见表 5-4-4。由表可知：（1）该型 C-AICD 的在相同的压差下，不同黏度的油相过流量是水相过流量的 1.5~5.6 倍；（2）若其他条件不变，随着 ICD 的孔数增加，过流的水和油量都增加；（3）在相同压差下，C-AICD 的流量比 AICD 或者 ICD 的流量均小，说明 C-AICD 阻力大，因此在高产井中需增加 C-AICD 的个数，特别是增加其中 AICD 的个数，否则会影响产量。

表 5-4-3　水、油通过 AICD 时的压差与流量数据表

进出口压差 / MPa	出口流量 /（L/min）			
	10mPa·s 油	30mPa·s 油	50mPa·s 油	水
0.2	4.5	5.9	7.7	0.8
0.3	5.1	6	7.8	0.9
0.4	6	7.2	8.1	1
0.5	7.1	8.4	10.1	1.3
0.8	8	9.2	12	1.8
1	8.4	10.5	13.3	2.2
1.2	9.5	12.8	14.4	2.3
1.4	10	14.8	16.3	2.4
1.5	10.4	15	16.8	2.6
1.6	11	15.3	17.4	2.9
1.8	12.4	15.8	18.7	3.3
2	13.6	16.3	19.5	3.4

表 5-4-4　水、油通过 C-AICD 时的压差与流量数据表

C-AICD 形式	进出口压差 / MPa	出口油流量 / L/min	出口流量（油水混合）/ L/min			出口水流量 / L/min
			油水比 = 3:1	油水比 = 1:1	油水比 = 1:3	
C-AICD-1	0.5	6.1	5.3	4.7	4.3	4.1
	0.8	9	8	7.2	6.2	6
	1	10	9.9	9.7	9.1	8.2
C-AICD-2	0.5	15.3	14.8	13.6	9	4.7
	0.8	25.4	24.8	18.5	11.3	6.7
	1	29.4	29	21.2	13	8.3
C-AICD-3	0.5	29.1	26	23	12	5.2
	0.8	39.8	38	30	13.8	7.1
	1	46.3	42	35.7	15.5	8.6

为便于与 ICD 和 AICD 对比控水效果，根据上述数据表绘制对比图 5-4-14 和图 5-4-15。

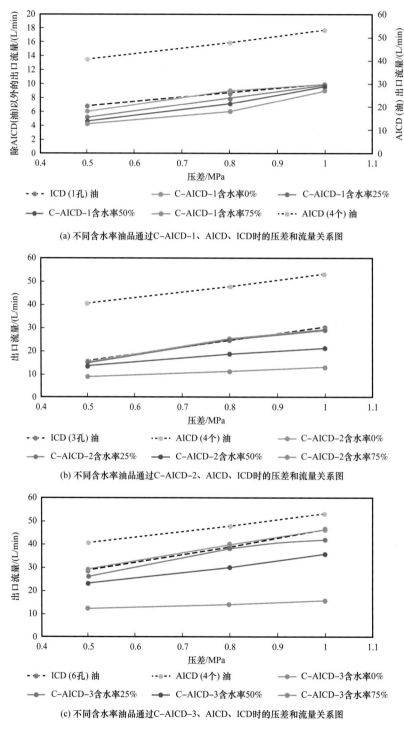

(a) 不同含水率油品通过C-AICD-1、AICD、ICD时的压差和流量关系图

(b) 不同含水率油品通过C-AICD-2、AICD、ICD时的压差和流量关系图

(c) 不同含水率油品通过C-AICD-3、AICD、ICD时的压差和流量关系图

图 5-4-14　不同含水率油品通过不同控水工具时的压差和流量关系图

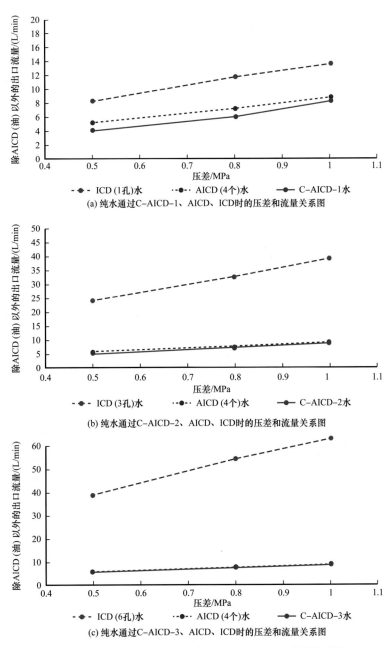

(a) 纯水通过C-AICD-1、AICD、ICD时的压差和流量关系图

(b) 纯水通过C-AICD-2、AICD、ICD时的压差和流量关系图

(c) 纯水通过C-AICD-3、AICD、ICD时的压差和流量关系图

图 5-4-15　纯水通过不同控水工具时的压差和流量关系图

由图 5-4-14 和图 5-4-15 可知，整体上，C-AICD-1 型、C-AICD-2 型、C-AICD-3 型都表现出：

（1）当含水率较低时，即模拟生产初期含水率低的情形，C-AICD 的过流量比 AICD 小，并没有像 AICD 一样让原油大量流入，而是略低于 ICD 的过流量，发挥类似 ICD 的作用，控制了该段的不同含水率的油品流入量。如含水率为 0，在压差为 0.5MPa 过流油时，C-AICD 油流量为 6.1L/min，略小于 1 个 ICD（孔数为 1）时的油流量（6.7L/min），远小于4个AICD油流量（40.4L/min，单个AICD的测试过油量为10.1L/min）。

（2）当含水率非常高时，即模拟生产后期含水率高的情形，C-AICD的过流量比ICD小，但并没有像ICD一样让水大量流入，而是略低于AICD的过流量，发挥类似AICD的作用，控制了该段水的流入量。如含水率为100%（纯水），在压差为0.5MPa过流水时，C-AICD水流量为4.1L/min，远小于1个ICD（孔数为1）时的水流量（8.3L/min），略小于4个AICD油流量（5.2L/min，单个AICD的测试过油量为1.3L/min）。

综上所述，当C-AICD中的ICD的孔数增加时，C-AICD的流量也增加，增加幅度受过流液体的含水率影响。若C-AICD的形式一定，当含水率很低时，C-AICD的压差—流量曲线靠近ICD，近似ICD特性，当含水率很高时，C-AICD的压差—流量曲线靠近AICD，近似AICD特性。

二、水平生产井控水方案设计

根据各控水工具性能特点，提出了基于不同完井工具、考虑不同因素的控水设计方法。并运用该方法利用模拟软件，研究不同控水工具的控水效果。

1. 控水设计方法

1）设计流程
综合地质和油藏条件、控水策略、不同控水管柱，建立了考虑地质特征、多种控水完井工具、动态预测、全寿命的前期研究控水设计流程（图5-4-16）。

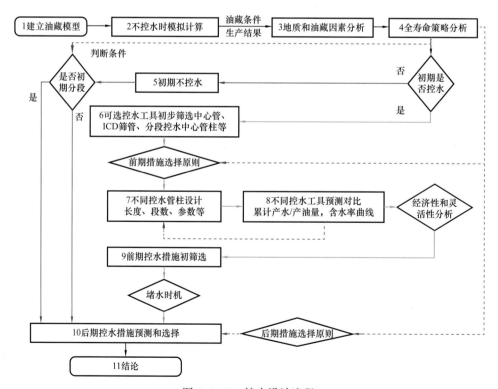

图 5-4-16 控水设计流程

2）影响因素对参数选择分析

在控水措施初步筛选时考虑的因素包括：井筒离水距离、渗透率、饱和度、黏度、夹层、水平井产量、生产压差、K_v/K_h，各影响因素分析如下：

（1）井筒离水距离：部分生产井段由于井位部署或井眼轨迹不理想、局部离水较近，易造成局部含水率快速上升，宜选择管外分段，进行分段控/堵水。

（2）渗透率：储层渗透率高，井筒见水快。若存在沿水平段局部高渗透段则易造成局部水淹，影响单井采收率，应采取控水措施。若沿水平段渗透率相对均质，需进一步分析。一般均质油藏不宜采用 AICD 控水。

（3）饱和度：钻遇高含水段，易造成局部含水率快速上升，宜选择管外分段，进行分段控/堵水。

（4）黏度：地层流体黏度越高，底水突进越严重，含水率上升越快。轻质油油藏不宜选用目前的 AICD（根据目前应用经验推荐适用于十几到几百厘泊原油），宜选用 ICD。

（5）夹层：井位部署时宜充分考虑利用夹层控水，其面积、相对于井筒的位置和夹层的渗透率不同对控水的效果不同，需进一步模拟分析。

（6）水平井产量：产量越高，底水突进越严重，含水率上升越快。考虑到目前 AICD 产品对高含水流体阻力较高，对于后期有提液需求的高产井，建议谨慎选择 AICD。

（7）生产压差：一般压差越大，来水速度越快。在控水设计时，所选择的控水措施附加压降应在允许的最大压差范围内。

（8）K_v/K_h：K_v/K_h 越高，底水突进越严重，含水率上升越快。

3）设计软件

配套控水软件包括包括 7 个方面的模块（图 5-4-17），分别是井筒和工具、地层和流体情况、完井设计、模拟计算、防砂设计、图表展示、结果分析。基于井筒附近的油藏和流体参数，结合完井方案设计，模拟分析不同的控水方案。

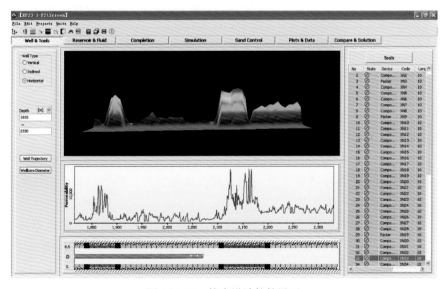

图 5-4-17　控水设计软件界面

2. 案例模拟

模拟井基础算例的基本参数如下：

（1）平面渗透率：2000～10000mD；

（2）垂向渗透率：1000～5000mD（$K_v/K_h=0.5$）；

（3）油藏厚度：10m；

（4）夹层：不发育；

（5）底水：20倍；

（6）地层油：黏度30mPa·s，相对密度0.6735；

（7）地层水：黏度0.89mPa·s，相对密度1.0430；

（8）井段长度：水平井500m；

（9）日产液量：1000m³；

（10）水平段物性特征：前端1段高渗透带，中后段1段特高渗透带，具体如图5-4-18所示。

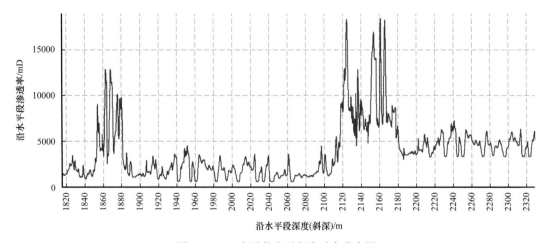

图 5-4-18　水平井水平段渗透率分布图

当局部油藏特征存在未知段的情况下，开展4种完井控水方式的水平井控水模拟：

（1）不同分段及优化方案。

根据地质油藏条件和钻完井情况，主要分析该井以下几个因素的影响，具体分段及优化方案如图5-4-19所示。

地质油藏条件：分析水平井的油水过渡带位置、水平段地层渗透率非均质性情况。本井中由于水平段前段高渗透带未被识别或存在认知误差，导致只对中后段高渗透段进行控制。

井筒轨迹：与油水界面距离不同造成的局部易见水，因此离水近的水平段应增加阻力控制流入。

控水筛管长度：设计阶段通长控水筛管长度与裸眼段长度一致。

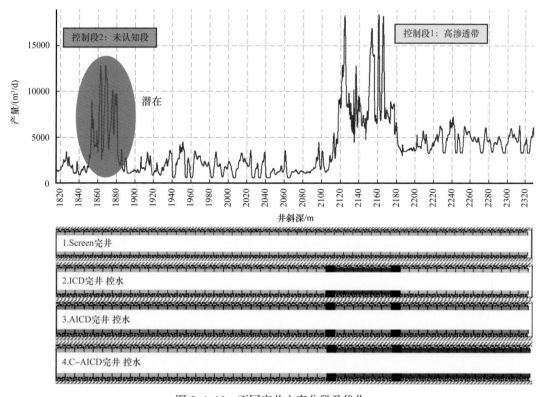

图 5-4-19　不同完井方案分段及优化

水平段分段数：水平段的分段数与沿水平段渗透率各向异性、井眼轨迹和饱和度等分布有关。钻前设计主要参考沿水平段渗透率的情况来决定分隔水平段的膨胀封隔器的位置。根据油藏模型中的数据，将该井水平段分为 3 段。

控水工具类型：根据海上油田控水工具技术特点和应用情况，选择 3 种控水工具进行对比：选择流动阻力与黏度相关性小、易于现场调节的 ICD；选择控水能力强、技术成熟的碟片式 ACID；选择本项目研究的复合型智能控水工具 C-AICD。

（2）模拟结果对比及分析。

产液剖面对比分析（图 5-4-20）：生产早期，潜在高渗透段出现高流量；生产晚期，C-AICD、AICD 智能压制潜在高渗透段产液段。

日产油量、含水率对比分析（图 5-4-21）：在日产油量方面，Screen 日产油量下降速率快，ICD 效果变差，C-AICD 日产油量下降速率最慢；在含水率方面，无水采油期相近，AICD 延缓含水率上升速率，C-AICD 效果更佳，ICD 效果变差。

累计产油量对比分析（图 5-4-22）：低含水率期，C-AICD 累计产油量较高；中含水率期，AICD 累计产油量大幅提升；高含水率期，AICD、C-AICD 累计产油量趋近。

增油效益对比（图 5-4-23）：AICD、C-AICD 最终增油效益明显；AICD 早增油效果差，中期逐渐变好，但最终生产周期较 C-AICD 长，成本增加；ICD 增油效益变差。

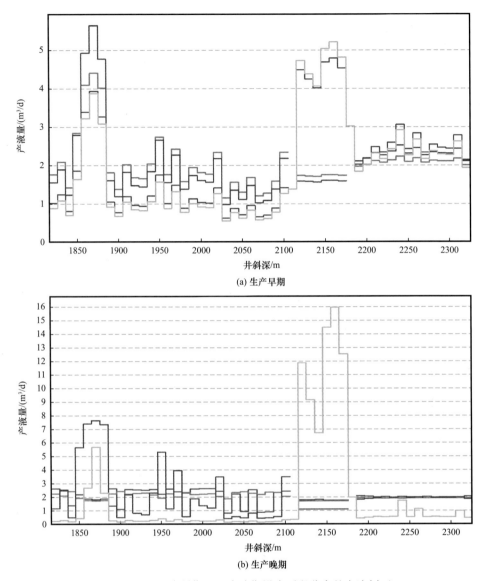

(a) 生产早期

(b) 生产晚期

图 5-4-20　生产早期和生产晚期沿水平段分布的产液剖面

综上可知，Screen 完井不能抑制水锥，含水率上升速度快，产油效益差；ICD 完井改善了产液剖面、平衡油水界面，延长了无水采油期，增加了采油量；AICD 完井早期不能抑制水锥及延长无水采油期，但水锥突破后可自动抑制高含水段产液量，延缓含水率上升速度，提高了采收率；C–AICD 完井融合了 ICD、AICD 优势，真正实现了"早期限流，后期抑水"全寿命控水增油理念。

三、矿场试验与应用

基于考虑地质特征、多种控水完井工具、动态预测、全寿命的前期研究控水设计方法，截至 2020 年，C–AICD 已在某油田 1 口水平生产井 B11ST4 应用（潘豪等，2021），实现了稳油控水的作用，预计增油量约 $1.8 \times 10^4 \text{m}^3$。

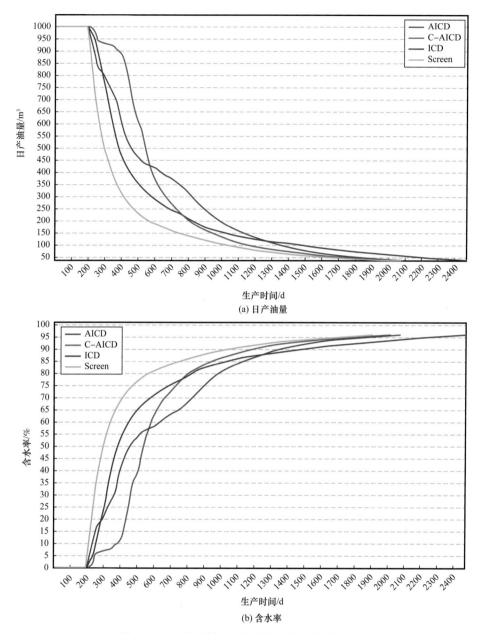

图 5-4-21　产液剖面日产油量和含水率对比图

下面以 B11ST4 井为例,说明控水方案设计、施工情况和控水效果。

1. C-AICD 的设计

B11ST4 井钻遇 HIB 层,岩性岩屑砂岩,底水油藏。HIB 层平均孔隙度 25.2%、平均渗透率 884mD,属于高孔隙度高渗透储层。地下原油属于中质—常规油,饱和压力低,溶解气油比低等特点,物性参数见表 5-4-5。

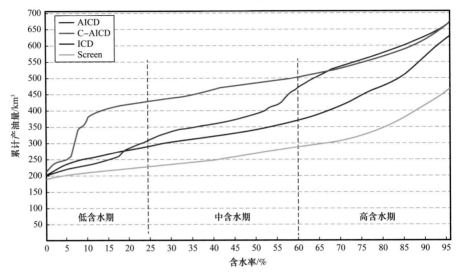

图 5-4-22　累计产油量与含水率曲线

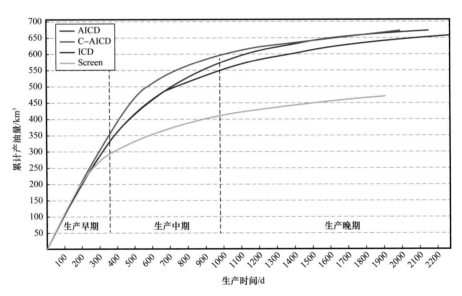

图 5-4-23　累计产油量曲线

表 5-4-5　B11ST4 井物性参数

物性	参数	物性	参数
油藏压力 /MPa	19.65	地层原油密度 /（g/cm³）	0.888
油层温度 /℃	87	地层原油黏度 /（mPa·s）	11.2
水平井油藏段范围 /m	2632～3947	油层平均渗透率 /mD	759
裸眼长度 /m	315	油层平均孔隙度 /%	26.2

1）控水方案

（1）出水点因素分析及油藏特征分析。

储层非均质性造成高渗透段底水锥进：水平段前段 2632～2678m 是相对高渗透段，需要防范。水平段中段 2745.7～2803.2m 为高渗透段，需适度压制。

井筒轨迹与油水界面距离不同，造成的局部易见水：水平段尾段 2870.9～2947m 向下倾伏，距离油水界面相对近，易先见水。

结合探边数据，中后段下方可能存在油水过渡带，但该段总体渗透率低，因此建议微调。

（2）控水管柱。

① C-AICD 筛管长度。

实际的裸眼段长 315m（2632～2947m），但部分段钻井轨迹不理想，距离油水界面太近，考虑使用 59m 盲管封堵，因此，C-AICD 筛管长度为 256m。

② 水平段分段数。

根据沿井筒的测井资料（图 5-4-24）成果和实际轨迹，水平井分段数为 5。

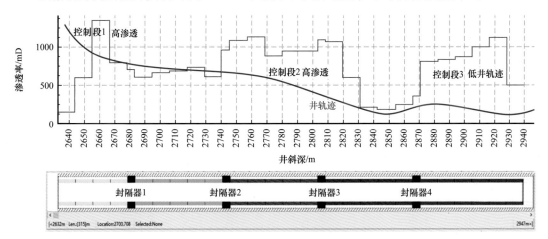

图 5-4-24　B11ST4 井控水完井管柱

a. 水平段前段 2632～2678m 是相对高渗透段，需适度压制。

b. 水平段中段 2745.7～2803.2m 为高渗透段，需重点防范。

c. 井筒轨迹与油水界面距离不同，造成的局部易见水。水平段尾段 2870.9～2947m 向下倾伏，距离油水界面相对近，易先见水。

d. 结合探边数据，中后段下方可能存在油水过渡带，但该段总体渗透率低，故建议微调分段长度。

③ C-AICD 类型。

根据水平段实际渗透率情况、油水距离和钻机轨迹，基于油藏配产指标，模拟分析 C-AICD-8 型管柱设计，微调了 C-AICD-8 的前置开孔数为 3～9 孔 / 根（或孔 / 段），以促进沿水平段流入剖面更加均匀，控水后的液流量剖面相对于不控水的情况更加均匀。根据数值模拟、渗透率物性分布及井轨迹特征，设计 4 个封隔器，建立 5 个压力仓，见表 5-4-6。

表 5-4-6　B11ST4 井钻后 C-AICD 管柱设计

分段	CAICD 筛管长度 /m	入口孔数 /（孔 / 根）
1	50.9	5
2	50.9	9
3	50.9	7
4	46.0	8
5	57.1	3

通过钻后数据，模拟优化后 C-AICD 管柱为控水筛管 25 根，膨胀封隔器 4 个。

（3）油藏模拟预测。

基于以上 C-AICD 控水完井管柱方案，进行油藏软件模拟发现，该控水方案实现了生产早期平衡各段产液量，生产中后期可以根据流体黏度变化，自动限制高含水段产液量，从而达到良好的控水效果（图 5-4-25）。

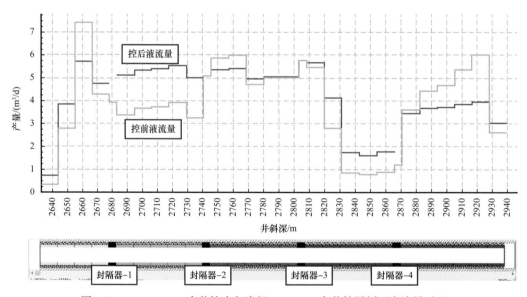

图 5-4-25　C-AICD 完井控水与常规 SCREEN 完井储层剖面产液量对比

2）完井施工

（1）陆地器材准备。

（2）下部完井管柱。

① 准备工作。

a. 清点、检查下部完井所需工具是否齐全、是否符合下井要求，核实下井工具内外径、长度。

b. 按照下入顺序排放、测量所需的筛管、盲管、冲管。

c. 准备好下筛管、盲管、冲管所需的设备及工具。

d. 编制外管柱下入明细表，按照油藏模拟计算结果，现场调整 C-AICD 控水筛管节流孔数。

e. 检查准备好防喷变扣与 TIW 阀组合，并放置在钻台显眼位置。

f. 准备好配长的短钻杆。

g. 下管柱前召开现场安全会，明确岗位职责、安全注意事项和应急程序。

② 组下外管柱。

a. 按下入明细表连接外管柱（自下而上，按油藏控水设计下入控水管柱）

b. 安装冲管工作台，更换吊卡、卡瓦等下冲管设备。

c. 连接并下入冲洗管柱。

d. 下钻至最后一根冲管时，测量上提、下放悬重。缓慢下放管柱，下压一定重量，将洗井插入密封插入双向洗井装置，确认插入到位，按照要求配管。

e. 连接顶部封隔器总成，先连接顶部封隔器总成的冲管与盲管内的冲管，再连接快速连接装置与盲管和封隔器总成，测量上提、下放悬重。

③ 替液。

④ 坐封顶部封隔器、验封、起钻。

a. 钻杆内投坐封球，打开钻井泵用完井液小排量送球到位。

b. 起压后，倒流程至固井泵，按照步骤坐封顶部封隔器。

c. 先过提，再下压，确认顶部封隔器卡瓦牙已撑开咬住套管。

d. 倒流程，关防喷器固井泵环空打压、稳压验封，同时脱手服务工具，然后缓慢放压至零，打开防喷器。

e. 缓慢上提管柱确认工具已脱手，若直接上提不能脱手，则将管柱置于中和点位置正转 15～20 圈脱手服务工具。

f. 服务工具和顶部封隔器总成脱手后，上提管柱 5m 以上，坐卡瓦，接循环头，管线试压，用固井泵正打压 4000psi 左右剪切球坐。

g. 起钻，测漏失（起钻期间保持环空灌液）。

h. 甩顶部封隔器坐封工具，检查坐封工具的磨损情况。

i. 起出冲洗管柱及洗井插入密封总成。

3）控水效果

通过数值模拟，C-AICD 比不采取控水措施条件下延长生产时间 6 年，不控水时累计产油量为 492785bbl，累计产水量为 16270430bbl。C-AIC 控水条件下的累计产油量为 609496bbl，累计产水量为 24088006bbl，相比于不控水增油量 $1.8\times10^4m^3$。

基于生产数据，进一步对比钻前 / 钻后早期生产数据，分析实施后的控水效果：

（1）方法 1：相同累计产油量下的含水率对比。

在相同累计产油量条件下（$1.9\times10^4m^3$），实际含水率低于预测含水率 13.1%。图 5-4-26 中 2020 年 7 月 20 日的实际累计产油量提前达到了 2020 年 10 月 18 日的预测累计产油量。

生产 6 个月的实际累计产油量为 $2.7\times10^4m^3$，预测累计产油量为 $1.9\times10^4m^3$，采取控水措施后的增产油约为 $0.83\times10^4m^3$。生产 10 个月后的增产油约为 $0.9\times10^4m^3$。

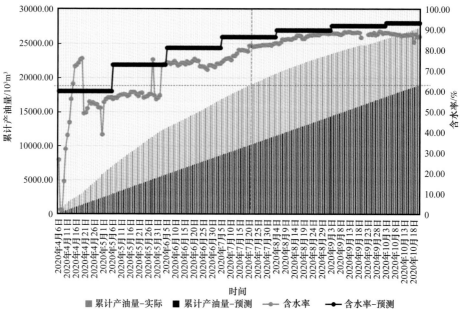

图 5-4-26　B11ST4 井预测和实际的相同累产油量下的含水率对比

（2）方法 2：综合含水率对比。

考虑按照综合含水率（累计产水量 / 累计产液量）对比（图 5-4-27），仅在 6 个月时间里，实际综合含水率为 76.8%，预测综合含水率为 87.0%。因此，实际综合含水率比预测综合含水率下降 10.2 个百分点。

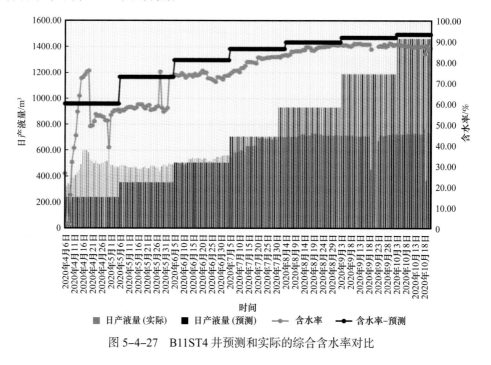

图 5-4-27　B11ST4 井预测和实际的综合含水率对比

第五节　注水井智能测调分注及增注技术

针对海上 7in 套管完井的注水井，现有 4.75in 的智能测调工具无法满足该类井况的要求，为满足不同内通径及井况的测调需求，形成了 3.88in 防砂完井智能测调工艺技术；针对常规酸化技术已不能满足目前海上油田生产需要，提出了活性酸液体系、物理扩容解堵等解堵工艺。

一、注水井智能测调工艺

1. 有缆智能测调工艺

3.88in 防砂完井预置电缆测调工艺主要由地面控制器、工控机与测调控制软件、钢管电缆、过电缆插入密封、井下分层配水控制器及配套的过电缆穿越密封接头、电缆保护器等组成（陈欢等，2018），如图 5-5-1 所示。

地面控制器：集中控制多口井、多个井下分层配水控制器，完成地面控制指令与井下采集数据的调制解调。

工控机与测调控制软件：控制井下分层配水控制器工作状态、实时监测分层注水参数变化、设置与更新分层配注量信息。

钢管电缆：钢管电缆作为系统的重要组成部分，优选 0.25in 钢管单芯电缆，钢管电缆伴随注水管柱一起下入井内，并将多个井下分层配水控制器串联。一方面，钢管电缆给多个井下分层配水控制器提供电力，保证分层配水控制器长期工作。另一方面，钢管电缆作为信号传输的媒介，将井下分层配水控制器实时采集的数据传输至地面控制器，将测试调配指令传输至井下分层配水控制器。

过电缆插入密封：层位分隔工具，为井下的隔离工具，将油井进行分层，保证分层注水。

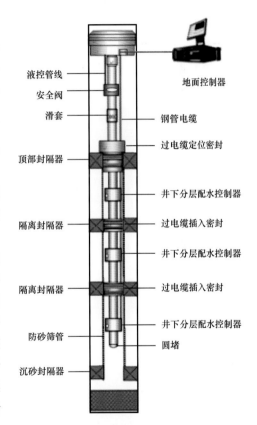

图 5-5-1　3.88in 防砂完井永置电缆测调
工艺管柱图

井下分层配水控制器：为该系统的核心部件，可以完成注水层位流量、压力、温度的测试，同时还可以根据地面控制器传输的指令进行水嘴大小的调节，完成流量的调节。

过电缆穿越密封接头：完成钢管电缆对封隔器或插入密封、油管挂等装置的穿越，保证密封的可靠性。

电缆保护器：用于防砂段内的电缆保护，防止井下电缆与套管壁发生刮碰，保证信号传输的稳定性。

井下分层配水控制器、过电缆插入密封等作为分层注水管柱重要组成部分，每个分注层对应下入一个井下分层配水控制器，分注层位间采用 3.88in 过电缆插入密封进行分隔，多个井下分层配水控制器间、井下分层配水控制器与地面控制器间采用一根钢管电缆连接。钢管电缆伴随分层注水管柱一同下入井下，并穿越油管挂、井口采油树连接至地面控制器，地面控制器通过串行总线连接至中控机，中控机端运行预置电缆测调系统配套分层注水测调控制软件。注水测调控制软件发送监测与测调指令，控制井下分层配水控制器采集数据、调整水嘴开度、设定分层配注量，井下分层配水控制器依据控制指令完成分层注水数据的采集并通过比较分层注水量与配注量的差值，调整水嘴开度，直至分层注水量满足配注要求。

主要技术指标：

（1）适用于 3.88in、4in 防砂完井管柱；

（2）井下分层配水控制器外径：$\phi 95\text{mm}$；

（3）井下分层配水控制器耐压：60MPa；

（4）井下分层配水控制器耐温：150℃；

（5）井下过电缆分层工具外径：$\phi 98.4\text{mm}$；

（6）井下过电缆分层工具耐压：30MPa；

（7）单层流量：500m³/d；

（8）流量精度：2%；

（9）压力精度：0.1%FS。

1）3.88in 井下分层配水控制器

3.88in 井下分层控制器作为该工艺的核心工具，与层位分隔工具（3.88in 过电缆插入密封）配合，实现对目标地层注水量的测试与调配。井下多个 3.88in 井下分层控制器通过一根 0.25in 钢管电缆连通，0.25in 钢管电缆依次穿越层位分隔工具、油管挂、采油树连接至井口便携式地面控制器。便携式地面控制器采用变频载波通信方式，将各种测控指令通过 0.25in 钢管电缆发送至多个 3.88in 井下分层控制器，3.88in 井下分层控制器接收到地面指令后进行解码，一方面根据控制指令将井下分层控制器采集的分层流量、地层压力、管柱压力、阀开度、调节电动机工作电流、缆头电压等信息，通过变频载波方式发送至井口便携式地面控制器；另一方面根据控制指令包含的分层配注量信息，控制井口控制器再依据井下测控信息进行判断，自动或人工决策控制命令。

3.88in 井下分层控制器作为预置电缆测调技术的关键工具，其能否长期稳定的工作，成为该工艺技术的关键问题。因此，在 3.88in 井下分层控制器方案设计上，着重考虑以下的因素：

井下分层控制器要在高温、高压环境下工作，控制器整体应耐压 60MPa，并能够长期在 150℃高温下工作。

流量计测量范围 0～500m³/d。在保证测量精度的同时，尽量减小分层注水过程中流道产生的压力损耗。

一体化可调水嘴为井下分层控制器的唯一可动部件，要求其必须密封可靠。水嘴的设计应采用平衡压设计，同时电动机与减速器的扭矩选择应考虑大排量、高注入压力下的调控要求。

当井下分层控制器遭遇尖峰电压或者尖峰流量时，需要设置相应的保护组件，要求能够对井下分层控制器的电子元器件和流量计、压力传感器等保护。

井下电子元器件、电动机、电路板等要考虑高温的影响，同时为了保证可靠性，要将重要器件进行冗余处理，保证安全可靠性。

3.88in 井下分层控制器外径最大为 95mm，内部设置过流通道、分注通道及电子电路密封舱等，为增大工具的有效过流面积，3.88in 井下分层控制器采用桥式过流设计。该设计在上、下接头主体开设 13 个 ϕ14mm 过流孔，并配合内、外套管形成桥式过流通道，桥式过流当量通径达 ϕ50.5mm，而相比于 4.75in 井下分层控制器过流通径为 ϕ44mm，桥式过流设计在有限的空间范围内，最大限度地拓展了当量过流面积。

3.88in 井下分层控制器的结构如图 5-5-2 所示，主要由上接头主体、电缆连接头、导电滑环、外套管、内套管、主体机构、电磁流量计、压力传感器、一体化可调水嘴、传动电动机、电子线路板、单向阀、下接头主体等组成。

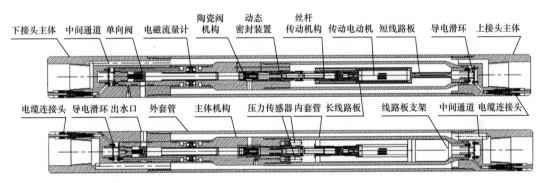

图 5-5-2　3.88in 井下分层控制器结构图

外套管与上、下接头连接；内套管与上接头、主体机构连接形成一个密闭空间，密闭空间内设有压力传感器、一体化可调水嘴、传动电动机、电子线路板等；内套管两端通过导电滑环与上、下接头连接；导电滑环通过预置电缆与电缆连接头缆芯连接；主体机构依次设计有过流通道、压力传递孔与调节水嘴通孔，两个压力传感器依次与压力传递孔相连，一体化可调水嘴与调节水嘴通孔相连；传动电动机与驱动一体化可调油嘴相连；主体机构中间部位设计有电磁流量计，用于测量分层注水量。

2）分层注水测调原理

注入水经上接头过流孔流入外套管与内套管间的环空，其中一部分水通过主体机构的过流通道（入水口、调节水嘴、电磁流量计、出水口）注入目标地层，其余水仍沿外套管与内套管间的环空，通过下接头过流孔流入下部注水管柱，如图 5-5-3 所示。

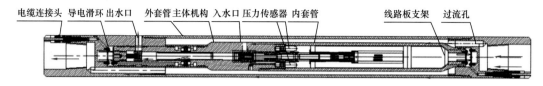

图 5-5-3　分层控制器注入水流示意图

分层注水量测试：通过电磁流量计采集流量数据，完成分层注水量的测试。

分层注水量调配：测试调配方式分为两种，一是全天候工作模式，井下分层控制器实时监测各注水层段的压力、温度和流量，通过计算实测注入量与预设配注量的差值 ΔQ，自动进行一体化水嘴开度的调整，直至 ΔQ 满足要求为止。二是间歇性工作模式，定期上电，监测各层注入情况，如分层注入量不满足预设要求，则在地面控制器发出调配指令，直至调配满足要求。

2. 无缆式压控双向传输分层注水工艺

无缆式压控双向传输分层注水工艺管柱由井下压控配水器、插入／定位密封、无缆式配水控制系统等组成，总体构架如图 5-5-4 所示，组成部分参见表 5-5-1。

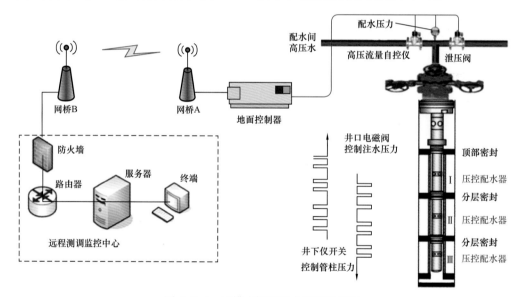

图 5-5-4　无缆式智能配水器系统构架

无缆式智能配水器可解决分注井全过程监测井下至地面远程无线通信和井下分层压力（流量）实时传输等问题。仪器在压力波的基础上，增加了流量波作为压力波通信的辅助参数，实现了压力波和流量波双重通信，解决了单靠压力波通信时速率慢、功耗大、误码率高的难题，提高了解码的准确性、时效性及波码通信的可用性。

压力波通信的基本原理：地面设备通过规律性地改变井口油管内压力或流量的变化，来给井下配水器传送信号；井下配水器通过检测此种规律性的压力或流量波动，并将其转换为控制信号来控制测调水嘴；井下配水器通过调节水嘴的开关状态，使流入油层水的压力或流量呈现规律性变化，地面设备检测注水压力或流量的波动，最终实现井下数据向地面的传输。

表 5-5-1　无缆式智能配水器系统组成

组成部分	工具名称	说明
地面	注水阀（电磁）	依据控制命令需要，调节阀门开度，改变井下油管内压
	工控机	① 编制指令，控制注水阀开度； ② 对接收到的压力 / 流量数据进行转码
	流量 / 压力计	传感器，获取压力 / 流量数据
井下	压控配水器	① 依据指令，控制注水量； ② 改变油管内压 / 流量，向上传输数据
	分层密封	常用定位 / 插入密封

无缆式智能配水器利用压力或流量波动实现地面控制器和井下配水器之间信号传输，可控制井下配水器水嘴开度和实现井下数据返回接收，即地面控制器通过规律性地改变井口油管内压力或流量的变化，来给井下配水器传送信号；井下配水器检测此种规律性的压力或流量波动，并将其解析为控制信号，再根据该控制信号调节自身水嘴的开关状态，使流入油层水的压力或流量呈现规律性变化。相应地，地面控制器可检测地层注入水量的压力或流量的波动，并将其解析为对应的数据量，从而实现井下数据向地面的传输。

二、注水井增注技术

1. 活性酸解堵增注技术

针对海上油田酸化技术作业成本相对偏高、实施效果越来越差的问题，重新系统梳理油水井伤害原因，采用用量少而效果优的多元酸及储层保护剂等作为主体酸，以及加入深部缓速的酸化添加剂从而降低产生二次沉淀的速度，再加入多种快速螯合剂提前预防二次沉淀的思路和方法，研发了长效活性酸酸化关键技术。

产品组成：（1）采用多元酸进行协同增效，扩大不同矿物的溶解效果。酸液需要加入低浓度的深部缓速酸，如氟硼酸、聚羧酸、有机氟硅酸，使酸液缓慢释放氢离子，酸液短期岩屑溶蚀率不高，但长期总的溶蚀率较高，以便达到深部解堵的目的；（2）加强酸液储层保护性能。由于加入了深部缓速酸从而降低产生二次沉淀的速度，再加入共聚物、有机磷酸等螯合剂提前预防二次沉淀，此外，采用经优选的阳离子聚合物，防止黏土膨胀的同时还具有稳砂、固砂功能。

活性酸的功能特点与智能酸相似，都具有单段塞的优势，此外，活性酸还同时具有除垢、洗油、溶泥质、稳砂、缓速等功能特点，因此将活性酸与智能酸进行酸液性能对比实验。

1）垢样溶蚀实验

实验结果见表5-5-2，活性酸溶蚀模拟垢样（与现场垢样成分一致）能力为86.5%。

表5-5-2 活性酸垢样溶蚀能力实验结果对比表

样品	反应时间	酸液体系	实验样品编号	岩粉质量/g	滤纸质量/g	反应后总质量/g	溶蚀率/%	平均溶蚀率/%
模拟垢样	2h	活性酸	8	10.278	1.972	3.450	86.1	86.5
			58	11.029	2.058	3.707	87.0	
模拟垢样	2h	智能酸	59	10.439	2.063	3.516	85.6	85.3
			60	10.088	2.053	3.367	85.1	

2）钠蒙脱石粉（黏土）溶蚀实验

实验结果见表5-5-3，其中活性酸对钠蒙脱石粉溶蚀率可达45.23%，由此可见，活性酸溶蚀钠蒙脱石（黏土）性能较好。

表5-5-3 活性酸钠蒙脱石粉（黏土）溶蚀结果对比表

样品	反应时间	酸液体系	实验样品编号	岩粉质量/g	滤纸质量/g	反应后总质量/g	溶蚀率/%
钠蒙脱石粉	6h	活性酸	6	5.003	1.979	4.719	45.23
钠蒙脱石粉	6h	智能酸	9	5.000	2.030	5.310	34.40

3）骨架（SiO_2）溶蚀实验

实验结果见表5-5-4，活性酸对SiO_2溶蚀率仅为0.22%，具有较低破坏骨架能力。

表5-5-4 活性酸对骨架（SiO_2）溶蚀实验结果对比表

样品	反应时间	酸液体系	实验样品编号	岩粉质量/g	滤纸质量/g	反应后总质量/g	溶蚀率/%
SiO_2	6h	活性酸	11	5.001	2.024	7.014	0.22
SiO_2	6h	智能酸	13	5.003	2.064	6.951	2.32

4）注入水动态驱替及解堵实验

通过对比可知（表5-5-5），活性酸可将岩心渗透率提高为驱替前的1.7～1.9倍，而且在水驱20PV情况下，渗透率基本保持不变。

5）活性酸综合性能

由表5-5-6可见，活性酸通过上述实验验证，其综合性能更优，同时价格具有更大优势。

表 5-5-5　酸液延效动态驱替评价试验

岩心	酸化前渗透率 /mD	酸化后水驱 10PV 渗透率 /mD	酸化后水驱 20PV 渗透率 /mD	酸化后水驱 10PV 渗透率 / 酸化前渗透率倍数	酸化后水驱 20PV 渗透率 / 酸化前渗透率倍数
1 号岩心（活性酸）	58	109	109	1.9	1.9
2 号岩心（活性酸）	54	92	97	1.7	1.8
3 号岩心（智能酸）	55	72	61	1.3	1.1
4 号岩心（智能酸）	7	7.7	4.8	1.1	0.7

表 5-5-6　活性酸综合性能表

项目		数值
垢样溶蚀率 /%		86.5
酸化液与现场注入水复配表面张力值 /（mN/m）		24.18
钠蒙脱石粉溶蚀率 /%		45.23
SiO_2 溶蚀率 /%		0.22
不同时间溶蚀率 /%	2h	8.89
	4h	13.64
	6h	24.54
腐蚀速率 /［g/（$m^2 \cdot h$）］		0.6466
酸化后 / 酸化前水驱渗透率倍数		1.8～1.9

注：活性酸∶注入水（体积比）=1∶2。

2. 物理扩容增注技术

地质力学扩容是指孔隙介质岩体在受剪应力或者孔隙流体压力增加的荷载作用下，其孔隙体积增加的岩石变形现象。此时，岩体所受的总应力可能还是压应力状态。弱固结（疏松）砂岩的扩容行为可以来自剪应力（剪切扩容）或孔隙压力增加（流体压力扩容）。从微观上看，扩容行为可以被视为砂粒的重新排列。Wong 等（1993）研究了加拿大阿萨巴斯卡和冷湖油砂矿的地质力学特征。他们对油砂岩心开展了低围压下的三轴实验。在三轴实验中测得了体积扩容（达到 7%），进行三轴实验所测得的应力应变曲线和体积扩容曲线，使用扫描电镜（SEM）对在三轴实验前后微观结构的改变进行了研究，在扫描电镜下能够看到明显的孔隙度增加。需要注意的是，在这些三轴实验中，岩心的总应力还是压应力状态，因此，主要是由剪应力引起了孔隙度的增加。

通过实验研究不同水力扩容注入方案对渤海疏松砂岩扩容区的影响：通过三轴实验对岩心施加围压，通过水力压裂注入设备，研究不同的水力扩容方案对扩容区的影响，

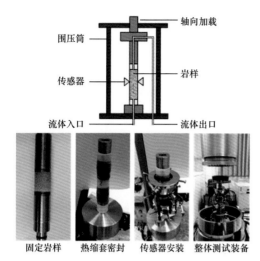

图 5-5-5　弱固结砂岩水力扩容试验

扩容区的扩展与发育将通过对扩容后岩心CT扫描、3D成像，量化微裂缝。水力扩容注入方案包含：恒定流量扩容、恒定压力扩容和循环水压力扩容（图5-5-5）。

恒定流量扩容：采用控制流量的方式对岩心注水扩容。该组实验的目的是研究在不同流量的注入条件下，扩容区的发展与大小；研究注入流量对扩容区形态的影响。

恒定压力扩容：采用控制流体压力的方式对岩心注水扩容。该组实验的目的是研究在不同压力的流体注入条件下，扩容区的发展与大小；研究注入流体压力对扩容区形态的影响。

恒定压力和恒定流量可以结合在一起进行扩容，其目的是研究如何降低扩容压力和如何有效形成复杂扩容区。先用恒定压力进行应力预处理，然后恒定低流量进行扩容。

循环水力扩容实验的目的是利用高频率的水力震荡机理，在注水井周围产生扩容区，然后通过大排量注水扩容的方式来扩展扩容区。

扩容实验表明，不同的原始条件（例如地应力）配上不同的水力注入条件（压力和排量）可以形成不同的水力改造结果，特别是简单的张裂缝和复杂的微裂纹网。上述结果显示，以低于最小主应力的恒定压力进行应力调整有利于形成复杂缝网，较小的流量注入有利于形成复杂缝网。

三、矿场试验与应用

1. 无缆智能测调分注技术现场应用

管柱下入工作包含两部分：工具入井前的检查和管柱下入。管柱下入前，对两支工作筒进行参数预设，设置完参数后即可下入工具串。

下完注水管柱后，需要进行地面流程改造，施工作业步骤为：（1）作业前准备（办理许可证，检查物料等）；（2）电气设备接线；（3）物料的搬运作业；（4）流压自控仪等设备的预制、组装；（5）切割原注水管线、焊接流压自控仪等设备；（6）设备流程探伤（磁粉探伤和超声波探伤）；（7）设备流程试压；（8）安装地面控制器，电缆铺设；（9）管汇保温作业；（10）读取最高压力下井下两层吸水量；（11）施工后清理工作。

以渤海油田A13井为例，下入无缆配水器前，通过地面控制器设置每一层的预设参数。

下入管柱完成后，进行地面流程改造，改造结果如图5-5-6所示。

地面流程改造完成后，对第一层和第二层流量进行测试，流量测试曲线如图5-5-7所示。

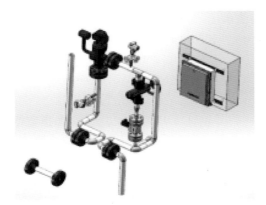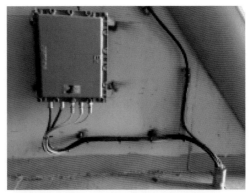

图 5-5-6　地面流程改造效果

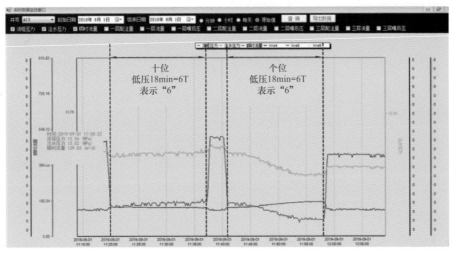

(a) 第一层

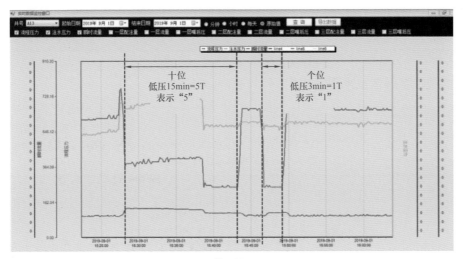

(b) 第二层

图 5-5-7　第一层和第二层流量曲线

由图5-5-7中可以看出，无缆式双向传输注水工艺设计可行，可以顺利完成管柱下入、地面流程改造及恢复注水；管柱下入后，井下工具及地面工具性能和通信良好，各层流量可满足配注要求，分注效果良好。

2. 活性酸技术现场应用

由表5-5-7可见，活性酸现场应用后平均单井增注$5.93×10^4m^3$，视吸水指数增大6.76倍，有效期289天，效果显著。

表5-5-7 活性酸现场应用效果统计

井号	酸化前			酸化后			视吸水指数增大倍数	增注量 / m³	有效期 / d
	注入压力 / MPa	注入量 / m³/d	视吸水指数 / m³/(d·MPa)	注入压力 / MPa	注入量 / m³/d	视吸水指数 / m³/(d·MPa)			
A1	8.9	370	41.6	2.5	541	216.4	5.2	88859	581
A2	9.9	334	33.7	0.9	594	660	19.6	201289	673
A3	9	43	4.78	5	509	101.8	21.3	96404	228
A4	6	350	58.3	5.9	576	97.6	1.7	5475	40
A5	11	254	23.1	3	377	125.7	5.4	125659	346
A6	9	306	34	3	520	173.3	5.1	35099	273
A7	11	251	22.8	5.5	254	46.2	2	15487	258
A8	12.3	504	41	6	557	92.8	2.3	11592	118
A9	12	466	38.8	4.2	477	113.6	2.9	10842	211
A10	10	720	72	4	603	150.8	2.1	2480	164
平均值							6.76	59318.6	289.2

3. 物理扩容解堵技术现场应用

应用扩容理论指导，对渤海10井次进行了扩容解堵注水试验，吸水指数平均提高1.8倍左右，见表5-5-8。

表5-5-8 扩容解堵注水现场应用

井号	目的层	措施前		措施前		吸水指数提高倍数
		吸水指数 / m³/(d·MPa)	注水启动压力 / MPa	吸水指数 / m³/(d·MPa)	注水启动压力 / MPa	
B1	明化镇组	7.36	3.6	8.67	2.1	1.2
B2		6.6	6.6	8.67	1.9	1.3

井号	目的层	措施前		措施前		吸水指数提高倍数
		吸水指数 /m³/（d·MPa）	注水启动压力 /MPa	吸水指数 /m³/（d·MPa）	注水启动压力 /MPa	
B3	明化镇组	15.43	9.8	32.8	1.5	2.1
B4		23.98	13.1	46.51	7.75	1.9
B5		20.4	5.43	41.3	3.32	2.0
B6		58.1	7.4	67	4.39	1.2
B7		71.4	6.99	111	5.7	1.6
B8		10.18	7.55	28.8	7.6	2.8
B9	东营组	32.2	7.6	48.8	6.6	1.5
B10		17.2	7.1	32.8	6.0	1.9

第六章　实践及认识

历经"十一五"至"十三五"持续攻关，形成了以海上油田丛式井网整体加密及综合调整技术、海上化学驱技术、海上稠油热采为核心的海上稠油高效开发新技术体系，在绥中 36-1、旅大 10-1、锦州 9-3、蓬莱 19-3、南堡 35-2、旅大 27-2、旅大 21-2 等油田应用，累计实现增油 $2193 \times 10^4 t$，阶段提高采收率幅度 6 个百分点以上。

第一节　技术应用及效果

一、海上油田丛式井网整体加密及综合调整技术

2005 年以来，该项技术推广应用于海上 102 个油田，累计增油 $1.2 \times 10^8 t$，为渤海油田的稳产增产提供了强有力基础支持，为中海油天津分公司上产 $3000 \times 10^4 t$ 和中海油上产 $5000 \times 10^4 t$ 作出了突出贡献。海上油田上产稳产是保障国家能源安全的战略需要，该技术体系为海上油田大幅度提高采收率提供了核心技术支撑，将继续在海上油田推广应用，预期增加水驱可采储量 $2.86 \times 10^8 t$，将为贯彻落实中海油增储上产"七年行动计划"、保障国家石油供应安全作出更大贡献。

海上油田开发面临投入高（陆地油田的 $6 \sim 10$ 倍）、平台寿命短（$15 \sim 30$ 年）、平台空间小、井槽数量少等限制条件，陆地油田成熟开发模式难以直接照搬。中海油研究总院根据海上油田开发特点，经过长期攻关探索形成的海上油田丛式井网整体加密及综合调整技术有效指导了海上油田高速高效开发。该项技术已应用于绥中 36-1 油田Ⅰ期、秦皇岛 32-6 油田、旅大 5-2 油田、绥中 36-1 油田Ⅱ期、秦皇岛 32-6 油田、蓬莱 19-3 油田等海上大型稠油油田的持续高效开发，应用成效显著。

针对海上主要稠油油田类型，分别选取陆相三角洲沉积的绥中 36-1 油田和陆相河流相沉积的秦皇岛 32-6 油田为代表，介绍海上油田丛式井网整体加密及综合调整技术矿场应用情况。

1. 绥中 36-1 油田Ⅰ期整体加密调整

绥中 36-1 油田是渤海湾最大的自营油田，油田目的层为东营组下段，埋深 $1175 \sim 1605m$，油藏类型为受岩性影响的在纵向上、横向上存在多个油气水系统的构造层状油气藏。油田Ⅰ期自 1993 年投入开发至 2008 年 12 月，已走过 15 年历程，2008 年 12 月处于中高含水开发阶段，开发生产中逐步暴露出水驱动用差、层间干扰大等一系列问题，使得油田开发效果变差，为了解决油田存在问题，提高采油速度，提高采收率，使油田更好地服务于国民经济的发展需求，开展绥中 36-1 油田剩余油定量描述与评价技术的研究。

1）整体加密调整方案

根据剩余油田分布规律以及先导试验井井间驱油效率低于对角线驱油效率，类比孤岛油田井间及对角线的加密效果及经济评价结果，推荐绥中36-1油田采用油井间加密方案。

在剩余油精细研究的基础上，绥中36-1油田的整体加密调整，预计共加密调整井138口（图6-1-1），油田采收率提高8.3%，油田增加可采储量2482×10⁴m³，相当于发现一个中等储量规模的新油田。通过部分调整井实施，方案预计2010年新井产量共计75×10⁴m³，实际2010年底新井实现产量共计90×10⁴m³，超预期。

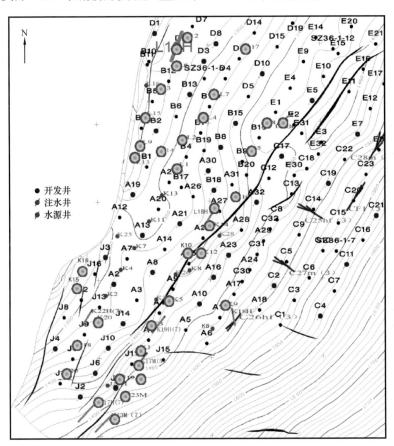

图6-1-1 绥中36-1油田Ⅰ期整体加密调整井位图

根据绥中36-1油田Ⅰ期综合调整方案设计，2009年Ⅰ期实施ODP设计调整井14口（L平台11口、J平台3口）（图6-1-1），采用定向井＋少数水平井调整方式，经调整后由面积注水方式转变成为行列注水，注采井数比为1:2，钻后分析表明，含水率大幅度降低，产能基本达到并超过总体开发方案（ODP）设计。调整井所钻遇区域构造幅度基本没有发生变化，储层比较稳定，钻前钻后储层厚度变化不大，平均约5m左右。测井解释水淹层表明，Ⅰ期调整井总体水淹程度不高，未水淹厚度比例约75%；水淹厚度比例0～54.2%，平均24.5%，其中强水淹厚度比例一般为0～29.6%，平均9.4%。

2）整体加密调整效果

绥中 36-1 油田 I 期整体加密调整后生产指标如图 6-1-2 所示。绥中 36-1 油田 I 期调整井实施 1 年后含水率显著降低，产油量大幅增加，甲型水驱特征曲线斜率明显变小，标志着海上稠油油田丛式井网整体加密调整初见成效。

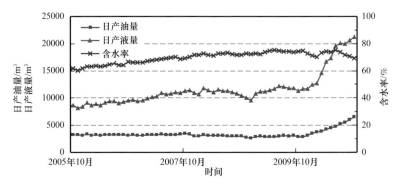

图 6-1-2 绥中 36-1 油田 I 期整体加密调整后开发曲线

调整井投产资料表明，调整井产能均达到 ODP 设计值（表 6-1-1），新投产调整井含水率较周边井含水率至少下降 30%，达到了发挥油田潜能，控制含水的目的，整体加密调整效果好于预期，证明了油田综合调整整体加密技术研究体系的正确性。

表 6-1-1 绥中 36-1 油田 I 期整体加密调整井初始产量与 ODP 产量对比表

序号	井号	ODP 产量 / m³/d	初始产量 / m³/d	初始产量 / ODP 产量	序号	井号	ODP 产量 / m³/d	初始产量 / m³/d	初始产量 / ODP 产量
1	L1	77	116	1.5	11	J18	64	140	2.2
2	L2	38	72	1.9	12	J19	30	38	1.3
3	L3	50	65	1.3	13	J17H	32	120	3.8
4	L4	38	118	3.1	14	K01	34	54	1.6
5	L5	48	152	3.2	15	K03	42	44	1.1
6	L6	33	83	2.5	16	K09	43	43	1
7	L7	38	130	3.4	17	K14	77	106	1.4
8	L8	41	84	2	18	K15	84	133	1.6
9	L9	45	76	1.7	19	K16	83	151	1.8
10	L10	91	104	1.1	20	K20	61	124	2

2. 秦皇岛 32-6 油田综合调整

秦皇岛 32-6 油田是渤海湾第一个上亿吨级的大型河流相边底水稠油油田，油田具有构造幅度低、油水关系复杂、地层原油黏度大、底水油藏占比例大（占总储量的 40%）

等特征。秦皇岛 32-6 油田经过 10 年的开发，进入高含水开发阶段，呈现出采油速度低、自然递减率大、采收率低的问题，迫切需要针对油田地质油藏特点开展剩余油分布规律研究，并以此为基础开展调整方案优化，提高油田开发效果。

秦皇岛 32-6 油田分为 3 个开发区，分别是北区、南区和西区；2001 年 10 月投产，6 个生产平台，北区（A、B 平台）于 2001 年 10 月开始投产，南区（C、D 平台）于 2002 年 5 月开始投产，西区（E、F 平台）于 2002 年 6 月开始投产。2002 年 10 月，油田全部投产，共有 156 口油井，6 口水源井，其中北区有 45 口油井，南区有 56 口油井，西区有 55 口油井。2002 年 10 月，油田日产油 8464m³，综合含水率 49%。2003 年为油田产量高峰年，年产油 218.5×10⁴m³。

截至 2012 年 12 月底，全油田共有 200 口井，其中油井 173 口，注水井 27 口，油田日产油 4438m³，综合含水率 86.0%，采油速度 0.92%，累计产油 1971.2×10⁴m³，采出程度 11.3%。

1）加密调整方案

针对秦皇岛 32-6 油田开发过程中存在的主要矛盾，在精细储层描述的基础上，结合油层水淹规律及剩余油分布规律的研究结果和水平井先导试验效果，提出油田调整原则，即把不同油藏类型、不同流体性质的油层分采，利用水平井分层系（分单砂体）开发（图 6-1-3）。秦皇岛 32-6 油田综合调整新增 101 口井，预计增加可采储量 1716×10⁴m³，油田采收率提高 10%。

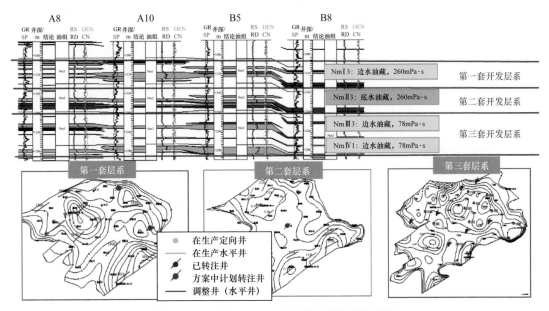

图 6-1-3　秦皇岛 32-6 油田分层系开发示意图

2）加密调整效果

秦皇岛 32-6 油田综合调整方案于 2013 年 6 月 8 日开始实施，在综合调整实施过程中，通过精细地质油藏一体化研究，滚动挖潜新发现 13 个含油砂体，新增地质储量 1146×10⁴m³，新增 23 口调整井。

秦皇岛 32–6 油田综合调整 124 口实钻井情况表明，构造幅度总体变不大，储层比较稳定，钻前钻后储层厚度变化不大，平均约 2m。钻后测井解释水淹层表明，钻前钻后认识基本一致，油层底部水淹严重（占油层厚度的 10%～35%）、中上部为油层，剩余油分布预测精度提高到 90%，确保综合调整井间加密水平井初期产量高、含水率低。

综合调整 4 个平台分批投产：H 平台于 2013 年 10 月 29 日投产，I 平台于 2014 年 8 月 15 日投产，J 平台于 2014 年 9 月 5 日投产，G 平台于 2014 年 12 月 6 日投产。截至 2015 年 7 月底，投产 101 口开发井和 23 口调整井，2015 年底，实际日产油 6050m³，综合含水率 74%，总体上达到配产。新投产的水平井平均单井产能达到 65m³/d，初期含水率 25%；而周边老井产能 22m³/d，含水率 87%，水平井开发效果好。

综合调整 H 平台于 2013 年 10 月 29 日投产，I 平台于 2014 年 8 月 15 日投产，J 平台于 2014 年 9 月 5 日投产，G 平台于 2014 年 12 月 6 日投产。新投产的水平井平均单井产能达到 65t/d，初期含水率 25%；周边老井产能 22t/d，含水率 86%，水平井开发效果好（图 6-1-4）。

截至 2015 年 3 月底，共投产 101 口开发井和 23 口调整井，油田产油量从 3250m³/d 增加到 9360m³/d。综合调整投产后，油田采油速度提高 2.5 倍，采收率提高 12.8%，预计增加可采储量 2090.6×10⁴t。

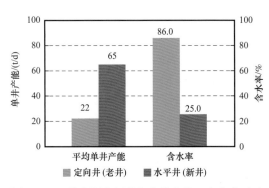

图 6-1-4 综合调整新井与老井产能、含水率对比

二、海上油田化学驱技术

海上油田化学驱技术在绥中 36-1、锦州 9-3、旅大 10-1、渤中 28-2S 四个油田进行矿场试验和应用。截至 2020 年底，试验和应用区块取得了显著的增油降（稳）水效果，达到预期指标，"十二五"期间增油 306.6×10⁴m³。其中，绥中 36-1、锦州 9-3、旅大 10-1 化学驱实现平均提高采收率 6.9 个百分点，实现吨剂增油 51m³，实现内部收益率 111%～216%，财务净现值高达 38.18 亿元，投资回收期 2.22～3.19 年，平均投入产出比为 1：3.57。

1.海上油田化学驱油矿场试验、效果评价及方案调整

"十三五"期间，海上油田常规化学驱技术在渤海绥中 36-1、旅大 10-1、锦州 9-3 等三个油田持续开展矿场试验及应用，有针对性地开展了聚合物驱、弱凝胶驱以及聚合物—表面活性剂二元复合驱等三项代表性试验，取得了明显的降水/稳水增油效果，截至 2020 年 3 月，分别实现增油 546.8×10⁴m³、137.6×10⁴m³、108.3×10⁴m³，相应地的提高采出程度 7.1%、5.3%、8.4%，达到了预期试验目的（表 6-1-2）。共实施注入井 44 口，动用地质储量达 1.22×10⁸m³，相比水驱实现增油 792.7×10⁴m³，阶段提高采出程度 6.5%，每口化学驱井平均贡献增油 18.0×10⁴m³。

表 6-1-2　海上化学驱油田地质油藏特征参数

指标		绥中 36-1	旅大 10-1	锦州 9-3
地层原油黏度 / mPa·s		13.3～442.2 （平均 70）	13.9～19.4 （平均 16）	6.1～26.5 （平均 17）
原油密度 / (g/cm³)		0.968	0.947	0.932
注入水	矿化度 / (mg/L)	9600	2873	3000
	二价阳离子 / (mmol/L)	810	260	34
注聚合物 时机	含水率 /%	68	8.5	79
	开发阶段	中—中高	低	中高—高
驱油体系		疏水缔合型聚合物驱 （抗盐）	弱凝胶驱	聚合物—表面活性剂二元 复合驱（常规聚合物）

1）绥中 36-1 油田聚合物驱效果跟踪评价

早在 20 世纪 90 年代开始，绥中 36-1 油田 I 期就开始了利用聚合物驱技术提高采收率的论证，包括大量的国内外文献调研、矿场试验调研跟踪学习、室内实验论证等。但海上油田相对陆地油田井距大、剪切强、矿化度高、地层原油黏度高，对聚合物性能的要求比较高，普通的高分子聚合物无法满足绥中 36-1 油田驱油的要求，高性能驱油剂成为海上油田聚合物驱的首要攻关方向。中海油依托国家"十五""863"项目，与西南石油大学联合研制了抗盐抗剪切型疏水缔合聚合物，2003 年 9 月在 J3 井开始实施单井注聚合物矿场先导试验，开创了海上油田聚合物驱的先河。同时，作为高矿化度稠油油田实施聚合物驱的代表，可将试验过程中的经验成果推广应用到同类型油藏。

绥中 36-1 油田 I 期注聚合物规模由小到大，注聚合物历程分为单井注聚合物先导试验、井组注聚合物试验、扩大注聚合物、整体注聚合物（含调整）四个阶段，矿场试验区含水率稳定，含水率上升得到有效控制。至 2020 年 3 月底，累计实施 24 口井，累计注入 5171.53×10⁴m³，注入聚合物干粉 98643t。聚合物驱项目已经完成并运行 17 年，形成了一套适合海上平台的聚合物溶液配制工艺、分注工艺、调剖调驱、解堵技术及质检方法，以及海上平台采出液处理技术，能够满足方案实施要求。

截至 2020 年 3 月底，油井见效率 87.1%，主要受效井含水率下降幅度 8～12 个百分点，实现累计增油 525.6×10⁴m³，采收率已提高 7.1 个百分点，采收率提高 7.5 个百分点，吨剂增油 56.5m³，达到了预期试验目的（图 6-1-5）。该项目内部收益率为 216%，财务净现值为 23.89 亿元，投资回收期为 2.27 年，证实了聚合物驱是该油田提高采收率的有效方法。

2）锦州 9-3 油田化学驱效果跟踪评价

为探索化学驱在不同类型油藏的适应性、技术效果与经济效益，在 I 类油田锦州 9-3 开展井组试验与扩大应用（注聚合物时机为综合含水率 78% 时），为强化化学驱效果，在聚合物驱见效过程中又进一步开展了聚合物—表面活性剂二元复合驱矿场试验，开创了

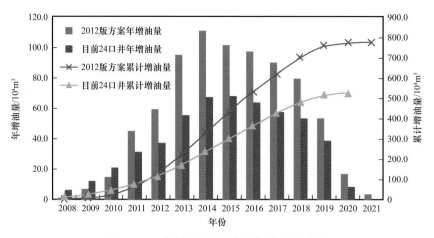

图 6-1-5 方案和跟踪拟合的年增油量对比

海上油田聚合物—表面活性剂二元复合驱先河，形成了一套适合海上平台的聚合物与聚合物—表面活性剂二元溶液配制工艺、分注工艺、调剖调驱、解堵技术及质检方法，保障了方案顺利实施，同时海上平台采出液处理系统经过设备改造升级及药剂换型，实现了油水处理流程平稳运行。

2008—2020 年锦州 9-3 油田西区化学驱试验项目已经完成并运行 12 年，达到了预期试验目的，取得了明显的降水增油效果及经济效益，证实了聚合物驱 + 聚合物表面活性剂二元复合驱是该油田提高采收率的有效方法，其经验与成果可推广应用至同类型油藏。实际化学驱注入井 8 口，累计注入化学剂溶液总量 $1377.76 \times 10^4 \text{m}^3$，化学驱累计注入孔隙体积倍数 0.485PV，聚合物干粉用量 17257.08t，表面活性剂用量 18919.34t。由丙型水驱曲线可以看出，水驱曲线向横轴方向偏折，表明油藏最终可采储量增加，如图 6-1-6 所示。化学驱试验区综合含水率最大下降幅度 10.4 个百分点，且平稳保持 4 年以上，日产油量最高增幅达 60%，如图 6-1-7 所示。化学驱动用储量 $1293 \times 10^4 \text{m}^3$，截至 2020 年 3 月底，实现累计增油 $108.3 \times 10^4 \text{m}^3$，采收率已提高 8.4 个百分点，预测最终增油 $113.0 \times 10^4 \text{m}^3$，提高采收率 8.7 个百分点，吨剂增油 31.2m^3，实现了试验目标。

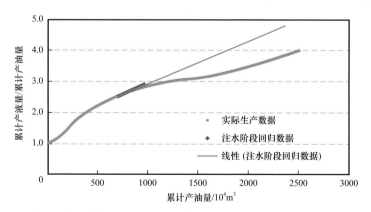

图 6-1-6 锦州 9-3 油田注聚合物驱见效前后丙型水驱曲线图

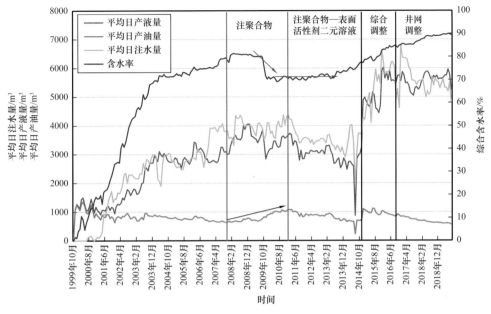

图 6-1-7 二元复合驱实施前后西区生产特征曲线

3）旅大 10-1 油田聚合物驱效果跟踪评价

通过旅大 10-1 油田开展早期注聚合物提高采收率试验，了解海上油田早期注聚合物的可行性及实施效果，为早期注聚合物在其他油田的推广打下基础，最终实现提高原油采收率 5%～10%。自 2006 年单井先导试施化学驱至 2017 年化学驱方案实施结束历经 12 年，截至 2017 年底，累计注剂 $1435.5 \times 10^4 m^3$，化学剂干粉用量 21475.6t，交联剂用量 2422.7t，注入孔隙体积倍数 0.391PV。

截至 2020 年 3 月底，旅大 10-1 油田化学驱数值模拟法增油量为 $128.26 \times 10^4 t$（$137.6 \times 10^4 m^3$），阶段性提高采收率 5.3%。跟踪预测化学驱增油量，预计化学驱有效期截至 2023 年，有效期内化学驱累计增油 $131.48 \times 10^4 t$（$141.0 \times 10^4 m^3$），提高采收率 5.4%。

2012 版方案考虑在含水率 80% 时提液幅度 1.2 倍，与实际产液情况差距较大。结合实际产液变化，并排除部分井不受效因素，原方案设计方对化学驱方案预测结果重新进行优化。优化后方案设计累计增油 $179.19 \times 10^4 t$（$192.20 \times 10^4 m^3$），实际跟踪预测累计增油量较方案减少 $47.71 \times 10^4 t$（$51.17 \times 10^4 m^3$）。主要原因为注剂井后期吸水剖面发生反转，吸水厚度有所变薄导致周边受效井含水率突升，生产形势变差，如图 6-1-8 所示。

2. 化学驱及深部调驱新技术矿场试验

1）残留聚合物再利用技术试验

注聚合物井陆续见聚合物后，含水率上升速度加快，同时聚合物产出增加污水处理负担，将直接影响油田的最终开发效果。残留聚合物再利用技术通过向地层中注入再利用剂，进一步利用地层中的存留聚合物，达到物尽其用的目的，同时减少聚合物产出，减轻对采出液处理的影响。聚合物再利用技术涉及两种聚合物再利用剂：一种是聚合物固定剂，主要用于滞留聚合物浓度较高的高渗透层；另一种是絮凝剂，主要用于滞留聚合物浓度较低的高渗透层。在油藏地质条件和存留聚合物条件两个方面研究的基础上确定了地层存留聚合物再利用技术的适用范围和技术界限，完成了《绥中 36-1 油田 II 期 F8 井存留聚合物再利用技术及方案》，并于 2017 年 3 月 13 日开展了矿场试验。

在注入再利用剂之前，井组含水率从 2016 年 8 月开始抬升，日产油量逐步递减。存留聚合物再利用作业结束后，含水率趋于稳定，日产油量趋于平稳后略有上升。采用井组产量递减法预测增油量，截至 2017 年 11 月 1 日，根据产量递减规律计算的累计增油量为 1997m^3（图 6-1-9）。按期间油价 50 美元 /bbl 计算，阶段投入产出比 1∶4.2。该项目的成功实施为渤海在注聚合物油田的稳产、高产提供了重要技术支撑。

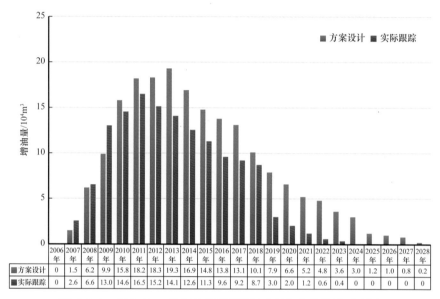

	2006年	2007年	2008年	2009年	2010年	2011年	2012年	2013年	2014年	2015年	2016年	2017年	2018年	2019年	2020年	2021年	2022年	2023年	2024年	2025年	2026年	2027年	2028年
方案设计	0	1.5	6.2	9.9	15.8	18.2	18.3	19.3	16.9	14.8	13.8	13.1	10.1	7.9	6.6	5.2	4.8	3.6	3.0	1.2	1.0	0.8	0.2
实际跟踪	0	2.6	6.6	13.0	14.6	16.5	15.2	14.1	12.6	11.3	9.6	9.2	8.7	3.0	2.0	1.2	0.6	0.6	0	0	0	0	0

图 6-1-8 旅大 10-1 油田化学驱增油量实际与方案设计对比图

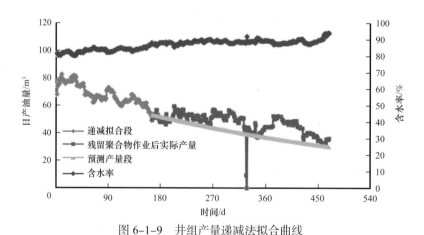

图 6-1-9 井组产量递减法拟合曲线

2）稠油活化水驱技术试验

稠油活化水驱油技术是专门针对渤海地层黏度 150～500mPa·s 甚至更高黏度的可流动稠油储量高效动用和开发而研发的一项新技术。该技术药剂体系具有一剂多能特点：

可同时提高水相黏度又降低油相黏度，"双管齐下"，大幅度改善不利的水油流度比，进而扩大波及；可自动拆散胶质沥青质的聚集体结构，提高洗油效率。两者相结合，有效改善稠油开发效果并提高采收率。

2018年12月29日，在绥中36-1油田G区G18和G22井正式实施矿场先导试验（实施前于2018年8月对G22井开展了调剖工作），截至2020年10月31日，累计注入稠油活化剂溶液0.098PV。从注入井和生产井动态响应看，G18和G22注入井均出现吸水指数明显下降、霍尔曲线明显转折、井口压降测试压力降落速度减缓、吸水剖面明显改善的见效特点；对应9口采油井中6口已确定见效（G19、G23、G26、G27于2019年9月确定见效，E37H、G51于2020年2月确定见效），其余3口受效井中G52和G17也观察到一定稳油控水效果，正在密切观察（图6-1-10）。增油量方面，至2020年10月底，递减法评价的增油量已达到$1.51×10^4m^3$，水驱曲线法评价的增油量已达$2.14×10^4m^3$。根据整体经济概算，先导试验产出投入比为1∶（0.90～1.16），即先导试验先期阶段的投入产出基本平衡。结合实际油价及汇率情况、化学驱项目整体经济结果规律，认为符合预期认识。

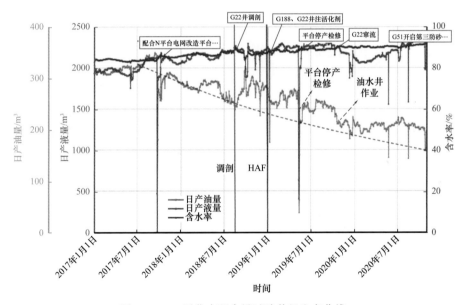

图6-1-10 活化水驱先导试验井组生产曲线

3）自适应微胶驱技术试验

自适应微胶驱技术主要采用同步调驱提高采收率技术理论和分级调驱技术方法，该体系表观黏度低，易于进入储层深部，微胶团在微观上通过对水流通道（孔喉）暂堵—突破—再暂堵—再突破的过程，增加大孔隙喉道的阻力同时，注入水转向进入小孔隙喉道，直接作用于其中的剩余油，实现高效的波及控制，提高注入水利用效率；宏观上体现为原有的水驱优势高渗透带或优势方向的水驱沿程阻力增加，储层深部水驱方向改变；微胶优先进入高渗透层区、大孔喉，产生暂堵作用，同时分散体系中的水进入低渗透层区、小孔喉，直接作用于其中的剩余油，从而实现高效调整流度比的目的。

2018 年 12 月 3 日在绥中 36-1 油田 D6、D11 两口井开始注入 SMG。D6 井在实施注入后逐步提升注入量，注入能力有所改善，凝胶段塞后吸水指数呈稳步下降趋势；D11 井位于断层附近，注入压力维持在 10MPa，视吸水指数比较平稳，无明显下降。同时，两口井的吸水剖面整体有一定程度的改善。先导试验井组生产动态可划分为 4 个阶段：（1）投产至 2014 年 11 月，综合调整阶段，此阶段含水率上升，产油量上升，加密井部署完毕；（2）2014 年 12 月—2017 年，液稳油降阶段，此阶段井组产液保持平稳，含水率上升，产油量下降；（3）液升油稳阶段，此阶段井组产液量大幅升高，含水率上升，产油量基本保持平稳；（4）液稳油稳阶段，此阶段井组产液量保持平稳（图 6-1-11）。实施 SMG 后至 2019 年底，产油量基本保持平稳，含水率基本稳定，SMG 呈现出抑制含水率上升的趋势。后因试验区出砂，矿场试验暂停。

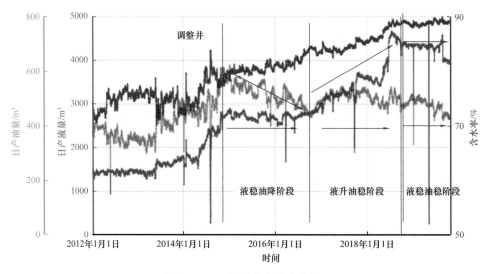

图 6-1-11　井组生产动态曲线

4）水平井化学驱技术试验

为探索水平化学驱的生产动态特征和应用效果，并评价水平井化学驱的注采能力，2019 年 12 月 31 日，在渤中 28-2 南 4-1185 砂体开展了水平井化学驱先导试验，该砂体平均渗透率为 1787mD，孔隙度为 31.6%，地层原油黏度为 1.41~22.80mPa·s。2008—2019 年，经过 11 年的注水开发，该油田的综合含水率达到 84%，处于高含水期阶段，采出程度为 26.8%，标定采收率为 37.2%，该油田的采收率需要进一步挖潜。

此次先导试验的主要目的为：（1）评价水平井化学驱的注采能力及生产动态特征；（2）检验聚合物高效配注装置的溶解效果；（3）评价近井地带化学牺牲剂的增注能力；（4）评价采出液处理的影响，研究解决措施；（5）验证水平井化学驱技术的可行性。

现场共实施了 A53H 和 A59H 两口注入井，形成了 2 注 5 采的规模。截至 2020 年 10 月底，先导试验已实现累计增油 8701m³，单井最高含水率下降幅度：7%~13%，日增油 52m³，降水增油效果显著，与方案设计基本符合，后期将持续跟踪先导试验增油效果（图 6-1-12）。

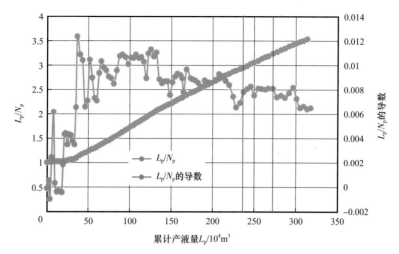

图 6-1-12　渤中 28-2 南 4-1185 砂体化学驱先导试验效果评价

L_p—累计产液量；N_p—累计产油量

三、海上稠油热采技术

1. 海上稠油热采技术在南堡 35-2 油田的应用

1）多元热流体吞吐在南堡 35-2 油田的应用

在南堡 35-2 油田进行多元热流体先导试验，自 2011 年至 2021 年 5 月底，共计在 10 口井实施 16 井次，增油效果较明显。南堡 35-2 油田南区高峰日产量由冷采阶段 218t 提高到 640t，"十二五"末期达到 450t/d。热采井初期，平均单井产能为冷采的 3 倍，热采有效期内周期平均产能为冷采的 1.7 倍。"十二五"期间，热采井累计产油 $40.1 \times 10^4 \mathrm{m}^3$，热采累计增油 $16.5 \times 10^4 \mathrm{m}^3$。单井累计增油量达到 $1.65 \times 10^4 \mathrm{m}^3$。

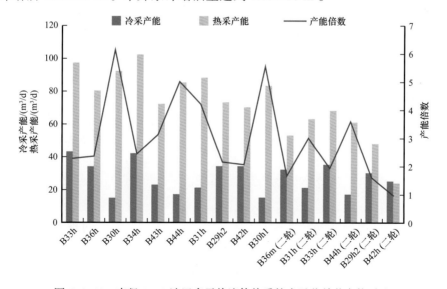

图 6-1-13　南堡 35-2 油田多元热流体热采技术示范单井产能对比

2）蒸汽驱技术在南堡35-2油田的应用

在南堡35-2油田南区进行蒸汽驱先导实验，初期采用"1注6采"基础井网，后期转化学辅助蒸汽驱"2注5采"的开发方式。于2020年6月28日B36m开始湿蒸汽驱注汽，初期蒸汽驱，12月9日改为过热蒸汽驱。

（1）注汽情况。

2020年6月28日开始注热，设计注汽速度280t/d，井口注汽干度不低于85%，每月时率不低于85%。截至2021年5月27日，累计注汽41519t，高峰日注气280t，注热平均时率52%。平均注汽温度约297℃，干度约85.8%，排量约10.2t/h。

影响因素：前期燃料切换、盘管结焦、水质等问题导致熄火停炉；中期新锅炉调试和水源井影响停注3个月，恢复注热后日注汽量250t/d，井口温度约300℃。

（2）井组生产情况：

注汽前受效井组日产液342m³，2021年5月日产液466m³，增加124m³；注汽前日产油191m³，2021年5月井组日产油228m³，增加37m³；注汽前含水率44%，2021年5月含水率61%，稍有上升（图6-1-14）。综合来看，前期蒸汽驱井组液量和油量增量由提频引效和蒸汽驱能量补充共同作用影响；蒸汽正常注入后，蒸汽驱能量补充作用逐渐明显（4口井井口温度和流温上升）。

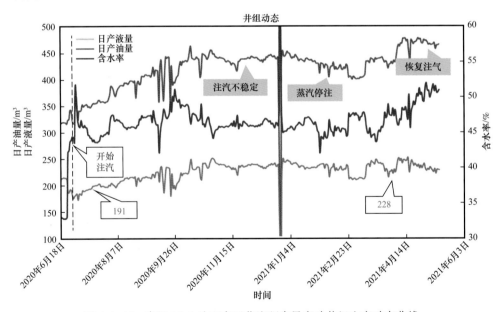

图6-1-14 南堡35-2油田南区蒸汽驱先导实验井组生产动态曲线

2.海上稠油热采技术在旅大27-2油田的应用

2012年，中国海油天津分公司完成明下段12口井热采方案，动用热采储量499.0×10⁴m³，水平井吞吐开发，预测采收率16.2%，实施热采试验后，油田井槽已经全部利用。

A22H井处于第五轮次吞吐过程，截至2021年5月，日产油15.8m³，含水率36%，五周期累计产油 5.72×10⁴m³；A23H 井处于第四轮次吞吐过程，截至 2021 年 5 月，日产油 22.1m³，含水率 72%，四周期累计产油 4.84×10⁴m³（图 6-1-15 和图 6-1-16）。

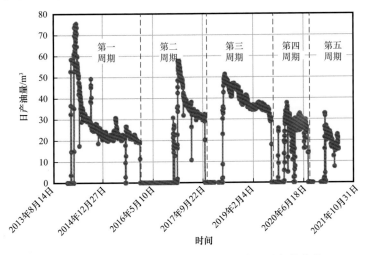

图 6-1-15 旅大 24-2 油田 A22H 井日产油量变化曲线

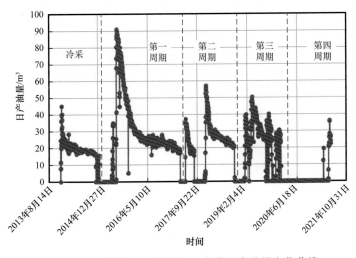

图 6-1-16 旅大 24-2 油田 A22H 井日产油量变化曲线

南堡 35-2 和旅大 27-2 热采吞吐先导试验，统计热采井累计产油量达到 38.5×10⁴m³。为后续旅大 21-2、锦州 23-2 油田和垦利 9-5/6 等油田的热采开发方案制订提供了丰富的经验。

3. 规模化热采技术在旅大 21-2 油田的应用

在南堡 35-2 和旅大 27-2 等油田的先导试验基础上，于"十三五"期间设计完成了全球首个海上规模化热采平台集成方案，并于 2020 年 8 月顺利投产。大部分井第一周期注热量超过设计指标，达到 5000～7000t 水平。单井日产油峰值突破 120m³，其中 B1H 井实现百吨稳产超百天、第一周期单井累产油超过 1.9×10⁴m³，超过国内类似油田的最高水平。投产 10 个月以来，生产状况良好。

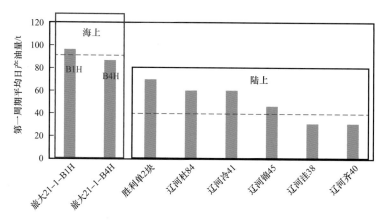

图 6-1-17 旅大 21-2 油田热采平台产能情况

4. 海上热采工艺技术应用

1）多轮次热采井口及井下封隔器的现场应用

（1）耐高温井口装置。

耐高温井口装置于 2020 年 5 月在中国石化胜利油田孤东采油厂 G0GD9P27 热采井中安装使用，实施蒸汽复合吞吐措施，经过几个月的生产，耐高温井口装置压力正常，阀门无漏气现象，各密封件无损坏和泄漏，满足油田的正常生产要求，现场应用如图 6-1-18 所示。

图 6-1-18 G0GD9P27 井井口装置现场图

（2）高温悬挂封隔器。

高温悬挂封隔器于 2019 年 12 月至 2020 年 4 月在渤海旅大 21-2 油田 B 平台试验成功 1 口井，推广应用 9 口井，作业过程中下入顺利、井下压力及密封测试均符合现场要求，满足油田后续热采生产要求，现场安装应用如图 6-1-19 所示。

多轮次热采井口及井下封隔器应用于旅大 21-2、旅大 5-2 北等油田，应用热采井数总计 36 口。

图 6-1-19　高温承压保护短节、高温悬挂封隔器等技术在旅大 21-2 平台的应用

2）海上稠油规模热采平台水处理及高效集输技术

中海油天津化工研究设计院有限公司和中海油研究总院有限责任公司联合开发的稠油热采生产水处理和回用技术中试装备，集成气浮—动态膜耦合装置、精细过滤装置和防垢高效蒸发装置，形成"新三段式"高效工艺技术集成，在中国石化胜利油田孤东采油厂东四联合站进行中试试验（图 6-1-20）。油田联合站稠油（20℃密度 965g/L，50℃黏度 3739mPa·s）的污水以 3m³/h 的流量依次通过气浮—动态膜预处理单元、抗污染陶瓷基超滤膜精细过滤单元，最终经过防垢高效蒸发单元进行处理，产水量为 1m³/h，在为期 36 天的试验过程中，各单元设备运行稳定，产水水质稳定，试验效果达到预期。该技术和相关设备同时在绥中 36-1 终端处理厂、旅大 32-2PSP 进行了现场应用，为稠油热采过程中含稠油生产污水处理提供相应的技术支持。

图 6-1-20　海上稠油生产水高效处理及回用技术在胜利油田现场橇装实验

第二节　认　识

一、海上油田丛式井网整体加密及综合调整技术

（1）揭示了研究区辫状河三角洲相前缘高孔隙度、高渗透油层，存在较强的非均质性及层间差异性，单砂体边界、成因类型、内部夹层及能量单元是控制其平面非均质性

差异的主因；垂向沉积演化阶段与微相类型是层间差异的主因。储层和流体物性、启动压力梯度、含水饱和度、工作制度等因素通过影响渗流阻力而控制出液油层体积和高含水层出液比例，造成层间干扰。

（2）渗透率决定油层动用顺序；产液量越大，则"动用起来"的油层数越多；低含水期层间干扰系数增速很小，高含水期层间干扰系数快速上升；压力降未波及边界时，出液油层数目动态变化，当某个油层压力降波及边界时，注入水开始进入该层，渗流阻力逐渐降低，驱动压差减小，此时不出液层将不会再动用，已动用层仍可能停止动用，出液油层数目趋于稳定。

（3）开发初期，可适当提高日产液量，增加动用厚度，减小层间干扰；当全井含水率达到50%～80%时，对于渗透率级差较大的多层油藏，应当及时进行层系调整，减小层间干扰的影响；当合采全井含水率达到80%时，高渗透层位形成优势通道并大量产水，严重影响其他层位的动用情况，建议采取措施关闭高渗透层从而改善整体产油情况。

（4）确定了绥中36-1油田层系细分界限，单井的有效厚度界限为58.49m，渗透率级差界限应控制在3以内，井段跨度小于100m，注采井距应控制在175m以上。

（5）确定了S1和S2两个潜力区，设计优选了对应的层系细分组合和井网调整方案。S1潜力区调整后累计增油量为$343.92 \times 10^4 m^3$，平均单井增油量为$9.05 \times 10^4 m^3$。S2潜力区调整后累计增油量为$495.2 \times 10^4 m^3$，平均单井增油量为$12.38 \times 10^4 m^3$。

（6）形成了水驱层间干扰规律模拟实验研究技术，基于微电极的含油饱和度监测系统，开展三维层间干扰物理模拟实验，首次设计核磁法三维物理模型，实现剩余油定量分析，并拟合驱油实验，开展数字化模型实验研究，形成了水驱层间干扰规律模拟实验研究技术，得到水驱开发油田层间干扰规律。

（7）在对实际油藏剩余油精细表征过程中，NRSNL应用效果好于ECLIPSE，准确度更高。绥中36-1油田D区块剩余油方面，在没有井控制的区域以及D03、D08井区域剩余油丰度较高，具有较高的挖潜潜力，是下一步开发需要重点关注的两个区域。蓬莱19-3油田馆陶组I类储层，L54平面波及范围较广，平面上剩余油来主要位于东侧溢油区井网不完善区域及断层附近；L62及L82储层动用效果差，平面上剩余油整体较富集，西侧储层发育情况优于东侧，井网较为完善，水驱效果相对好；馆陶组II、III类储层由于动用效果差，采出程度低，整体剩余油富集。

（8）构建了可直接反映水驱方向性及强度的驱替矢量参数，建立了适用于不同加密井型的井网加密矢量优化数学模型，形成了海上高含水期油藏大井距井网加密矢量优化技术，实现了井网调整与储层非均质、剩余油分布的精准适配。

（9）以累计产油量、经济效益和采收率最大化为目标，将油藏数值模拟与高效无梯度优化算法相结合，形成了适用于海上高含水油藏开发的注采结构动态实时优化技术，实现了海上高含水油藏注采结构的精准调配。

（10）蓬莱油田首次实现模式约束下的砂体结构精细刻画目标。形成了从基础储层研究到储层精细表征再到数值模拟研究和一体化研究成果应用的一个完整的技术体系。

（11）同时结合地质综合分析法、数值模拟法、油藏工程法等多种方法综合运用形成了复杂河流相薄互层状油藏剩余油分布规律定量描述技术，在此基础上编制完成了蓬莱19-3油田1/3/8/9区综合调整地质油藏方案，极大地改善了1/3/8/9区开发效果，提高了油田开发水平。

二、海上油田化学驱技术

"十三五"期间，海上稠油化学驱油技术根据海上油田开发生产现状，针对化学驱油技术规模化应用中暴露的问题和油田开发形势需要，从化学驱采出液处理、海上河流相储层聚合物驱、稠油活化水驱、配套增注、均注及增效工艺、化学驱油田综合调整、聚合物驱后持续提高采收率等基础和关键问题着手，深入研究更加复杂和更高要求的新技术，继续扩大化学驱应用规模和适应范围，推进新技术矿场试验和探索成本更低的高效新技术。取得的标志性成果如下：

（1）基本形成了海上油田开发全过程提高采收率模式及理论，明确了海上油田井网加密与化学驱协同机理及合理组合方式，初步获得提高采收率方法合理接替时机，提出了非均衡化学驱理念及模式，并用交替注入试验证明了非均衡化学驱理念和模式的可行性。

（2）化学驱含聚合物采出液处理技术方面，围绕强化油系统措施、增级水系统方案和污油单独处理改造为总体开发方向，同时分级组合加药，有效减少了聚合物返排过程中，污泥析出，降低外输含水，提升注水水质，最终形成了采出液一体化高效处理技术。

（3）建立了不同阶段化学驱油田综合调整策略：见效前期及含水率下降阶段注聚合物前深度调剖、注聚合物后识别聚合物窜井层进行调剖；低含水稳定阶段油水井解堵，增产增注；含水率回升阶段开展注二元井网分区域优化设计、注入方式优化设计、识别聚合物窜井层进行调剖和单井差异性设计。以上策略下聚合物驱综合调整方案采收率较现状方案提高1.5%以上。

（4）化学驱关键配套技术方面，形成了海上平台聚合物快速溶解技术、化学驱解堵技术、化学驱深部调剖技术、多层系油田化学驱交替注入技术、聚合物驱相渗多尺度粗化技术等，有力促进了化学驱过程中各种问题的解决，保障了技术的效果。

（5）聚合物驱后提高采收率技术研究方面，明确了聚合物驱后宏观剩余油分布的2大类8种特征，利用灰色关联分析法建立了剩余油量化分析方法并定量分析了各类剩余油占比，定性分析了各类提高采收率方法的效果，建立了不同提高采收率方法接替模式并明确了各方法合理接替时机，研究形成泡沫凝胶驱油技术、微观非均相驱油技术，以及弱凝胶、非均相体系、泡沫凝胶与化学驱的组合化学驱油方法。

（6）形成了适合海上地层原油黏度150～1000mPa·s可流动稠油的稠油活化水驱技术，获得了针对目标油藏的稠油活化剂及中试定型产品和生产工艺，深入揭示了稠油活化水驱的驱油机理，建立了稠油活化水驱相渗曲线测定技术、数值模拟技术、采出液处理技术等，并于2018年底在绥中36-1油田G区开展了2口注入井的矿场先导试验，截至2021年底，增油量为$2.8 \times 10^4 m^3$。

（7）初步形成了适合海上地层原油黏度1000mPa·s以上可流动稠油的热水化学驱油

技术。并以南堡 35-2 油田南区为目标油田,开展了方案研究工作。

化学驱技术已在渤海绥中 36-1、旅大 10-1、锦州 9-3、渤中 28-2 南四个油田进行矿场试验和应用。截至 2020 年底,四个油田已实现累计增油 792×10⁴t 的水平,其中"十三五"期间增油 307×10⁴t。绥中 36-1、旅大 10-1、锦州 9-3 三个油田平均已实现提高采收率 6.8%,预期提高 7.2%;已实现吨聚合物增油 51.1m³,完整周期注聚合物单井平均增油 17.7×10⁴t,投入产出比为 1:3.57(计入平台分摊)。

同时,建议"十四五"期间继续重点开展海上化学驱油技术研究,推进新技术矿场试验和探索成本更低的高效新技术。研究海上复杂油田、高黏度可流动稠油油田化学驱技术,不断改进和突破化学驱配套技术瓶颈。进一步扩大化学驱应用规模,总结提升海上油田高效开发模式理论体系,为实现增储上产和稳油控水目标提供技术支撑。

三、海上稠油热采技术

1. 海上稠油热采开发认识

1)海上稠油热采开发初期产能

初步明确了海上蒸汽吞吐热采开发的米采油指数和产能计算经验公式,对海上大井距水平井稠油热采,高峰产能可达到冷采的 1.7~2.8 倍,首周期平均产能为冷采的 2 倍左右。

2)注热开发注热参数优化设计指导

通过分析旅大 27-2、南堡 35-2 和旅大 21-2 油田的热采井注热阶段的注入速度、注入干度、注入量参数规律,总结了注热阶段经验:(1)对首周期注入存在的地层压力高等问题,降低注入速度、延长注热时间,保障总注热量开发。(2)提高注入效果。前置降黏,实现降压增效,提高注热效果与开发效果。(3)补充能量提高注热效果。吞吐为衰竭开发,地层压力下降,可考虑在提高注汽量的同时,增加非凝析气辅助补充地层能量,保证注热效果。

3)放喷期生产规律及特征指导地面工程设计

海上稠油热采放喷期的流温可达到 100~130℃;放喷期产气较多,部分热采区块出现少量 H₂S;放喷期日产液量逐渐升高,含水率降低,流温逐渐升高。为后续规模化热采平台设计提供了设计基础。

4)海上稠油热采全寿命高效开发模式

海上稠油储层地质模式和油藏类型多样,考虑储层构造、经济性和全寿命开发,结合对应区块的热采方案设计和实际开发经验,建立了三类海上稠油油藏的全寿命高效开发模式,初步形成热采方案设计技术,有效提高了热采经济性,为海上稠油热采规模化上产提供了坚实基础。

2. 海上稠油热采工艺的应用认识

1)蒸汽吞吐长效防砂

提高井筒防砂有效性,提高长时间吞吐管柱寿命,降低修井及操作费,实现方案增效。综合矿场试验和室内实验，目前海上多轮次蒸汽吞吐井筒有效性可达5～8轮次，为后续多个稠油油藏的规模化热采方案制订提供了基础。

2）注热工艺

提高注汽速度和井口干度，环空注氮，提高井底干度，保障热采产量；通过多井同注等方式，提高锅炉利用率及开发规模，提高经济性；采用过热蒸汽锅炉，提高注汽干度、注入温度和热量，进一步改善开发效果。

3）采油工艺

利用一体化管柱，减少了作业工期，提高热采生产时率和热利用率，实现方案提质增效；需要进一步研发高温电潜泵、优化高温射流泵，满足海上稠油热采高效注采的需求。

4）工程模式

通过平台工艺流程的优化与集成布置，实现了海上规模化热采平台的集成设计，考虑未来稠油油藏的类型及经济性，优化注热模式，综合独立热采平台的固定注热模式和海上移动注热新模式，降低开发风险、分摊开发投资，进一步实现海上稠油热采规模化上产。

3. 未来海上稠油热采技术需求

海上稠油热采开发技术虽然在"十一五"至"十三五"期间取得了长足进步成效，并实现了海上稠油规模化热采。但还存在不少问题，一是目前海上稠油热采仍以热力吞吐为主，吞吐后期的接替技术及效果应有待验证；二是多轮次吞吐及转驱后的气窜等热采常见问题还未遇到，尚缺乏有效应对措施与技术；三是目前研发的井口和井下工具还需要进行更多轮次的试验和完善；四是工程成本、钻采成本和热采操作成本还较高，需研究降本措施，确保稠油储量能经济有效开发。

因此，"十四五"期间，应进一步攻关研究，深化并拓展海上稠油热采技术研究，解决油田试验与应用中新出现的重要技术难题，探索海上稠油热采开发新技术，挖掘高效经济海上热采接替系列技术，开展海上化学辅助等热采增效技术，攻关移动式注热等降本增效措施，逐步形成成熟配套的热采技术体系，为规模上产做好技术储备和应用完善。

参 考 文 献

陈欢, 曹砚锋, 刘书杰, 2018. 海上油田有缆式测调一体化注水工艺及应用［J］. 石油矿场机械, 47（1）:
57-61, 66.

陈家琦, 2021. 滑动导向钻井系统动力学及钻进控制研究［D］. 北京: 清华大学.

陈文林, 2017. 聚驱后强水洗油层微观剩余油量化分布及挖潜研究［J］. 海洋石油, 37（4）: 47-52.

程载斌, 任革学, 李汉兴, 等, 2021. 定向钻井动力学与控制理论研究及应用［M］. 北京: 中国石化出
版社.

高慧梅, 姜汉桥, 陈民锋, 等, 2006. 储集层微观参数对油水相对渗透率影响的微观模拟研究［J］. 石油
勘探与开发, 33（6）: 734-738.

高淑玲, 邵振波, 张景存, 2006. 聚驱后续水驱阶段挖掘分流线剩余油进一步提高采收率的方法［J］. 大
庆石油地质与开发, 25（3）: 88-90.

葛哲学, 陈仲生, 2006. Matlab 时频分析技术及其应用［M］. 北京: 人民邮电出版社.

耿站立, 安桂荣, 周文胜, 等, 2012. 海上稠油油田井网密度与采收率关系研究［J］. 中国海上油气,
24（3）: 35-37.

耿站立, 安桂荣, 周文胜, 等, 2015. 水驱砂岩油藏开发调整全过程井网密度与采收率关系［J］. 中国海
上油气, 27（6）: 57-62.

胡丽莹, 肖蓬, 2011. 快速傅里叶变换在频谱分析中的应用［J］. 福建师范大学学报（自然科学版）,
27（4）: 4.

胡胜男, 2013. 萨尔图油田北一区断西聚驱前后检查井水洗规律研究［J］. 长江大学学报（自然科学版）,
33（5）: 85-88.

黄金山, 2013. 油田经济极限井网密度计算新方法［J］. 油气地质与采收率, 20（3）: 53-55.

贾洪革, 2014. 经济极限井网密度计算新方法［J］. 油气田地面工程, 33（2）: 30-31.

姜瑞忠, 乔欣, 滕文超, 等, 2016. 储层物性时变对油藏水驱开发的影响［J］. 断块油气田, 23（6）:
768-771.

蒋卓, 曹砚锋, 王荐, 等, 2020. 环保型易脱稳钻井液技术［J］. 钻井液与完井液, 37（2）: 180-184.

焦钰嘉, 杨二龙, 2019. 稠油厚油层聚驱驱油效率和波及系数贡献研究［J］. 石油化工高等学校学报, 32
（1）: 17-22.

金利, 2012. 灰色关联技术在老油田储层预测解释中的应用［J］. 断块油气田, 19（5）: 600-603.

李春林, 伍勇, 2011. 基于 FFT 与自相关函数的快速功率谱估计方法［J］. 舰船电子工程, 31（10）: 4.

李振卫, 张杰, 王超, 等. 一种海上钻井平台废弃水基钻井液固液分离处理设备: 202021738515.9［P］.
2021-07-16.

梁崧, 贾京坤, 杨航, 2014. 基于单井控制储量与井网密度的老油田经济极限井网密度计算新方法［J］.
油气地质与采收率, 21（4）: 210-211.

梁亚宁, 王正波, 叶银珠, 2011. 主力聚合物驱油藏不同储层见效差异研究［J］. 石油钻采工艺, 33（1）:
18-22.

刘晨, 2019. 考虑储层参数时变的相对渗透率曲线计算方法［J］. 西南石油大学学报（自然科学版）,
41（2）: 137-142.

刘晨，张金庆，周文胜，等，2016.海上高含水油田群液量优化模型的建立及应用［J］.中国海上油气，28（6）：46-52.

刘合，2008.大庆油田聚合物驱后采油技术现状及展望［J］.石油钻采工艺，30（3）：1-6.

刘江，李广菊，刘江玉，等，2013.高含水后期水淹层测井解释难点及研究方向［J］.大庆石油地质与开发，32（3）：126-130.

刘世良，等，2004.确定老油田合理井网密度和极限井网密度的新方法［J］.新疆石油地质，25（3）：310-311.

刘书杰，潘豪，易会安，等.一种自动流入控制装置性能测试系统及方法：ZL201810500558.4［P］.2020-06-26.

刘瑜莉，孙宜丽，何兰兰，等，2012.改善二类储量聚合物驱效果动态调整技术研究［J］.石油地质与工程，26（1）：78-82.

潘豪，2020.海上油田水平井稳油控水技术现状与发展趋势［J］.石油矿场机械，49（3）：86-93.

潘豪，吕义，曹砚锋，等，2021.海上某水平井 C-AICD 控水设计和应用效果评价［J］.石油化工应用，2021，40（10）：34-38.

潘豪，张磊，曹砚锋，等，2019.C-AICD 复合型智能控水装置试验研究［J］.石油矿场机械，48（5）：48-53.

彭得兵，唐海，李呈祥，等，2010.灰色关联法在剩余油分布研究中的应用［J］.岩性油气藏，22（3）：133-136.

任闯燕，赵益忠，宋金波，等，2012.油井含砂在线监测技术研究［J］.西南石油大学学报：自然科学版，34（1）：6.

孙鹏，李兆敏，刘珂，等，2021.高泥质注聚区高效复合解堵体系的研制与应用［J］.断块油气田，28（3）：418-422.

王刚，刘斌，张国浩，等，2017.海上油田与陆上油田聚驱开发效果对比及影响因素研究［J］.石油化工应用，36（8）：15-18.

王敬农，1985.混合液电导率的实验室研究［J］.测井技术，9（1）：42-45.

王宁羽，2014.滑动导向钻井过程的多体动力学建模与仿真研究［D］.北京：清华大学.

王晓超，沈思，王锦林，等，2016.渤海 S 油田聚合物驱剩余油分布规律研究［J］.特种油气藏，23（3）：102-106.

魏学业，2012.传感器与检测技术［M］.北京：人民邮电出版社.

吴先承，1985.合理井网密度的选择方法［J］.石油学报，6（3）：113-120.

杨景强，樊太亮，马宏宇，等，2010.利用储层分类进行水淹层测井解释的方法研究［J］.测井技术，34（3）：238-242.

印树明，杨焦生，崔明磊，2019.聚合物驱替后层内非均质储层受效研究［J］.当代化工，48（7）：38-42.

张凤久，姜伟，孙福街，等，2011.海上稠油聚合物驱关键技术研究与矿场试验［J］.中国工程科学，13（5）：28-33.

张金庆，2019.水驱油理论研究及油藏工程方法改进［M］.北京：中国石化出版社.

张贤松，孙福街，冯国智，等，2007.渤海稠油油田聚合物驱影响因素研究及现场试验［J］.中国海上油气，19（1）：30-34.

赵治华，2013.柔性多体系统建模和展开机构动力学研究［R］.北京：清华大学.

郑俊德，张英志，任华，等，2004.注聚合物井堵塞机理分析及解堵剂研究［J］.石油勘探与开发，31（6）：109-111.

钟晓宇.2020.滑动导向钻井轨迹优化及闭环控制方法研究［D］.北京：清华大学.

钟玉龙，方越，李洪生，等，2020.双河油田聚合物驱后储层参数变化规律［J］.断块油气田，27（3）：339-344.

周守为，2007.海上油田高效开发新模式探索与实践［M］.北京：石油工业出版社.

Beattie A G, 1993. Acoustic sand detector for fluid flow streams : US5257530［P］.

Hairer E, Wanner G, 1996. Solving ordinary differential equations II : stiff and differential-algebraic problems［M］. Berlin : Springer.

Ibrahim M, Haugsdal T, 2008. Optimum procedures for calibrating acoustic sand detector, gas field case［C］. SPE 2008-025.

Kamel J M, Yigit A S, 2014. Modeling and analysis of stick-slip and bit bounce in oil well drillstrings equipped with drag bits［J］. Journal of Sound and Vibration, 333 : 6885-6899.

Liu J P, Cheng Z B, Ren G X, 2018. An arbitrary Lagrangian-Eulerian formulation of a geometrically exact Timoshenko beam running through a tube［J］. Acta Mechanica, 229（8）: 3161-3188.

Pennestri E, Rossi V, Salvini P, et al., 2016. Review and comparison of dry friction force models［J］. Nonlinear Dynamics, 83（4）: 1785-1801.

Wong R C K, Barr W E, Kry P R, 1993. Stress-strain response of cold lake oil sands［J］. Canadian Geotechnical Journal. 30（2）: 220-235.

Zhang J, Li F, Liu C, et al., 2016. Plugging Mechanism and Blockage Removal Agent for Polymer Injection Wells in Bohai Oilfield［J］. Electronic Journal of Geotechnical Engineering, 21（13）: 4855-4863.